# 弹性力学问题的变分法

王润富　编著

科学出版社
北京

## 内 容 简 介

本书重点阐述弹性力学问题的变分解法,即从弹性力学微分方程的解法出发,明确各类问题中的变量及其必须满足的全部条件,并应用这种观点和结论来判定各类变分问题中的变量及其必须满足的全部条件.书中第一章～第四章首先导出原始形式的极小势能原理和极小余能原理;其次,应用代入消元法,导出各类变量形式的有约束条件的极小势能原理和极小余能原理;再次,应用拉格朗日乘子法,进一步导出各类变量形式的无约束条件的广义变分原理.第五章～第八章介绍了在各向同性、线性弹性和小变形假定下,弹性力学的几种常见问题的变分解法,即平面问题的变分法、扭转问题的变分法、薄板弯曲问题的变分法,以及变分法在有限单元法中的应用.

本书可供高等院校力学及工科类专业的师生阅读,也可供力学领域科技人员参考.

图书在版编目(CIP)数据

弹性力学问题的变分法/王润富编著. —北京:科学出版社,2018.3
ISBN 978-7-03-055022-4

Ⅰ.①弹… Ⅱ.①王… Ⅲ.①弹性力学–变分法 Ⅳ.①O343

中国版本图书馆 CIP 数据核字(2017)第 264093 号

责任编辑:童安齐 / 责任校对:马英菊
责任印制:吕春珉 / 封面设计:耕者设计工作室

科学出版社 出版
北京东黄城根北街 16 号
邮政编码:100717
http://www.sciencep.com

北京教图印刷有限公司 印刷
科学出版社发行 各地新华书店经销

\*

| 2018 年 3 月第 一 版 | 开本:B5(720×1000) |
| 2019 年 1 月第二次印刷 | 印张:12 1/2 |
| | 字数:242 000 |

定价:75.00 元

(如有印装质量问题,我社负责调换〈北京教图〉)

销售部电话 010-62136230 编辑部电话 010-62137026

版权所有,侵权必究

举报电话:010-64030229;010-64034315;13501151303

# 前 言

本书主要介绍弹性力学问题的变分解法.

第一章至第四章着重讨论在非线性弹性、各向异性线性弹性、各向同性线性弹性和小变形假定下,弹性力学中的各类有约束条件的变分原理和无约束条件的广义变分原理. 主要内容如下.

(1) 从弹性力学微分方程的解法出发,阐明各类弹性力学问题中的变量类型及其必须满足的全部条件.

(2) 从虚位移原理导出极小势能原理,从虚应力原理导出极小余能原理.

(3) 应用代入消元法,从极小势能原理和极小余能原理,导出各类变量形式的有约束条件的变分原理.

(4) 应用拉格朗日乘子法,将上述各类有约束条件的变分原理中的约束条件纳入泛函之中,导出各类变量形式的完全无约束条件的广义变分原理(广义势能原理和广义余能原理).

(5) 由此得出在非线性弹性、各向异性线性弹性、各向同性线性弹性和小变形假定下,弹性力学中的各类变量形式的有约束条件的变分原理和无约束条件的广义变分原理,组成一个完整的、系统的变分原理表(其中补充了一些新的变分原理).

第五章至第八章介绍在各向同性线性弹性和小变形假定下,弹性力学的几种常见问题的变分解法,即平面问题的变分法、扭转问题的变分法、薄板弯曲问题的变分法,以及变分法在有限单元法中的应用.

本书的特点是从弹性力学微分方程的解法出发,明确各类问题中的变量及其必须满足的全部条件,并应用这种观点和结论来判定各类变分问题中的变量及其必须满足的全部条件(包括预先要求满足的约束条件、变分运算过程中强制要求满足的约束条件和变分方程). 书中首先导出原始形式的极小势能原理和极小余能原理;其次,应用代入消元法,导出各类变量形式的有约束条件的极小势能原理和极小余能原理;再次,应用拉格朗日乘子法,进一步导出各类变量形式的完全无约束条件的广义变分原理(广义势能原理和广义余能原理). 书中的结论,都是以弹性力学微分方程的解法和变分法公式的逻辑推导结果为依据得出的.

在本书编写过程中,得到河海大学力学与材料学院和工程力学系的大力支持和帮助,作者表示衷心的感谢;同时对吴家龙教授提出的许多宝贵意见和张玉群同志提供的许多帮助,致以深切的谢意.

由于时间所限,书中不妥之处在所难免,恳请读者提出宝贵意见.

王润富

2017 年 4 月

# 目 录

**第一章 变分法的基本知识** ················································· 1

1.1 变分法的基本概念 ·················································· 1
1.2 泛函的极值问题与欧拉方程、约束边界条件和自然边界条件 ······ 5
1.3 变分问题的求解方法——里茨法、伽辽金法、列宾逊法 ············ 11
1.4 解除约束条件的方法——代入消元法、拉格朗日乘子法、
    罚函数法 ··························································· 13
1.5 直角坐标系中的下标记号法 ········································ 16
1.6 关于变分法的一些说明 ············································· 18

**第二章 非线性弹性、小位移下弹性力学的变分法** ······················ 21

2.1 非线性弹性、小位移假定下弹性力学问题的几种提法 ············· 21
2.2 虚位移原理、位移变分方程、虚功方程、极小势能原理 ··········· 30
2.3 极小势能原理及由此导出的各类变量形式的有约束条件
    的变分原理 ························································ 35
2.4 从有约束条件的极小势能原理导出的各类变量形式的无约束条件
    的广义变分原理 ···················································· 39
2.5 虚应力原理、应力变分方程、余虚功方程、极小余能原理 ········ 50
2.6 极小余能原理及由此导出的各类变量形式的有约束条件
    的变分原理 ························································ 53
2.7 从有约束条件的极小余能原理导出的各类变量形式的无约束条件
    的广义变分原理 ···················································· 58
2.8 小结 ······························································· 67
   附录 基本变分原理表（非线性弹性、小位移假定下）············· 68

**第三章 各向异性、线性弹性、小位移下弹性力学的变分法** ············ 69

3.1 各向异性、线性弹性、小位移假定下弹性力学问题的几种提法 ····· 69
3.2 极小势能原理及由此导出的各类变量形式的有约束条件
    的变分原理 ························································ 73
3.3 由极小势能原理导出的各类变量形式的无约束条件

的广义变分原理 ·················································· 77

　3.4　极小余能原理及由此导出的各类变量形式的
　　　有约束条件的变分原理 ·········································· 87

　3.5　由极小余能原理导出的各种变量形式的无约束条件
　　　的广义变分原理 ·················································· 90

　3.6　小结 ································································ 98

　　　附录　基本变分原理表（各向异性、线性弹性、小位移假定下）········ 98

## 第四章　各向同性、线性弹性、小位移下弹性力学的变分法 ········ 100

　4.1　各向同性、线性弹性、小位移假定下弹性力学问题的几种提法 ······ 100

　4.2　极小势能原理及由此导出的各类变量形式的有约束条件
　　　的变分原理 ······················································· 104

　4.3　从有约束条件的极小势能原理导出的各类变量形式的
　　　无约束条件的广义变分原理 ······································ 108

　4.4　极小余能原理及由此导出的各类变量形式的
　　　有约束条件的变分原理 ·········································· 110

　4.5　从有约束条件的极小余能原理导出的各类变量形式的
　　　无约束条件的广义变分原理 ······································ 112

　4.6　按单类应力变量求解弹性力学问题的方法 ····················· 113

　4.7　小结 ······························································· 115

　　　附录　基本变分原理表（各向同性、线性弹性、小位移假定下）········ 116

## 第五章　各向同性、线性弹性、小位移下平面问题的变分法 ········ 117

　5.1　各向同性、线性弹性、小位移假定下弹性力学的
　　　平面应力问题和平面应变问题 ··································· 117

　5.2　各向同性、线性弹性、小位移假定下弹性力学平面问题
　　　的几种提法 ······················································· 119

　5.3　极小势能原理和按位移求解的方法 ······························ 123

　5.4　应用极小势能原理的例题 ········································· 126

　5.5　极小余能原理和按应力求解的方法 ······························ 131

　5.6　应用极小余能原理求解的例题 ··································· 133

## 第六章　各向同性、线性弹性、小位移下扭转问题的变分法 ········ 138

　6.1　扭转问题的基本理论 ············································· 138

　6.2　扭转问题的位移变分法 ··········································· 144

6.3 扭转问题的应力变分法 …………………………………… 146
6.4 扭转问题的应力变分法例题 ………………………………… 147

**第七章 各向同性、线性弹性、小位移下薄板弯曲问题的变分法** …… 151
7.1 小挠度薄板弯曲问题的基本方程 …………………………… 151
7.2 薄板横截面上的内力及板边的边界条件 …………………… 155
7.3 小挠度薄板弯曲问题的两种基本解法 ……………………… 158
7.4 小挠度薄板弯曲问题的位移变分法 ………………………… 165
7.5 位移变分法的应用例题 ……………………………………… 169

**第八章 变分法在有限单元法中的应用** ………………………………… 173
8.1 有限单元法的基本概念 ……………………………………… 173
8.2 基本量和基本方程的矩阵表示 ……………………………… 176
8.3 单元的位移模式 ……………………………………………… 178
8.4 单元的应变列阵和应力列阵 ………………………………… 181
8.5 应用结构力学方法导出有限单元法的基本方程——单元的结点力列阵 …………………………… 182
8.6 应用结构力学方法导出有限单元法的基本方程——单元的结点荷载列阵 ………………………… 184
8.7 应用结构力学方法导出有限单元法的基本方程——结构的整体分析，结点平衡方程组 ………… 187
8.8 应用变分法导出有限单元法的基本方程 …………………… 188

**主要参考文献** ……………………………………………………………… 193

# 第一章 变分法的基本知识

**本章内容摘要**

本章介绍变分法的基本知识.
（1）变分法的基本概念，着重介绍泛函及其变分的知识.
（2）变分法中的泛函极值条件，与相应的微分方程和边界条件的关系.
（3）变分法的基本求解方法——里茨法、伽辽金法、列宾逊法.
（4）解除变分问题中的约束条件的方法——代入消元法、拉格朗日乘子法、罚函数法.
（5）直角坐标系中的下标记号法. 本章大部分的公式是采用下标记号法表示的，以简化推导和篇幅.

## 1.1 变分法的基本概念

**变分法**，是一种数学方法，**主要研究泛函及其极值的求解方法**. 所谓**泛函，简单地讲，是以函数为自变量的函数**.

在弹性力学的理论中，有两种独立的解法. 一种是**建立微分方程并进行求解的方法**，即根据微分体上力的平衡条件，微分线段上应变与位移之间的几何条件和应力与应变之间的物理条件，在弹性体内部建立平衡微分方程、几何方程和物理方程；并在边界上建立相应的位移边界条件和应力边界条件；然后求解上述微分方程组，得出应力、应变和位移的解答. 另一种是**变分解法**，即根据变分原理（如泛函的极值条件，例如极小势能原理）建立变分方程，从而求出应力、应变和位移的解答. 这就是弹性力学中的变分法，是不同于微分方程解法的另一种独立解法. 但是这两种解法之间，又有密切的联系，可以互相导出彼此的方程式. 本书主要介绍弹性力学问题的变分解法.

1. 函数和泛函

如果对于变量 $x$ 在某一区域上的每一个值，变量 $y$ 均有一个值与它对应，则变量 $y$ 称为变量 $x$ 的**函数**，记为

$$y = y(x).$$

其中 $x$ 称为自变量（一般函数的自变量，都是最基本的变量，如位置坐标、时间坐标等），函数 $y$ 称为因变量. 如果自变量 $x$ 有微小的增量 $dx$，则函数 $y$ 也有对应

的微小的增量，即
$$\Delta y = y'(x)\mathrm{d}x + \frac{1}{2!}y''(x)\mathrm{d}x^2 + \cdots,$$
其中的一阶线性项，即函数 $y$ 增量的主部，称为函数 $y$ 的微分 $\mathrm{d}y$，
$$\mathrm{d}y = y'(x)\mathrm{d}x,$$
其中 $y'(x)$ 为 $y$ 对于 $x$ 的导数. D$x$、d$y$ 是处于同一个函数状态 $y=y(x)$ 之中的量.

如果对于某一类函数 $y(x)$ 中的每一个函数 $y(x)$，变量 $I$ 均有一个值与它对应，则变量 $I$ 称为依赖于函数 $y(x)$ 的**泛函**，记为
$$I = I[y(x)]. \tag{1-1}$$
因此，泛函的自变量（又称为宗量）是函数，而泛函就是因变量.

**2. 函数和泛函的变分**

假想函数 $y(x)$ 发生了微小的改变，而成为邻近的一个新函数 $y_1(x)$，如图 1-1 所示，则对应于任一 $x$（位置坐标）的定值，函数 $y$ 具有微小的增量，
$$\delta y = y_1(x) - y(x), \tag{1-2}$$
增量 $\delta y$ 称为**函数 $y(x)$ 的变分**. 这里用 $\delta y$ 表示，以区别于微分. 显然，$\delta y$ 一般也是 $x$ 的函数.

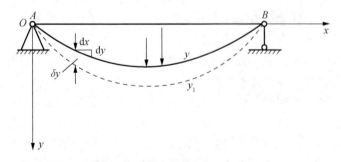

图 1-1 变分和微分

例如，在图 1-1 中，如果 $y(x)$ 代表简支梁的挠度函数，它表示了一种位移状态. 假设由于某种原因，在此位移状态附近发生了微小的改变 $\delta y$，进入邻近的位移状态 $y_1(x)$，即 $y_1(x) = y(x) + \delta y$，则增量 $\delta y$ 表示函数 $y$ 的变分. 由此可见，变分问题的自变量是函数 $y$，它研究由于自变量函数 $y$ 改变 $\delta y$，引起泛函 $I$ 的改变 $\delta I$；而微分与此不同，它表示在同一位移状态 $y(x)$ 中，由于自变量 $x$（位置坐标）的改变 d$x$，而引起相应的挠度函数的改变 d$y$（图 1-1）.

当 $y$ 有变分 $\delta y$ 时，导数 $y'$ 一般也有相应的变分 $\delta(y')$，它等于新函数 $y_1$ 的导数与原函数 $y$ 的导数这两者之差，即
$$\delta(y') = y_1'(x) - y'(x). \tag{1-3}$$

但由于式（1-2）有
$$(\delta y)' = y_1'(x) - y'(x).$$
于是有关系式 $\delta(y') = (\delta y)'$，或
$$\delta\left(\frac{\mathrm{d}y}{\mathrm{d}x}\right) = \frac{\mathrm{d}}{\mathrm{d}x}(\delta y). \tag{1-4}$$

这就是说，**导数的变分等于变分的导数**．因此，微分的运算和变分的运算可以交换秩序．因为其中的微分和变分都是微量．

下面来讨论由函数的变分 $\delta y$ 而引起泛函的变分．例如，假设泛函具有如下的形式，即
$$I[y(x)] = \int_a^b f(x, y, y')\mathrm{d}x, \tag{1-5}$$
并假设积分的上下限均为定值，即不含有变量．其中的被积函数 $f(x, y, y')$ 是 $x$ 的复合函数．

首先来考察函数 $f(x, y, y')$．当函数 $y(x)$ 具有变分 $\delta y$ 时，导数 $y'$ 也将随着具有变分 $\delta y'$．这时，按照泰勒级数的展开法则，函数 $f$ 的增量可以写成
$$\Delta f = f(x, y + \delta y, y' + \delta y') - f(x, y, y')$$
$$= \left(\frac{\partial f}{\partial y}\delta y + \frac{\partial f}{\partial y'}\delta y'\right) + \frac{1}{2!}\left(\frac{\partial^2 f}{\partial y^2}\delta y^2 + 2\frac{\partial^2 f}{\partial y \partial y'}\delta y \delta y' + \frac{\partial^2 f}{\partial^2 y'^2}\delta y'^2\right)$$
$$+ (\delta y \text{ 和 } \delta y' \text{ 的更高阶项}). \tag{1-6}$$

上述等号右边第一个括号内的两项，是关于 $\delta y$ 和 $\delta y'$ 的线性项，是函数 $f$ 的增量的主部，定义为**函数 $f$ 的一阶变分**，
$$\delta f = \frac{\partial f}{\partial y}\delta y + \frac{\partial f}{\partial y'}\delta y'. \tag{1-7}$$
而等号右边第二项，是**函数 $f$ 的二阶变分 $\delta^2 f$**．

相应的泛函 $I$ 的增量为
$$\Delta I = \int_a^b f(x, y+\delta y, y'+\delta y')\mathrm{d}x - \int_a^b f(x, y, y')\mathrm{d}x$$
$$= \int_a^b [\delta f + \delta^2 f + (\delta y \text{ 及 } \delta y' \text{ 的更高阶项})]\,\mathrm{d}x. \tag{1-8}$$

泛函 $I$ 的一阶变分为
$$\delta I = \int_a^b (\delta f)\mathrm{d}x. \tag{1-9}$$

将式（1-7）代入，即得**泛函 $I$ 的一阶变分**，
$$\delta I = \int_a^b \left(\frac{\partial f}{\partial y}\delta y + \frac{\partial f}{\partial y'}\delta y'\right)\mathrm{d}x. \tag{1-10}$$

由式（1-5）及式（1-10），可见有关系式，

$$\delta \int_a^b f \mathrm{d}x = \int_a^b (\delta f) \mathrm{d}x .  \tag{1-11}$$

这就是说，只要积分的上下限保持不变（即积分的上下限不含有变量），**变分的运算与定积分的运算可以交换秩序**.

相应地，如果我们在式（1-8）中取 $\delta y$ 和 $\delta y'$ 的二次项，可以得到关于**泛函 $I$ 的二阶变分 $\delta^2 I$ 的表达式**，即

$$\delta^2 I = \int_a^b \frac{1}{2!} \left( \frac{\partial^2 f}{\partial y^2} \delta y^2 + 2 \frac{\partial^2 f}{\partial y \partial y'} \delta y \delta y' + \frac{\partial^2 f}{\partial^2 y'^2} \delta y'^2 \right) \mathrm{d}x . \tag{1-12}$$

**3. 泛函的极值问题——变分问题**

泛函的极值问题，相似于函数的极值问题，可以表示如下：如果泛函 $I = I[y(x)]$ 在 $y = y_0(x)$ 邻近的任意一条曲线上的值，都不大于或都不小于 $I = I[y_0(x)]$，则称泛函 $I = I[y(x)]$ 在曲线 $y = y_0(x)$ 上达到极大值或极小值，而**泛函 $I$ 为极值的必要条件是一阶变分等于零**，即

$$\delta I = 0 , \tag{1-13}$$

相应的曲线 $y = y_0(x)$ 称为泛函 $I = I[y(x)]$ 的极值曲线.

**泛函 $I$ 为极值的充分条件**如下所述.

（1）如果二阶变分 $\delta^2 I \geqslant 0$，则泛函 $I$ 在 $y = y_0(x)$ 为**极小值**.

（2）如果二阶变分 $\delta^2 I \leqslant 0$，则泛函 $I$ 在 $y = y_0(x)$ 为**极大值**.

（3）如果二阶变分 $\delta^2 I$ 在 $y = y_0(x)$ 的两侧变号，则泛函 $I$ 在 $y = y_0(x)$ 为**驻值**（即在此点的导数或者一阶变分为零，泛函 $I$ 曲线的切线为水平线；而两侧曲线的升降情况不同），如图 1-2 所示. 在求解一般的泛函极值问题时，通常只需考虑必要条件（1-13），即一阶变分等于零就可以了. 这时，相应的泛函就是极值或驻值.

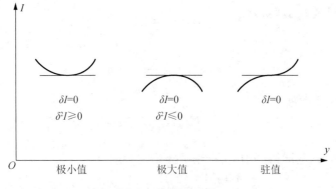

图 1-2 极值和驻值

4. 变分与微分的比较

首先，**变分和微分的自变量和因变量是不相同的**．微分问题的自变量是最基本的变量，如位置坐标变量、时间变量等，其因变量是函数；而变分问题的自变量是函数，其因变量是泛函．相应地，由于变分和微分的自变量和因变量是不同的，因此，微分问题和变分问题表示的物理概念也是不同的．从图 1-1 中所示的简支梁，可以明显地看出：在微分问题中，微分为 $\mathrm{d}x - \mathrm{d}y$，表示在同一位移状态（位移函数）中，由于位置 $x$ 改变了 $\mathrm{d}x$，引起位移的改变 $\mathrm{d}y$．而在变分问题中，变分为 $\delta y - \delta I$，其中 $\delta y$ 表示了位移状态的改变，即从原来的位移状态 $y$ 进入邻近的位移状态 $y_1$ 的改变；然后再考虑对于同一位置 $x$，由于位移状态的改变 $\delta y$，引起相应的泛函 $I$（如弹性体的势能）的改变 $\delta I$．在变分问题中，由于自变量函数常常表示某一种物理状态，如位移状态、应力状态等，故又称自变量函数为状态函数．泛函的自变量，也称为宗量．

其次，由于变分和微分都是微量，**变分和微分的运算相似**，如求导的运算、极值问题的运算等；并且变分的运算和微分的运算可以交换秩序，如式（1-4）所示；在泛函中为定积分时，变分的运算和积分的运算也可以交换秩序，如式（1-11）所示．

## 1.2 泛函的极值问题与欧拉方程、约束边界条件和自然边界条件

下面来讨论泛函的极值问题，以及它与对应的微分方程的关系，并以下面的几种泛函作为例子来说明．

首先，**考虑具有完全约束边界条件的泛函极值问题**．设泛函为

$$I[y(x)] = \int_a^b f(x, y, y') \mathrm{d}x, \tag{1-5}$$

其中包含自变量函数 $y$ 及其一阶导数 $y'$，并且 $y$ 具有对 $x$ 的二阶连续导数．假定在**两端点边界** $x = a, b$ 上直接给定了**函数 $y$ 必须满足的约束条件**，

$$y(a) = y_a, \quad y(b) = y_b, \tag{1-14}$$

试求泛函 $I$ 的极值条件．式（1-14）称为**约束边界条件**，或刚性边界条件．

考虑泛函 $I$ 为极值时的必要条件，即一阶变分等于零，亦即

$$\delta I = \int_a^b \left( \frac{\partial f}{\partial y} \delta y + \frac{\partial f}{\partial y'} \delta y' \right) \mathrm{d}x = 0. \tag{1-15}$$

上式中的第二项，可以通过分部积分，得

$$\int_a^b \left(\frac{\partial f}{\partial y'}\delta y'\right) dx = \int_a^b \left[\frac{d}{dx}\left(\frac{\partial f}{\partial y'}\delta y\right) - \frac{d}{dx}\left(\frac{\partial f}{\partial y'}\right)\delta y\right] dx$$

$$= \left[\left(\frac{\partial f}{\partial y'}\right)\delta y\right]_{x=b} - \left[\left(\frac{\partial f}{\partial y'}\right)\delta y\right]_{x=a} - \int_a^b \frac{d}{dx}\left(\frac{\partial f}{\partial y'}\right)\delta y\, dx. \quad (1-16)$$

将式（1-16）代入式（1-15），泛函 $I$ 的极值条件成为

$$\delta I = \int_a^b \left(\frac{\partial f}{\partial y}\delta y + \frac{\partial f}{\partial y'}\delta y'\right) dx$$

$$= \left[\left(\frac{\partial f}{\partial y'}\right)\delta y\right]_{x=b} - \left[\left(\frac{\partial f}{\partial y'}\right)\delta y\right]_{x=a} + \int_a^b \left[\left(\frac{\partial f}{\partial y}\right)\delta y - \frac{d}{dx}\left(\frac{\partial f}{\partial y'}\right)\delta y\right] dx = 0. \quad (1-17)$$

由于函数 $y$ 预先满足约束边界条件（1-14），在边界端点上函数的变分为零，即

$$(\delta y)_{x=b} = 0, \quad (\delta y)_{x=a} = 0. \quad (1-18)$$

将式（1-18）代入式（1-17），泛函 $I$ 的极值条件是

$$\delta I = \int_a^b \left[\frac{\partial f}{\partial y} - \frac{d}{dx}\left(\frac{\partial f}{\partial y'}\right)\right]\delta y\, dx = 0. \quad (1-19)$$

$\delta y$ 在域内 $[a,b]$ 为任意的变分。对于**任意的变分 $\delta y$**，上式的极值条件均必须满足，则只能是积分号内的方括号，在积分域内处处都等于零，因此得出

$$\frac{\partial f}{\partial y} - \frac{d}{dx}\left(\frac{\partial f}{\partial y'}\right) = 0 \quad (a \leqslant x \leqslant b). \quad (1-20)$$

如果将上式的第二项展开，有

$$\frac{d}{dx}\left(\frac{\partial f}{\partial y'}\right) = \frac{\partial^2 f}{\partial x \partial y'} + \frac{\partial^2 f}{\partial y \partial y'}y' + \frac{\partial^2 f}{\partial y'^2}y'',$$

所以式（1-20）又可以写为

$$\frac{\partial f}{\partial y} - \frac{\partial^2 f}{\partial x \partial y'} - \frac{\partial^2 f}{\partial y \partial y'}y' - \frac{\partial^2 f}{\partial y'^2}y'' = 0 \quad (a \leqslant x \leqslant b). \quad (1-21)$$

因此，从极值条件（1-15）导出相应的微分方程（1-20），这个微分方程称为与极值条件对应的**欧拉方程**；满足欧拉方程（1-20）的解答，必然满足上述极值条件（1-15）。这样，我们得出结论：在端点的约束边界条件（1-14）下，求解泛函（1-5）的极值问题，等价于在端点的约束边界条件（1-14）下，求解欧拉方程（1-20）的问题。简单地说，在端点边界约束条件（1-14）下，泛函（1-5）的极值条件等价于欧拉方程（1-20）。

由此可见，我们得到两种描述问题和求解问题的方法。一种是**变分法**，即在边界约束条件下，求解泛函的极值条件，得出函数的解答；另一种是**微分方程的解法**，即在边界约束条件下，求解微分方程即欧拉方程的解答。一般来说，求解微分方程的解答，是比较困难的，不容易找出解答；而应用变分法的极值条件来

求解，是比较容易的．这也就是变分法在求解实际问题时有着广泛应用的原因．

**例 1-1  最短线问题**——设平面上有两个定点 $A(a,y_a)$ 和 $B(b,y_b)$，试求两点之间所有曲线族中的最短线，如图 1-3 所示．

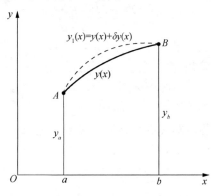

图 1-3  最短线问题

**分析**：因为微分线段的长度为
$$\mathrm{d}s = \sqrt{\mathrm{d}x^2 + \mathrm{d}y^2} = \sqrt{1+y'^2}\,\mathrm{d}x,$$
所以 $A(a,y_a)$ 和 $B(b,y_b)$ 两点之间任一曲线的长度 $L$ 是
$$L = \int_a^b \mathrm{d}s = \int_a^b \sqrt{1+y'^2}\,\mathrm{d}x.$$
$L$ 是 $y$ 的泛函．为了求此曲线族中的最短线，即长度 $L$ 的极小值，其一阶变分应等于零，即
$$\delta L = \int_a^b \frac{y'}{\sqrt{1+y'^2}}\delta y'\,\mathrm{d}x = 0.$$
应用分部积分公式，得极值条件为
$$\delta L = \left[\frac{y'}{\sqrt{1+y'^2}}\delta y\right]_a^b - \int_a^b \frac{\mathrm{d}}{\mathrm{d}x}\left[\frac{y'}{\sqrt{1+y'^2}}\right]\delta y\,\mathrm{d}x = 0.$$
由于在 $x=a,b$ 处，函数 $y$ 预先满足了约束条件，其变分 $\delta y_a=0, \delta y_b=0$；而在域内 $\delta y$ 为任意的变分，不等于零，所以从上述极值条件得出相应的欧拉方程，即
$$\frac{\mathrm{d}}{\mathrm{d}x}\left[\frac{y'}{\sqrt{1+y'^2}}\right] = 0.$$
由此解出
$$y' = 0,$$
得出
$$y = Ex + F.$$
将 $A$、$B$ 两端点的约束条件代入，求出常数

$$E = \frac{y_b - y_a}{b-a}, \quad F = \frac{by_a - ay_b}{b-a}.$$

于是得最短线的方程为

$$y = \frac{y_b - y_a}{b-a} x + \frac{by_a - ay_b}{b-a},$$

可见两点之间的最短线是一条直线.

**其次，考虑具有可动边界的泛函极值问题**. 设同样的泛函（1-5），其自变量函数 $y$ 在一端 $(x=a)$ 上有约束边界条件

$$y(a) = y_a; \tag{1-22}$$

而另一端的边界是可动的，即**没有直接给出函数 $y$ 必须满足的约束条件**，而是用其他的条件来表达的. 这类问题称为**可动边界问题**，其边界条件称为**自然边界条件**. 下面来研究，泛函（1-5）的极值条件对应于域内什么样的欧拉方程和边界上什么样的条件.

由泛函极值条件

$$\delta I = \left[\left(\frac{\partial f}{\partial y'}\right)\delta y\right]_{x=b} - \left[\left(\frac{\partial f}{\partial y'}\right)\delta y\right]_{x=a} + \int_a^b \left[\left(\frac{\partial f}{\partial y}\right)\delta y - \frac{\mathrm{d}}{\mathrm{d}x}\left(\frac{\partial f}{\partial y'}\right)\delta y\right]\mathrm{d}x = 0, \tag{1-17}$$

在端点 $x=a$，预先满足约束条件（1-22），因此有

$$(\delta y)_{x=a} = 0. \tag{1-23}$$

由此，泛函极值条件可以表达为

$$\delta I = \left[\left(\frac{\partial f}{\partial y'}\right)\delta y\right]_{x=b} + \int_a^b \left[\left(\frac{\partial f}{\partial y}\right) - \frac{\mathrm{d}}{\mathrm{d}x}\left(\frac{\partial f}{\partial y'}\right)\right]\delta y \,\mathrm{d}x = 0. \tag{1-24}$$

函数 $y$ 的变分 $\delta y$，在域内和在端点 $x=b$ 上不受约束，是任意的. 对于任意的变分 $\delta y$，极值条件（1-24）均应满足，必须有

$$\frac{\partial f}{\partial y} - \frac{\mathrm{d}}{\mathrm{d}x}\left(\frac{\partial f}{\partial y'}\right) = 0 \quad (a \leqslant x \leqslant b), \tag{1-25}$$

$$\left(\frac{\partial f}{\partial y'}\right) = 0 \quad (x=b). \tag{1-26}$$

因此，从泛函极值条件导出域内的欧拉方程（1-25）和端点 $(x=b)$ 的边界条件（1-26）. 也就是说，在端点 $(x=a)$ 的约束边界条件（1-22）下，泛函（1-5）的极值条件，包含了上述欧拉方程（1-25）和边界条件（1-26）. 或者说，泛函（1-5）的极值条件，等价于欧拉方程（1-25）和边界条件（1-26）. 式（1-26）就是**自然边界条件**.

由此，相似地也得到两种描述问题和求解问题的方法. 一种是变分法，即在端点 $(x=a)$ 的约束边界条件（1-22）下，从泛函极值条件求解函数 $y$ 的解答. 其泛函极值条件，等价于欧拉方程（1-25）和自然边界条件（1-26）. 另一种是微

分方程的解法,在端点$(x=a)$的边界约束条件(1-22)和端点$(x=b)$的自然边界条件(1-26)下,从微分方程,即欧拉方程(1-25)求出函数$y$的解答.

**例 1-2 最速下降线问题**——在重力场中求连接定点$A(0,0)$和另一点$B(b,y)$的一条曲线$y=y(x)$,使初速度为零的质点,沿该曲线从$A$下滑至$B$所需时间为最短(忽略摩擦阻力),如图1-4所示.且在点$A$有约束条件,

$$y(0)=0;\qquad(1\text{-}27)$$

**分析**:在点$B(x=b,y)$,$x=b$,对函数$y$没有直接的约束条件.质点沿着曲线由$A$滑到$B$所需时间,用$T$表示为

$$T=\int_0^T dt=\int_0^b \frac{ds}{v}=\int_0^b \frac{\sqrt{1+y'^2}}{v}dx. \qquad(1\text{-}28)$$

其中$ds$是沿曲线$AB$上的微分线段,$v$是质点在相应于$y$点的滑动速度.根据能量守恒定律,这点的势能转化为相应的动能,$mgy=\frac{1}{2}mv^2$,因此,其速度是$v=\sqrt{2gy}$.将它代入式(1-28),得

$$T=\int_0^b \frac{\sqrt{1+y'^2}}{\sqrt{2gy}}dx. \qquad(1\text{-}29)$$

于是求最速下降线的变分问题,就是在满足端点$A$的约束条件$y(0)=0$下,求解上述的泛函——时间$T$的最小值问题.

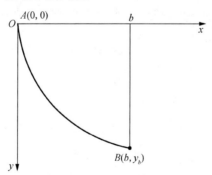

图 1-4 最速下降线问题

泛函$T$内含有$y$、$y'$,其一阶变分应等于零,即

$$\delta T=\frac{1}{\sqrt{2g}}\int_0^b\left[\frac{y'}{\sqrt{y(1+y'^2)}}\delta y'-\frac{1}{2y}\sqrt{\frac{1+y'^2}{y}}\delta y\right]dx=0. \qquad(1\text{-}30)$$

式(1-30)中的第一项,可以通过分部积分得

$$\int_0^b\left[\frac{y'}{\sqrt{y(1+y'^2)}}\delta y'\right]dx=\left[\frac{y'}{\sqrt{y(1+y'^2)}}\delta y\right]_0^b-\int_0^b\left[\frac{d}{dx}\frac{y'}{\sqrt{y(1+y'^2)}}\delta y\right]dx, \qquad(1\text{-}31)$$

由 $A$ 点约束条件（1-27），式（1-31）中 $A$ 点的变分 $\delta y(0) = 0$，将式（1-31）代入式（1-30），得

$$\delta T = -\frac{1}{\sqrt{2g}} \int_0^b \frac{d}{dx}\left[\frac{y'}{\sqrt{y(1+y'^2)}} + \frac{1}{2y}\sqrt{\frac{1+y'^2}{y}}\right]\delta y dx + \left[\frac{y'}{\sqrt{y(1+y'^2)}}\delta y\right]_{x=b} = 0 . \quad (1\text{-}32)$$

因为变分 $\delta y$ 在域内和在端点 $x = b$ 上是任意的，为了满足极值条件必须有

$$\frac{d}{dx}\left[\frac{y'}{y(1+y'^2)} + \frac{1}{2y}\sqrt{\frac{1+y'^2}{y}}\right] = 0 \quad (0 \leqslant x \leqslant b), \quad (1\text{-}33)$$

$$\left[\frac{y'}{\sqrt{y(1+y'^2)}}\right]_{x=b} = 0 \quad (x = b) . \quad (1\text{-}34)$$

所以，从泛函 $T$ 的极值条件导出域内的欧拉方程（1-33）和端点 $(x = b)$ 的边界条件（1-34）。式（1-34）就是自然边界条件，它可以简化为

$$y'_{(x=b)} = 0 . \quad (1\text{-}35)$$

因此，上述变分问题也可以按下列微分方程来求解：从欧拉方程（1-33）和端点 $(x = b)$ 的自然边界条件（1-35）及端点 $(x = a)$ 的约束边界条件（1-27）下，求出最速下降线 $y$ 的解答。

再次，下面考虑**在域内具有约束条件的泛函极值问题**。变分的约束条件不仅出现在边界上，有时出现在区域内。

**例 1-3** 曲面上的短程线问题——设在空间域中，有一已知曲面

$$\varphi(x, y, z) = 0 ,$$

其中 $y = y(x), z = z(x)$，均为 $x$ 的函数。试求曲面上的两点 $A, B$ 之间长度最短的曲线，如图 1-5 所示。

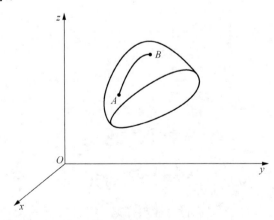

图 1-5 短程线问题

在这个短程线问题中，$A(x_1,y_1,z_1)$ 点和 $B(x_2,y_2,z_2)$ 点均在曲面上，必须满足曲面的方程，因此具有已知的端点约束条件，

$$A:\varphi(x_1,y_1,z_1)=0, \quad B:\varphi(x_2,y_2,z_2)=0. \tag{1-36}$$

而曲线上的任何一点又必须在曲面上，因此，在空间域中的曲线应满足约束条件，

$$\varphi(x,y,z)=0. \tag{1-37}$$

这就是域内的约束条件。

**分析**：在 $A$ 和 $B$ 两点之间曲线的长度 $L$，可以表示为

$$L=\int_{x_1}^{x_2}\sqrt{1+y_2'^2+z_2'^2}\,\mathrm{d}x.$$

下面要寻求，在满足端点 $A$ 点和 $B$ 点的约束条件(1-36)和区域内的约束条件(1-37)下，选取一对 $y,z$，使泛函亦即长度 $L$ 为最小。

在变分法的泛函极值问题中，凡是必须**预先满足的**条件称为**约束条件**，其中有边界上的约束条件和区域内的约束条件；在选择泛函的自变量函数时，这些约束条件是必须预先满足的。从泛函极值条件导出的域内的微分方程，称为欧拉方程；导出的边界上的方程，称为自然边界条件。因此，泛函的极值条件完全等价于欧拉方程和自然边界条件。

在变分法中，有约束条件的变分原理，也可以通过数学方法来消除这些约束条件。对于完全没有约束条件的泛函极值问题，一般称为**广义变分原理**。

## 1.3 变分问题的求解方法——里茨法、伽辽金法、列宾逊法

变分问题的求解方法，不同于微分方程的求解方法。下面以 1.2 节中的**既有约束边界条件（1-22）和又有可动边界条件（1-26）的问题**，来说明这两种求解的方法。

**微分方程的解法**是，在边界条件（1-22）和（1-26）下，直接求解微分方程-欧拉方程（1-25）的解答。即从下列微分方程组求解出函数 $y$，

$$y(a)=y_a \quad (x=a), \tag{1-22}$$

$$\left(\frac{\partial f}{\partial y'}\right)=0 \quad (x=b), \tag{1-26}$$

$$\frac{\partial f}{\partial y}-\frac{\mathrm{d}}{\mathrm{d}x}\left(\frac{\partial f}{\partial y'}\right)=0 \quad (a\leqslant x\leqslant b). \tag{1-25}$$

而**变分法的解法**是：首先使函数 $y$ 预先满足约束边界条件（1-22），然后由泛函 $I$ 极值条件

$$\delta I=0, \tag{1-13}$$

求解出函数 $y$。对于上述的具有可动边界的泛函极值问题，泛函 $I$ 的极值条件

$\delta I = 0$,又可以表达为

$$\delta I = \left[\left(\frac{\partial f}{\partial y'}\right)\delta y\right]_{x=b} + \int_a^b \left[\left(\frac{\partial f}{\partial y}\right) - \frac{\mathrm{d}}{\mathrm{d}x}\left(\frac{\partial f}{\partial y'}\right)\right]\delta y \mathrm{d}x = 0. \qquad (1\text{-}38)$$

由于变分 $\delta y$ 在端点 $(x=b)$ 和域内 $(a \leqslant x \leqslant b)$ 是任意的,对于任意的变分 $\delta y$,式（1-38）都必须满足. 于是,从泛函 $I$ 的极值条件（1-38）可以导出式（1-26）和式（1-25）,也即泛函 $I$ 的极值条件,等价于上述微分方程中的可动边界条件（1-26）和微分方程（1-25）. 或者说,泛函极值条件替代了可动边界条件（1-26）和微分方程（1-25）.

由此可见,在微分方程的解法中,函数 $y$ 必须满足的是：约束边界条件（1-22）,可动边界条件（1-26）和微分方程（1-25）. 在变分法中,是使函数 $y$ 预先满足约束边界条件（1-22）,然后再满足变分方程 $\delta I = 0$,而变分方程是等价于并可替代可动边界条件（1-26）和微分方程（1-25）.

这里要注意的是,**泛函 $I$ 是以函数 $y$ 为自变量（即宗量）的**,但是 $y$ 还是未知的函数. 为了进行上述的运算,在变分法中采用**先假设试函数 $y$**,并使其预先满足约束边界条件；然后再进行泛函极值条件的计算,即 $\delta I = 0$. 以下来说明具体的求解步骤.

1. 里茨法

（1）假设试函数 $y$,

$$y(x) = \varphi_0(x) + \sum_i \alpha_i \varphi_i(x), \qquad (1\text{-}39)$$

$y$ 中的 $\varphi_0(x)$ 是设定的满足约束边界条件（1-22）的已知函数,$\varphi_i(x)$ 是设定在约束边界上为零的已知函数；而 $\alpha_i$ 是待定的状态参数,用以反映函数 $y$ 的变分. 因此,**设定的试函数 $y$** [式（1-39）] 已经预先满足了约束边界条件（1-22）.

（2）将设定的 $y$ 代入泛函极值条件（1-13）,并从极值条件求解出待定的状态参数 $\alpha_i$.

（3）将求出的状态参数 $\alpha_i$ 代入 $y$ 的表达式 **(1-39)**,就得出 $y$ 的解答.

上述的方法,在变分法中称为**里茨法**. 里茨法一般用于这样的极值问题,即微分方程所对应的泛函 $I$ 已经存在的问题.

2. 伽辽金法

这个方法不需要有对应的泛函存在,而是直接利用微分方程来建立变分方程,因此它的应用更为普遍. 设有一个微分方程,

$$L(u) = f, \qquad (1\text{-}40)$$

其中 $L$ 是微分算子,而 $u$ 是一个待求的函数,并必须满足若干个约束条件；$f$ 是已知的函数. 由此,可以从上述微分方程写出一个类似于虚功方程的变分表达式,

$$\int_V L(u)\delta u dV = \int_V f\delta u dV, \qquad (1\text{-}41)$$

其中 $\delta u$ 是满足约束条件的类似的"虚位移"。如果对于满足约束条件的任意的"虚位移" $\delta u$，上述变分方程都得到满足，就必然可以得出微分方程（1-40）。因此，**上述变分方程（1-41）等价于微分方程（1-40）**。在具体求解时，我们仍然可以设定如式（1-39）的试函数，令其预先满足约束条件；然后再代入变分方程（1-41），求出状态参数 $\alpha_i$，从而得到函数 $u$ 的解答。

在上面里茨法的例子中，如果设定的试函数 $y$，既满足约束边界条件（1-22），又满足可动边界条件（1-26），这时泛函极值条件（1-38）中的可动边界条件部分自动满足为零，变分方程简化为只包含欧拉方程（1-25）部分的积分，即

$$\delta I = \int_a^b \left[ \left(\frac{\partial f}{\partial y}\right) - \frac{d}{dx}\left(\frac{\partial f}{\partial y'}\right) \right] \delta y dx = 0. \qquad (1\text{-}42)$$

这样得出的变分方程，也类似于上述伽辽金法变分方程。

如果有的问题还含有必须满足的自然边界条件，则此自然边界条件也可以仿照式（1-41）的形式，将其反映入变分方程之中。

3. 列宾逊法

如果设定的试函数 $y$，既满足约束边界条件（1-22），又满足域内的微分方程——欧拉方程（1-25），因此在泛函极值条件（1-38）中包含的欧拉方程部分自动满足为零，则变分方程简化为只包含可动边界部分的表达式，即

$$\delta I = \left[ \left(\frac{\partial f}{\partial y'}\right) \delta y \right]_{x=b} = 0. \qquad (1\text{-}43)$$

这种方法称为**列宾逊法**。

## 1.4 解除约束条件的方法——代入消元法、拉格朗日乘子法、罚函数法

在变分法中，为了进行泛函极值的计算，首先要设定泛函的自变量函数，并且它必须预先满足有关的约束条件；而这往往会遇到较大的困难。因此，人们常常希望能解除这些约束条件，使函数的设定较为方便和自由。在数学中有几种**解除约束条件的方法**，以下以**函数的极值问题**为例来说明；对于泛函的极值问题也是相似的。

1. 代入消元法

此法即利用约束条件，**将某些变量用其他的变量来表示**，然后将其代入泛函

之中，以消除这些变量和相应的约束条件.

设有函数 $F(x,y)$，试在约束条件

$$g(x,y)=0 \tag{1-44}$$

下，求解函数 $F(x,y)$ 的极值.

首先应用约束条件（1-44），将 $y$ 用 $x$ 来表示，即

$$y=\varphi(x), \tag{1-45}$$

将它代入函数 $F(x,y)$ 之中，得

$$F(x,y)=F[x,\varphi(x)]. \tag{1-46}$$

因此，求解函数 $F(x,y)$ 的极值，就变成为求解新函数 $F[x,\varphi(x)]$ 对于变量 $x$ 的极值问题. 这样既消除了变量 $y$，又解除了约束条件（1-44）.

**例 1-4** 求函数

$$F(x,y)=4x^2+5y^2,$$

在约束条件

$$2x+3y-6=0$$

下的极值.

**分析**：利用约束条件，将 $y$ 用 $x$ 来表示为

$$y=2-\frac{2}{3}x,$$

并代入 $F(x,y)$，得

$$F=\frac{56}{9}x^2-\frac{40}{3}x+20.$$

由极值条件，

$$\frac{\partial F}{\partial x}=\frac{56\times 2}{9}x-\frac{40}{3}=0,$$

得出 $x=15/14$，从而得出 $y=9/7$. 再代入 $F(x,y)$，求出函数的极值 $F(x,y)=90/7$.

**2. 拉格朗日乘子法**

将约束条件（**1-44**）的因子乘以拉格朗日乘子 $\lambda$（乘子 $\lambda$ 可以为常数，或者为函数），与上述函数 $F(x,y)$ 叠加，组成新的函数，即

$$F^*=F+\lambda g(x,y). \tag{1-47}$$

然后，将拉格朗日乘子也作为独立的变量. 于是，为了求解新函数 $F^*$ 的极值，需要建立下面三个导数为零的条件，即

$$\begin{cases} \dfrac{\partial F^*}{\partial x} = 0, & \dfrac{\partial F}{\partial x} + \lambda \dfrac{\partial g}{\partial x} = 0; \\ \dfrac{\partial F^*}{\partial y} = 0, & \dfrac{\partial F}{\partial y} + \lambda \dfrac{\partial g}{\partial y} = 0; \\ \dfrac{\partial F^*}{\partial \lambda} = 0, & g(x,y) = 0. \end{cases} \quad (1\text{-}48)$$

从上面三式求出变量 $x$、$y$、$\lambda$，再代入函数 $F(x,y)$，便可求出函数的极值. **拉格朗日乘子法不减少**（有时还增加）**变量的数目，并且约束条件以显式的形式**（约束条件的因子乘以拉格朗日乘子）**纳入泛函之中**.

**例 1-5** 在例 1-4 的问题中，将约束条件的因子乘以拉格朗日乘子 $\lambda$，得到新的函数，

$$F^* = (4x^2 + 5y^2) + \lambda(2x + 3y - 6) .$$

令 $F^*$ 对变量 $x$、$y$、$\lambda$ 的导数等于零，

$$\dfrac{\partial F^*}{\partial x} = 8x + 2\lambda = 0 ;$$

$$\dfrac{\partial F^*}{\partial y} = 10y + 3\lambda = 0 ;$$

$$\dfrac{\partial F^*}{\partial \lambda} = 0, \quad g(x,y) = 2x + 3y - 6 = 0 .$$

得出 $\lambda = -30/7$，$x = 15/14$，$y = 9/7$. 将其代入 $F$，其函数的极小值也为 $90/7$.

3. 罚函数法

**将约束条件（1-44）的因子的平方乘以常数 $\alpha$，作为罚函数叠加入 $F$ 中，得到新的函数，**

$$F^* = F + \alpha g(x,y)^2 , \quad (1\text{-}49)$$

常数 $\alpha$ 为一给定的罚数. 从式（1-49）中可见，当 $g$ 满足条件 $g = 0$ 时，$F^*$ 和 $F$ 是恒等的. 当 $g = 0$ 只能近似地满足时，$\alpha g^2$ 就成为一个修正项，$\alpha$ 相当于求极值时的一个权函数. 当 $\alpha$ 为负值（$\alpha \leqslant 0$）时，$F^*$ 的最大值一定小于 $F$ 的最大值；当 $\alpha$ 为正值（$\alpha \geqslant 0$）时，$F^*$ 的最大值一定大于 $F$ 的最大值. **$\alpha$ 的绝对值越大**，修正项 $\alpha g^2$ 在求 $F^*$ 极值时所占的权重越大，这样就迫使 $g = 0$ 的条件越趋向于满足，从而使 $F^*$ 逼近 $F$.

在求解函数 $F$ 的极小值时，罚数 $\alpha$ 应该取正值，并取较大的值. 然后，新函数的极值条件可以表达为下面两个导数为零的表达式为

$$\dfrac{\partial F^*}{\partial x} = \dfrac{\partial F}{\partial x} + 2\alpha \dfrac{\partial g}{\partial x} = 0 , \quad (1\text{-}50)$$

$$\frac{\partial F^*}{\partial y} = \frac{\partial F}{\partial y} + 2\alpha \frac{\partial F}{\partial y} = 0. \tag{1-51}$$

从式（1-50）和式（1-51）求出变量 $x$、$y$，当参数 $\alpha$ 足够大时，便可得出变量 $x$、$y$ 的逼近值. 再代入函数 $F$ 就求出其极值.

**例1-6** 对例 1-4 的问题，应用罚函数方法得出新函数，
$$F^* = F + \alpha g(x,y)^2 = (4x^2 + 5y^2) + \alpha(2x + 3y - 6)^2.$$
然后，新函数的极值条件为
$$\frac{\partial F^*}{\partial x} = 8x + 4\alpha(2x + 3y - 6) = 0,$$
$$\frac{\partial F^*}{\partial y} = 10y + 6\alpha(2x + 3y - 6) = 0.$$
由此得出
$$x = \frac{5}{6}y, \quad y = \frac{9}{7 + \frac{5}{2\alpha}}.$$

当 $\alpha$ 很大时，$y$ 趋于 $9/7$，$x$ 趋于 $15/14$，$F$ 的极小值与上面例题一致.

一般而论，在泛函的极值问题中，当解除一些约束条件之后，就使函数的选取具有更大的自由度和任意性，从而提供了一定程度的方便. 另外，设定函数的自由度的增加，使此函数的选择范围扩大了，因此，逼近真解的难度也增加了. 这时，应当相应地提高收敛的力度，如在选择函数时，取有较好完备性的函数，或设定更多的状态参数，以便在求解时用来逼近真解.

## 1.5 直角坐标系中的下标记号法

应用直角坐标系中的下标记号法，可以使公式的推导更为方便，表达简洁清楚，并可节省大量的篇幅. 本书中的许多章节采用了这种表达方式. 为便于读者了解下标记号法，简介如下.

**1. 下标记号法**

1）物理量的表示

在空间问题中，凡数字下标 1,2,3，专门表示（特指）相应于 $x, y, z$ 的量；凡文字下标 $i, j, k$ 等，则泛指下标 1,2,3 中的任一个. 因此，弹性力学中的一些物理量可以表达为（方括号内表示其量纲[1]）：

---

[1] 量纲采用国际单位制（SI）表示，以长度（$L$）、质量（$M$）、时间（$T$）、电流（$I$）、热力学温度（$\Theta$）、物质的量（$N$）、发光强度（$J$）为基本量. 量纲为一（无量纲）的量以符号（1）表示.

直角坐标 $[L]$    $x, y, z$，表示为 $x_i(i=1,2,3)$.

体力分量 $[L^{-2}MT^{-2}]$    $\overline{F}_x, \overline{F}_y, \overline{F}_z$，表示为 $\overline{F}_i(i=1,2,3)$.

面力分量 $[L^{-1}MT^{-2}]$    $\overline{p}_x, \overline{p}_y, \overline{p}_z$，表示为 $\overline{p}_i(i=1,2,3)$.

方向余弦 $[1]$    $l, m, n$，表示为 $n_i(i=1,2,3)$.

位移分量 $[L]$    $u, v, w$，表示为 $u_i(i=1,2,3)$.

约束位移分量 $[L]$    $\overline{u}, \overline{v}, \overline{w}$，表示为 $\overline{u}_i(i=1,2,3)$.

应力分量表示为 $[L^{-1}MT^{-2}]$    $\sigma_{ij}(i=1,2,3; j=1,2,3)$，且 $\sigma_{ij}=\sigma_{ji}$.

应变分量表示为 $[1]$    $e_{ij}(i=1,2,3; j=1,2,3)$，且 $e_{ij}=e_{ji}$.

2) 求和约定

凡文字下标重复二次时，表示对该下标求和，如

$$\sigma_{ii} = \sum_{i=1,2,3}\sigma_{ii} = \sigma_{11}+\sigma_{22}+\sigma_{33}=\Theta, \quad \Theta \text{ 为体积应力}.$$

$$e_{ii} = \sum_{i=1,2,3}e_{ii} = e_{11}+e_{22}+e_{33}=\theta, \quad \theta \text{ 为体应变}.$$

$$\sigma_{ij}n_j = \sum_{j=1,2,3}\sigma_{ij}n_j = \sigma_{i1}n_1+\sigma_{i2}n_2+\sigma_{i3}n_3.$$

$$\sigma_{ij}e_{ij} = \sum_{i=1,2,3}\sum_{j=1,2,3}\sigma_{ij}e_{ij}$$

$$=\sigma_{11}e_{11}+\sigma_{12}e_{12}+\sigma_{13}e_{13}+\sigma_{21}e_{21}+\sigma_{22}e_{22}+\sigma_{23}e_{23}$$

$$+\sigma_{31}e_{31}+\sigma_{32}e_{32}+\sigma_{33}e_{33}.$$

3) 导数记号

$$\frac{\partial f}{\partial x_i} = f_{,i}, \quad \frac{\partial^2 f}{\partial x_i x_j} = f_{,ij}.$$

$$\nabla^2 f = f_{,ii}.$$

4) $\delta$（Kronecker）符号

$$\delta_{ij} = \begin{cases} 1, & \text{当} i=j, \\ 0, & \text{当} i \neq j. \end{cases}$$

$\delta_{ij}$ 有九个分量，并有下列性质，

$$\alpha_i\delta_{ij} = \alpha_j, \quad \alpha_{ij}\delta_{ij} = \alpha_{ii}, \quad \alpha_{ik}\delta_{kj} = \alpha_{ij}, \quad \delta_{ik}\delta_{kj} = \delta_{ij}.$$

2. 数学运算公式

分步积分公式

$$(uv)_{,i} = u_{,i}v + uv_{,i},$$

$$\int_a^b uv_{,i}\,\mathrm{d}x = [uv]_a^b - \int_a^b u_{,i}v\,\mathrm{d}x.$$

高斯公式
$$\int_V f_{,i}\mathrm{d}V = \int_S f n_i \mathrm{d}S \quad (i=1,2,3), \quad S为V的边界曲面.$$

格林公式
$$\int_A f_{,i}\mathrm{d}A = \int_L f n_i \mathrm{d}L \quad (i=1,2), \quad L为面积A的曲线边界.$$

3. 各向同性、线性弹性、小位移下弹性力学的基本方程

平衡微分方程
$$\sigma_{ij,j} + \overline{F}_i = 0. \tag{1-52}$$

几何方程
$$e_{ij} = \frac{1}{2}(u_{i,j} + u_{j,i}), \tag{1-53}$$

注意式（1-53）与一般弹性力学的几何方程不完全相同：两者的线应变相同，如 $e_{11} = e_x$；而切应变只有原来的 $\frac{1}{2}$，如 $e_{12} = \frac{1}{2}\gamma_{xy}$.

物理方程：在各向同性、线性弹性下，应变用应力表示的表达式为
$$e_{ij} = \frac{1+\mu}{E}\sigma_{ij} - \frac{\mu}{E}\sigma_{kk}\delta_{ij}, \tag{1-54}$$

用于按应力求解. 而应力用应变表示的表达式为
$$\sigma_{ij} = \frac{E}{1+\mu}\left(e_{ij} + \frac{\mu}{1-2\mu}e_{kk}\delta_{ij}\right), \tag{1-55}$$

用于按位移求解. 体积应力和体应变的关系式是
$$\sigma_{kk} = \frac{E}{1-2\mu}e_{kk}. \tag{1-56}$$

位移边界条件，有
$$u_i\big|_s = \overline{u}_i, \quad 在 s_u 上. \tag{1-57}$$

应力边界条件，有
$$\sigma_{ij}n_j\big|_s = \overline{p}_i, \quad 在 s_\sigma 上. \tag{1-58}$$

上面公式中，$i,j,k=1,2,3$ 时，对应于空间问题；而 $i,j,k=1,2$ 时，对应于平面问题，其中式（1-54）对应于平面应力问题，式（1-55）对应于平面应变问题.

## 1.6　关于变分法的一些说明

在19世纪，变分法就已普遍地在力学等问题中建立和发展起来了. 当初的短程线问题、最速下降线问题、等周问题等，就提供了典型的泛函极值问题. 以后，

变分法在力学中得到广泛的发展和应用,如出现了极小势能原理和极小余能原理,并且在各种形式结构的静力学、动力学、稳定问题、振动问题等方面都得到广泛的应用. 20 世纪中期,有限单元法开始出现,并且迅速地发展起来了,从而使变分原理广泛地应用于有限单元法;同时,又促进了广义变分原理等的发展,使变分法的应用更为广泛. 此外,变分法已经成为一种基本的数学方法,在各种非力学领域也得到了普遍的应用.

1. 微分方程解法和变分解法的等价性

在弹性力学理论中,微分方程解法和变分法是两种互相独立又相互联系的解法.

(1) **微分方程解法**,实际上表示了一种"广义的平衡原理",并据此建立了一套微分方程组,然后从微分方程组解出所求的未知函数. 例如,在域内,根据力的平衡原理建立平衡微分方程;根据应变与位移之间的关系建立几何方程;根据应力与变形之间的关系建立物理方程;以及在边界上,建立相应的位移和应力边界条件. 这套方程组都表示了一种恒等式的关系,所以我们可以认为,上述都是根据"广义的平衡原理"所建立起来的一套微分方程组.

(2) **变分解法,是根据泛函的极值原理,来建立变分方程并进行求解的**. 如在弹性力学中,当势能趋于极小值时,就对应于弹性体的稳定平衡状态,从而根据极小势能原理建立了相应的变分方程;变分法的求解方法是使泛函(如势能)逐渐地趋近于极小值,就可以得出对应于稳定平衡状态的解答.

因此,从物理概念上讲,泛函的极值条件等价于对应的物体的稳定平衡状态. 从数学的推导方法可以得出,泛函的极值条件与微分方程是等价的,并且可以互相导出. 因此,两者是相互联系的,并可以相互等价替代的.

2. 变分法解答的近似性

从理论上分析,**变分方程与对应的微分方程是严格等价的,可以互相替代的. 等价的条件是**,以式(1-19)为例,对于任意的变分 $\delta y$,**变分方程都必须得到满足,则此变分方程才等价于对应的欧拉方程**(1-20).

但在实际应用变分法求解时,往往得出的是近似的解答. 这是由于,在预先设定自变量的试函数时,常常不可能就设定为函数的真解,因为真解还是未知的. 所以设定的试函数,常常是近似的函数;进而在考虑函数的变分时,只能在设定的近似函数的范围内进行,因而必然具有局限性. 所以得出的变分方程的解答,常常是近似的解答. 因此,人们常把变分法归于弹性力学的近似解法. 当然,如果设定的试函数正好是真解,或者采用完备的无穷级数来表示试函数,在这样的特殊情况下,也可能得到精确的解答.

### 3. 变分法的用途

在 19～20 世纪，力学中的变分法已经广泛地应用于各种形式的结构和各种类型的力学问题，并且得出许多有实用意义的解答。上面已经讲过，从微分方程求函数的精确解，常常是非常困难的。虽然人们已经应用了各种数学方法、各种复杂的特殊函数来求微分方程的解答。但是当微分方程的形式比较复杂、边界条件比较复杂和结构形式比较复杂等的情况下，微分方程的求解几乎是不可能的。而用极值条件来表达的变分解法，在设定试函数后的求解就比较容易，从而得出许多实际问题的解答，特别是在一些专题上，如杆系问题、薄板弯曲问题、薄壳问题、扭转问题等，都已得出了大量的解答。

### 4. 变分解法在有限单元法中的应用

有限单元法是在 20 世纪四五十年代，随着电子计算机的发展和广泛应用而发展起来的一种数值解法。它具有极大的通用性和灵活性，并且可以依赖计算机进行大数量的未知值的计算，因此，它能有效地解决各种复杂的力学问题。

**有限单元法**是这样一种方法：**首先将连续体变换为离散化结构，然后再应用变分法进行求解**（当然也可以用其他方法进行求解，但变分法是在有限单元法中，采用的最主要的理论方法）。将连续体变换为离散化结构，就是将连续体划分为有限多个、有限大小的单元，这些单元仅在一些结点上联结起来，构成所谓"离散化结构"。

在经典变分法中，研究的对象是连续体，泛函的自变量（未知函数）是连续函数，泛函的极值条件就是相对于连续函数的极值条件，而求解的结果就是连续函数的解答。而在有限单元法中，连续体已经变换为离散化结构；泛函被代替为各单元的分片泛函的总和；因而其自变量函数，已被单元的分片连续函数所代替；它的基本未知量，已经由连续函数转化为离散的各结点函数值。因此，当经典变分法应用于离散化结构时，泛函对连续函数的极值条件，已经转化为泛函对各个结点函数值的极值条件。这些极值条件是代数方程组，从而可以应用电子计算机，方便地得出各个结点函数值的数值解答。因此，将变分法应用于有限单元法，就可以有效地解决各种各样的力学问题，从而为求解复杂的工程实际问题提供了强有力的计算工具。

# 第二章 非线性弹性、小位移下弹性力学的变分法

**本章内容摘要**

非线性弹性、小位移假定如下所述.

(1) 从分析弹性力学微分方程的解法出发,确定弹性力学各类问题中的基本变量(基本未知函数)及其必须满足的全部条件.

(2) 导出极小势能原理和极小余能原理,并应用代入消元法,进一步导出各类变量形式的有约束条件的极小势能原理和极小余能原理.

(3) 再应用拉格朗日乘子法,将上述的各类有约束条件的极小势能原理和极小余能原理,都转化为相应的完全无约束条件的变分原理(广义变分原理).

(4) 由此得出弹性力学的各类变量形式的有约束条件和无约束条件的变分原理,并组成一个完整的、系统的变分原理体系,见本章附录. 同时也澄清了学术界关于变分原理的一些争论问题(如关于变分变量的确定,及其必须满足的全部条件,各类变分原理的约束条件的确定,以及无约束条件的变分原理的导出等).

## 2.1 非线性弹性、小位移假定下弹性力学问题的几种提法

从弹性力学问题微分方程的解法,可以确定各类弹性力学问题中的基本变量及其必须满足的全部条件. 根据这个结论,就可以用来检验和判断对应的各类变分问题中的变分变量及其必须满足的全部条件. 因为对于同样的变量,当然应该满足同样的条件.

在变分问题中,变分变量(自变量函数,又称为宗量)所必须满足的全部条件,是由下列三组条件组成的:①设定变分变量的试函数时,预先要求和必须满足的约束条件;②在变分的运算过程中,强制要求满足的约束条件(以上这两类条件,合成为全部的约束条件);③对应的变分方程,即泛函极值条件,它完全等价于由极值条件导出的欧拉方程和自然边界条件. 这三组必须满足的条件,与微分方程的解法中,各类弹性力学问题中的基本变量必须满足的全部条件,是完全对应和等价的.

下面来分析在非线性弹性、小位移假定下,各类弹性力学问题中的基本变量及其必须满足的全部条件.

**1. 以 $\sigma_{ij}, e_{ij}, u_i$ 为基本变量（独立的基本未知函数）的三类变量问题**

**它们应满足的全部条件**是式（2-1）～式（2-5）.

平衡微分方程

$$\sigma_{ij,j} + \overline{F}_i = 0 \quad (V), \tag{2-1}$$

几何方程

$$e_{ij} - \frac{1}{2}(u_{i,j} + u_{j,i}) = 0 \quad (V), \tag{2-2}$$

物理方程

$$\sigma_{ij} - \sigma_{ij}(e) = 0 \quad (V), \tag{2-3a}$$

或

$$e_{ij} - e_{ij}(\sigma) = 0 \quad (V), \tag{2-3b}$$

位移边界条件（又称为约束边界条件），

$$u_i - \overline{u}_i = 0 \quad (S_u), \tag{2-4}$$

应力边界条件（又称为面力边界条件），

$$\sigma_{ij} n_j - \overline{p}_i = 0 \quad (S_\sigma). \tag{2-5}$$

上述式中，$\sigma_{ij}$、$e_{ij}$、$u_i$ 分别为应力分量、应变分量和位移分量；$\overline{F}_i$ 为体力分量；$\overline{p}_i$ 为边界 $S_\sigma$ 上的面力分量；$\overline{u}_i$ 为边界 $S_u$ 上的约束位移分量；$V$ 为弹性体的体积；$S_\sigma$ 为给定面力的边界；$S_u$ 为给定位移的边界. $S$ 是全部边界，$S = S_u + S_\sigma$.

**平衡微分方程**表示物体内部微分体的平衡条件，其中涉及外部体力的作用（包括体力为零）；**应力边界条件**表示受面力边界上的微分体的平衡条件，其中涉及外部面力的作用（包括面力为零）；**位移边界条件**表示受约束边界上的位移和约束之间的连续条件，涉及外部对边界位移的约束作用（包括约束位移为零，即完全的固定约束）. 上述三组条件都涉及外部的外力作用和对边界位移的约束，是引起弹性体中应力、应变和位移的外部原因；只要这些外部作用存在，就必须被考虑并且满足.

**物理方程**表示物体内部的应力与应变之间的物理关系，也就是**应力与应变之间的内部约束条件**.

**几何方程**表示物体内部的应变与位移之间的几何关系，也就是**应变与位移之间的内部约束条件**. 从几何方程消去位移，可以导出应变之间的关系式，称为弹性体内的**形变协调条件**或**相容方程**，它是保证弹性体内应变对应的位移存在，并且连续的条件（Love, 1927）. 这说明各应变分量不是完全独立的，而是受到形变协调条件的约束；只有满足了形变协调条件，应变对应的位移才是存在并且连续的；几何方程和形变协调条件是等价的，都是保证域内位移连续的条件.

弹性体内的平衡微分方程和应力边界条件，分别表示域内微分体和受面力边界上的微分体的平衡条件，合称为**静力平衡条件**．几何方程（或形变协调条件）和位移边界条件，分别表示域内和受约束边界上的位移连续条件，合称为**弹性体的形变协调条件**，或位移连续条件．因此，**弹性体内的应力、应变和位移未知函数，必须满足：静力平衡条件**（平衡微分方程和应力边界条件），**形变协调条件**（位移边界条件，和几何方程或等价的相容方程），以及沟通应力和应变之间关系的物理方程．

关于**物理方程**，需要作以下几点说明．

（1）物理方程表示应力与应变之间的关系，其中包含**两类变量，即应力 $\sigma$ 和应变 $e$**．或者说，物理方程表示了应力 $\sigma$ 与应变 $e$ 之间的约束关系，这是应力与应变之间必须满足的约束条件．物理方程可以表示为式（2-3a），$\sigma_{ij}=\sigma_{ij}(e)$，这是用应变 $e$ 表示应力 $\sigma$ 的物理方程，用于按位移求解；或者表示为式（2-3b），$e_{ij}=e_{ij}(\sigma)$，这是用应力 $\sigma$ 表示应变 $e$ 的物理方程，用于按应力求解．式（2-3a）和式（2-3b）是物理方程的原始的基本表达形式．

（2）物理方程是从试验得出的经验公式，不是从理论上导出的．

（3）**物体的应变能密度 $A$（单位体积的应变能）**定义（图 2-1）为

$$A(\sigma,e)=\int_0^{e_{ij}}\sigma_{ij}\mathrm{d}e_{ij}, \tag{2-6}$$

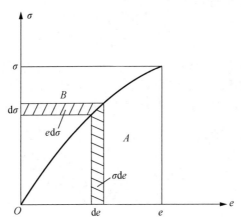

图 2-1 应变能密度 $A$ 和应变余能密度 $B$

这里应注意的是，在式（2-6）的**应变能密度 $A=A(\sigma,e)$** 中，包含有两类变量，即**应力 $\sigma$ 和应变 $e$**；它们具有不同的物理意义，是不同的物理量；因而应力 $\sigma$ 和应变 $e$ 都是应变能密度 $A$ 和相应泛函的宗量（自变量）．或者说，$A$ 中包含有应力 $\sigma$ 和应变 $e$ 的变量，并且它们与 $A$ 形成自变量和因变量的关系：应力 $\sigma$ 的变化，就有对应的 $A$ 的变化；应变 $e$ 的变化，也有对应的 $A$ 的变化．由此可见，$A$ 包含了应力 $\sigma$ 和应变 $e$ 这两类自变量（宗量）．因此，**在一般情况下，$A=A(\sigma,e)$ 和**

相应泛函是两变量（$\sigma,e$）的泛函. 由于应力 $\sigma$ 又可表示为应变 $e$ 的函数，即物理方程 $\sigma_{ij}=\sigma_{ij}(e)$，可以认为，$A$ 通过中间变量 $\sigma$ 是 $e$ 的复合函数；当物理方程 $\sigma_{ij}=\sigma_{ij}(e)$ 代入 $A$ 时，消去了应力（即应用消元法），则 $A$ 可以表示为只是应变 $e$ 的泛函，此时，$A=A(\sigma,e)$ 成为 $A=A(e)$.

式（2-6）是对应变 $e$ 的积分，在积分的上限中含有变量 $e$，因此，其逆运算是

$$\sigma_{ij}=\frac{\partial A(\sigma,e)}{\partial e_{ij}},$$

或

$$\left[\sigma_{ij}-\frac{\partial A(\sigma,e)}{\partial e_{ij}}\right]=0. \qquad (2\text{-}7)$$

由于式（2-7）是式（2-6）的逆运算，无论物理方程的表达式 $\sigma_{ij}=\sigma_{ij}(e)$ 是否给出，或者是否代入应变能密度 $A$ 中，**逆运算——式（2-7）永远成立**，但应注意如下问题.

如果物理方程的表达式 $\sigma_{ij}=\sigma_{ij}(e)$ 没有代入应变能密度 $A$ [式（2-6）] 中，则 $A$ 中不包含有应力 $\sigma$ 与应变 $e$ 之间的约束条件——物理方程，$\sigma$ 和 $e$ 还是各自独立的，因此，$A$ 中含有两类独立的变量，$A=A(\sigma,e)$，即应力 $\sigma$ 与应变 $e$；并且由式（2-7）只能得出恒等式

$$\sigma_{ij}=\frac{\partial A(\sigma,e)}{\partial e_{ij}}=\sigma_{ij}, \qquad (2\text{-}8)$$

因此，此时的式（**2-7**）成为式（**2-8**），它只是个等式，并不代表也不含有物理方程，且 $A$ 中仍然包含有未知的应力变量，即 $A=A(\sigma,e)$.

如果将已知的物理方程表达式 $\sigma_{ij}=\sigma_{ij}(e)$ 代入应变能密度 $A$ [式（**2-6**）] 中，则 $A$ 中的应力 $\sigma$ 已经被消去（消元），用应变 $e$ 表示，这时 $A$ 仅为应变 $e$ 的泛函，即 $A=A(e)$. 由式（2-7）就能得出

$$\sigma_{ij}=\frac{\partial A(\sigma,e)}{\partial e_{ij}}=\frac{\partial A(e)}{\partial e_{ij}}=\sigma_{ij}(e),$$

或

$$\sigma_{ij}-\frac{\partial A(e)}{\partial e_{ij}}=0. \qquad (2\text{-}9)$$

只有在此时，式（**2-7**）成为式（**2-9**），它代表了**物理方程**，是**物理方程**（2-3a）的另一等价的表达式，且 $A$ 中只包含有应变 $e$ 的变量（应力已用应变表示），即 $A=A(e)$.

由此可见，在应变能密度 $A(\sigma,e)$ 中，当应力和应变之间的约束条件——物理方程未代入时，应力和应变还是各自独立的变量；当应力和应变之间的约束条件——物理方程代入后，消除了应力变量（消元），应变能密度就成为单变量——应变的泛函，$A=A(e)$，并且进一步可见，物理方程 $\sigma_{ij}=\sigma_{ij}(e)$ 没有代入或者代入应变能密度 $A$ 中，就分别得到式（2-8）或者式（2-9），从而得出式（2-7）是否代表物理方程的另一表达式的结论：式（2-8）不代表物理方程，只是个等式；而式（2-9）代表了物理方程。上述的这一区别，是在一些变分法著作中模糊的地方，从而引起了在变分的运算过程中，关于式（2-7）是否代表物理方程、关于物理方程是否是变分的约束条件的争论。在以下变分法的叙述中，本书还将提醒这个问题。总之，上述的推导可以归结为：

$A=A(\sigma,e)$ ——当 $A$ 中没有代入也不包含物理方程时，为两类变量 $(\sigma,e)$ 的泛函，且 $\sigma_{ij}=\dfrac{\partial A(\sigma,e)}{\partial e_{ij}}=\sigma_{ij}$，上式只是个等式，不表示物理方程；

$A=A(e)$ ——当 $A$ 中已经代入且已包含物理方程时，为单类变量 $(e)$ 的泛函，且 $\sigma_{ij}-\dfrac{\partial A(e)}{\partial e_{ij}}=0$，上式是等价的物理方程。

（4）物体的应变余能密度 $B$（单位体积的应变余能）定义（图 2-1）为

$$B(e,\sigma)=\int_0^{\sigma_{ij}} e_{ij}\,\mathrm{d}\sigma_{ij}, \qquad (2\text{-}10)$$

这里同样应注意的是，式（2-10）的应变余能密度 $B$ 中，在一般情况下，包含有两类独立的变量，即应变 $e$ 和应力 $\sigma$。由于应变 $e$ 可表示为 $\sigma$ 的函数，即物理方程 $e_{ij}=e_{ij}(\sigma)$，因此可以认为，$B$ 通过中间变量 $e$ 是 $\sigma$ 的复合函数；当物理方程 $e_{ij}=e_{ij}(\sigma)$ 代入应变余能密度 $B$ 中，消去了应变 $e$（应用消元法），这时，$B$ 才成为仅是单变量应力 $\sigma$ 的泛函。

式（2-10）是对应力 $\sigma$ 的积分，在积分的上限中含有变量 $\sigma$，因此，其逆运算是

$$e_{ij}=\dfrac{\partial B(e,\sigma)}{\partial \sigma_{ij}},$$

或

$$\left[e_{ij}-\dfrac{\partial B(e,\sigma)}{\partial \sigma_{ij}}\right]=0. \qquad (2\text{-}11)$$

由于式（2-11）是式（2-10）的逆运算，无论物理方程的表达式 $e_{ij}=e_{ij}(\sigma)$ 是否给出，或者是否代入应变余能密度 $B$ 中，式（2-11）永远成立。

如果物理方程表达式 $e_{ij} = e_{ij}(\sigma)$ 没有代入应变余能密度 $B$ 中，则 $B$ 中不包含有物理方程，并且在 $B$ 中含有两类独立的变量，应变 $e$ 与应力 $\sigma$，即 $B = B(e,\sigma)$；由式（2-11）只能得出恒等式，

$$e_{ij} = \frac{\partial B(e,\sigma)}{\partial \sigma_{ij}} = e_{ij}, \qquad (2\text{-}12)$$

因此，此时的逆运算——式（2-11）成为式（2-12），它只是个等式，并不代表也不是物理方程，且 $B$ 中包含有未知应变 $e$ 的变量，为两类变量 $(e,\sigma)$ 的泛函，即 $B = B(e,\sigma)$.

如果将已知的物理方程表达式 $e_{ij} = e_{ij}(\sigma)$ 代入应变余能密度 $B$ 中，则 $B$ 中的应变 $e$ 已经被消去（消元），用应力 $\sigma$ 表示，这时 $B$ 仅为应力 $\sigma$ 的泛函，即 $B = B(\sigma)$. 由式（2-11）就能得出

$$e_{ij} = \frac{\partial B(e,\sigma)}{\partial \sigma_{ij}} = \frac{\partial B(\sigma)}{\partial \sigma_{ij}} = e_{ij}(\sigma),$$

或

$$e_{ij} - \frac{\partial B(\sigma)}{\partial \sigma_{ij}} = 0. \qquad (2\text{-}13)$$

此时的逆运算——式（2-11）成为式（2-13），它代表了物理方程，是物理方程（2-3b）的另一等价的表达式，且 $B$ 中只包含有应力的变量，即 $B = B(\sigma)$.

同样，上述的推导归结为：在应变余能密度 $B = B(e,\sigma)$ 中，当应变和应力之间的约束条件——物理方程未代入时，应变和应力还是各自独立的变量，$B = B(e,\sigma)$；当应变和应力之间的约束条件——物理方程代入后，消除了应变变量，应变余能密度就成为单变量——应力的泛函，$B = B(\sigma)$. 上述的推导可以归结为：

$B = B(e,\sigma)$——当 $B$ 中没有代入也不包含物理方程时，为两类变量 $(e,\sigma)$ 的泛函，且 $e_{ij} = \dfrac{\partial B(e,\sigma)}{\partial \sigma_{ij}} = e_{ij}$，上式只是个等式，不表示物理方程；

$B = B(\sigma)$——当 $B$ 中已经代入且已包含物理方程时，为单类变量 $(\sigma)$ 的泛函，且 $e_{ij} - \dfrac{\partial B(\sigma)}{\partial \sigma_{ij}} = 0$，上式是等价的物理方程.

（5）对于一般的应力-应变关系为非线性时（图 2-1），则在应力-应变图中，应变能密度 $A$ 表示曲线的下部分的面积；应变余能密度 $B$ 表示上部分的面积，是 $\sigma - e$ 的矩形域中的其余部分．因此 $B$ 与 $A$ 是互余的，即有下列关系，即

$$A + B = \sigma_{ij} e_{ij}. \qquad (2\text{-}14)$$

这里还应注意的是，上面表示的应力-应变，都是属于同一变形状态．

（6）上述的式（2-7）和式（2-11），对于任何线性弹性或非线性弹性材料，对于任何形式的 $\sigma_{ij}(e)$ 或 $e_{ij}(\sigma)$ 的表达式，都成立.

（7）应变能密度 $A$ 和应变余能密度 $B$，分别表示单位体积的应变能和应变余能. 整个体积的应变能，又称为**形变势能或内力势能** $U$ 和整个体积的应变余能，又称为**内力余能** $U^*$ 是

$$U = \int_V A(\sigma,e)\mathrm{d}V , \qquad (2\text{-}15)$$

$$U^* = \int_V B(e,\sigma)\mathrm{d}V . \qquad (2\text{-}16)$$

这里仍应强调，原始形式的**内力势能** $U$ [式（**2-15**）] 和**内力余能** $U^*$ [式（**2-16**）]，分别包含了 $A(\sigma,e)$ 和 $B(e,\sigma)$，都含有两类的变量，即应变 $e_{ij}$ 和应力 $\sigma_{ij}$ 的变量.

如果没有将物理方程 $\sigma_{ij}=\sigma_{ij}(e)$ 或 $e_{ij}=e_{ij}(\sigma)$ 分别代入 $A(\sigma,e)$ 和 $B(e,\sigma)$，则在式（2-15）的 $U$ 或式（2-16）的 $U^*$ 中，都没有包含物理方程在内；并且在内力势能 $U$ 和内力余能 $U^*$ 中，分别包含了 $A(e,\sigma)$ 和 $B(e,\sigma)$，都含有两类的变量，即应变 $e_{ij}$ 和应力 $\sigma_{ij}$.

如果将已知的物理方程表达式 $\sigma_{ij}=\sigma_{ij}(e)$ 和 $e_{ij}=e_{ij}(\sigma)$ 分别代入 $A(\sigma,e)$ 和 $B(e,\sigma)$，则在式（**2-15**）的 $U$ 或式（**2-16**）的 $U^*$ 中，都已经包含了物理方程在内，并且在此时，$A$ 中只包含有应变的变量（应力已用应变表示），即 $A=A(e)$，$U$ 中只含有 $e$，即 $U=U(e)$；$B$ 中只包含有应力的变量，即 $B=B(\sigma)$，$U^*$ 中只含有 $\sigma$，即 $U^*=U^*(\sigma)$.

（8）弹性体的外力——体力 $\bar{F}_i$ 和面力 $\bar{p}_i$ 在实际位移上所做的功，称为**外力功** $W$，即

$$W = \int_V \bar{F}_i u_i \mathrm{d}V + \int_{S_\sigma} \bar{p}_i u_i \mathrm{d}S . \qquad (2\text{-}17)$$

假定在无位移和无应变时，弹性体的功和能为零，则外力做了上述的功，消耗了外力势能，这时**外力势能** $V$ 的数值是

$$V = -W = -\left( \int_V \bar{F}_i u_i \mathrm{d}V + \int_{S_\sigma} \bar{p}_i u_i \mathrm{d}S \right) . \qquad (2\text{-}18)$$

外力功 $W$ 和外力势能 $V$，是以位移为自变量的泛函.

（9）一般来说，外力做功（正功），则消耗了外力势能，并转化为内力势能，即形变势能. 当物体在外力作用下发生变形时，外力总是做正功，而形变势能总是为正值.

以下应用**代入消元法**，利用某些约束条件（预先要求满足的约束条件和变分运算过程中要求满足的约束条件），消去一些基本的未知函数（变量），导出**较少变量的各类弹性力学问题**（这样，不仅消除了一些变量，而且所应用的某些约束

条件也就消去了，不再成为新的问题的约束条件），从而导出这些弹性力学问题的**新的基本变量及其必须满足的全部条件**。

2. 以 $\sigma_{ij}$、$u_i$ 为基本变量的两类变量问题

将物理方程 $e_{ij} = e_{ij}(\sigma)$ 代入 $B(e,\sigma)$，则 $B$ 仅为应力 $\sigma_{ij}$ 的泛函，记为 $B(\sigma)$。由式（2-13），将应变 $e_{ij}$ 用 $B(\sigma)$ 表示；并代入几何方程式（2-2），消去变量 $e_{ij}$，这样得到应力和位移之间的关系式，即

$$\frac{\partial B(\sigma)}{\partial \sigma_{ij}} - \frac{1}{2}(u_{i,j} + u_{j,i}) = 0 \quad (V), \tag{2-19}$$

式（2-19）是从物理方程和几何方程消去应变而直接导出应力和位移之间的关系式，一般称为**弹性方程**。由此，**变量 $\sigma_{ij}$、$u_i$ 应满足的全部条件为式（2-19）、式（2-1）、式（2-4）和式（2-5）**。其中式（2-1）、式（2-4）和式（2-5）涉及外部外力和外部约束的作用；而式（2-19）是沟通变量 $\sigma_{ij} - u_i$ 之间关系的内部约束条件。求出基本变量 $\sigma_{ij}$、$u_i$ 后，非基本变量 $e_{ij}$ 可以从式（2-2）或式（2-3b）求出。

3. 以 $e_{ij}$、$u_i$ 为基本变量的两类变量问题

将物理方程 $\sigma_{ij} = \sigma_{ij}(e)$ 代入 $A(\sigma,e)$，则 $A$ 仅为应变 $e_{ij}$ 的泛函，记为 $A(e)$。并由式（2-9），将应力 $\sigma$ 用 $A(e)$ 表示，再代入式（2-1）和式（2-5），消去 $\sigma_{ij}$，得到用 $A(e)$（即用应变）表示的平衡微分方程和应力边界条件，即

$$\left[\frac{\partial A(e)}{\partial e_{ij}}\right]_{,j} + \overline{F}_i = 0 \quad (V), \tag{2-20}$$

$$\left[\frac{\partial A(e)}{\partial e_{ij}}\right] n_j - \overline{p}_i = 0 \quad (s_\sigma). \tag{2-21}$$

**基本变量 $e_{ij}$、$u_i$ 应满足的全部条件是式（2-20）、式（2-21）、式（2-4）和式（2-2）**。其中式（2-20）、式（2-21）、式（2-4）涉及外部外力和外部约束的作用；而式（2-2）是用于沟通变量 $e_{ij} - u_i$ 之间关系的内部约束条件。

4. 以 $u_i$ 为基本变量的单类变量问题

将式（2-2）代入式（2-20）、式（2-21），消去 $e_{ij}$，用 $u_i$ 来表示，得

$$\left[\frac{\partial A(e)}{\partial e_{ij}}(u)\right]_{,j} + \overline{F}_i = 0 \quad (V), \tag{2-22}$$

$$\left[\frac{\partial A(e)}{\partial e_{ij}}(u)\right]n_j - \overline{p}_i = 0 \quad (s_\sigma). \tag{2-23}$$

其中 $\left[\dfrac{\partial A(e)}{\partial e_{ij}}(u)\right]$ 表示：由于 $A$ 通过中间变量 $e$ 是 $u_i$ 的复合函数，将 $A(e)$ 先对 $e_{ij}$ 求导；然后再将式（2-2）代入，将 $e_{ij}$ 用 $u_i$ 表示. 因此，$\left[\dfrac{\partial A(e)}{\partial e_{ij}}(u)\right]$ 仅为单类变量 $u_i$ 的泛函. 所以在式（2-22）和式（2-23）中只包含变量 $u_i$. **单类变量 $u_i$ 应满足的全部条件是式（2-22）、式（2-23）和式（2-4）**. 其中，式（2-22）、式（2-23）和式（2-4）均已反映了外部外力和外部约束的作用.

5. 以 $\sigma_{ij}$ 为基本变量的问题

在弹性力学微分方程的解法中，对于一般的弹性力学问题，涉及外部的外力和约束的作用，因此，式（2-1）、式（2-4）和式（2-5）都是必须满足的. 如果只取 $\sigma_{ij}$ 为基本变量，并且**存在有位移边界条件时**，为了满足位移边界条件，必须由应力通过物理方程求出应变；再由应变通过几何方程求出位移，其中还包含了从积分得出的待定函数；然后再去满足位移边界条件（2-4）. 这样，实际上已成为涉及三类变量的问题，并且在求解函数式解答时，变得非常困难.

只有当弹性体**没有约束边界条件时**，即 $S = S_\sigma, S_u = 0$，才可以**按单类变量 $\sigma_{ij}$ 的问题来求解函数式解答**. 在微分方程的解法中，对于这类全部为面力边界条件的问题，由于不涉及也不必考虑位移方面的边界约束条件，可以通过消元法，从几何方程和物理方程消去应变和位移，导出只含应力的方程. 因此，若取应力为基本未知函数，则应力应该满足：①静力平衡条件——**应力边界条件和平衡微分方程**. 由于上述三个平衡微分方程，不足以求解六个应力分量，还需要考虑和满足下列条件. ②用应力表示的**形变协调条件（相容方程）**——从几何方程消去位移，导出用应变表示的形变协调条件；然后再将物理方程代入，将其中的应变用应力表示. **形变协调条件（相容方程）的物理意义**，可以解释为：从应力可以求出对应的应变，而各应变分量不是完全独立的，它们必须满足形变协调条件（相容方程），才能保证应变对应的位移存在并且连续（Love，1927）. 因此，在按应力求解时，形变协调条件（相容方程）是必须考虑的. ③**如果弹性体是多连体**，则还需要考虑多连体中的**位移单值条件**.

弹性力学中的**极小势能原理和极小余能原理，都是对变分变量的有约束条件的变分原理**. 对于有约束条件的变分极值问题，参照函数的极值问题（1.4 节），有几种基本方法**可以解除有关的约束条件**，从而化为无约束条件的极值问题. 这几种方法是：

（1）**代入消元法**——利用约束条件（如 $\sigma_{ij} \sim e_{ij}$），将某些变量（$\sigma_{ij}$）用其他变量（如 $e_{ij}$）来表示，并将它们代入极值条件，以消去这些变量（如 $\sigma_{ij}$），这样得到的新的极值问题就化为对于变量（$e_{ij}$）的无约束条件的极值问题．这种方法的特点是由于消元减少了变量的数目，并且原有的约束条件不再成为对于变量（$e_{ij}$）的新的极值问题的约束条件．

（2）**拉格朗日乘子法**——将约束条件的因子乘以拉格朗日乘子，并吸收入泛函极值条件中，从而将极值条件化为无约束条件的极值问题．这种方法的特点是不减少（有时还会增加）变量的数目，并且约束条件以显式的形式（约束条件的因子乘以拉格朗日乘子的方式）反映入极值问题之中．

（3）**罚函数法**．

本章下面几节的内容是：首先从虚位移原理和虚应力原理，导出极小势能原理和极小余能原理（有约束条件的变分原理），并根据弹性力学问题微分方程的解法，确定这些变分问题中的变分变量及其必须满足全部条件；其次，应用代入消元法，从上述变分原理导出各类变量形式的有约束条件的极小势能原理和极小余能原理；再次，再应用拉格朗日乘子法等消去这些约束条件，从而得出各类变量形式的无约束条件的变分原理，即广义变分原理．

## 2.2 虚位移原理、位移变分方程、虚功方程、极小势能原理

### 1. 实位移和虚位移

弹性体中实际发生的位移，即**实位移** $u_i$，必须满足以下条件。

（1）**形变协调条件**：① $S_u$ 上的位移边界条件；② $V$ 域内的应变与位移之间的几何方程．

（2）**静力平衡条件**：① $S_\sigma$ 上的应力边界条件；② $V$ 域内的平衡微分方程；

（3）$V$ 域内表示应力与应变之间关系的**物理方程**．

其中，为了满足静力平衡条件，必须从位移求出应变，然后再求出应力，并代入平衡微分方程和应力边界条件；因而必然涉及且必须满足应变与位移之间关系的几何方程和应力与应变之间关系的物理方程．

**虚位移**——设在给定外力（体力和面力）的作用下，弹性体处于稳定的平衡状态．假如在平衡状态附近发生了**形变协调条件**（即**位移边界条件和应变与位移之间的几何方程**）所允许的微小改变，就称为**虚位移**，在数学上称为**位移的变分**，记为 $\delta u_i$．这时，物体从实际的位移状态 $u_i$ 进入邻近的虚位移状态，$u_i + \delta u_i$，如图 2-2 所示．由于虚位移状态是满足变形协调条件的，因此，实位移满足位移边

界条件（2-4），则**虚位移在给定位移的边界** $S_u$ **上满足**

$$\delta u_i = 0, \text{ 在 } S_u \text{ 上}. \tag{2-24}$$

实位移和虚位移都满足应变与位移之间的几何方程，由于**虚位移（位移的变分）引起相应的虚应变（应变的变分）**是

$$\delta e_{ij} = \frac{1}{2}(\delta u_{i,j} + \delta u_{j,i}). \tag{2-25}$$

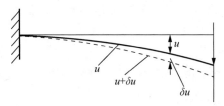

图 2-2  实位移和虚位移

**2. 位移变分方程及虚功方程**

下面来分析由于位移的变分，引起外力功的变分（即**外力虚功**）为

$$\delta W = \int_V \overline{F}_i \delta u_i \mathrm{d}V + \int_{S_\sigma} \overline{p}_i \delta u_i \mathrm{d}S, \tag{2-26}$$

其中，由于虚位移是微小的，假设外力在虚位移过程中，其数值和方向没有什么变化。

由于位移变分产生相应的应变变分［式（2-25）］，将引起形变势能的变分，参照式（2-6）为

$$\delta U = \int_V \sigma_{ij} \delta e_{ij} \mathrm{d}V. \tag{2-27}$$

这里应当注意：在式（2-27）的 $\delta U$ 中，应力 $\sigma_{ij}$ 和应变 $e_{ij}$ 都是独立的基本变量，其中的应力 $\sigma_{ij}$ 还没有用物理方程表达为 $\sigma_{ij}(e)$。还应注意的是，式（2-27）与式（2-6）不同。式（2-6）中的应力和应变属于同一变形状态，应力和应变是互相关联的；而式（2-27）中的应力是外力作用下的平衡状态的应力，虚位移是平衡状态附近的位移变分，两者不属于同一状态，没有直接的联系。

下面来考虑**虚位移原理**：假定弹性体在发生虚位移的过程中，并没有温度的改变和速度的改变，也就是没有热能和动能的改变。并且上面已经**假定在无位移和无应变时，弹性体的功和能为零**，这样，按照能量守恒定理，形变势能的增加，应当等于外力势能的减少，也就等于外力所做的功，即外力虚功，于是得

$$\delta U = \delta W, \tag{2-28}$$

即

$$\delta U = \int_V \overline{F}_i \delta u_i \mathrm{d}V + \int_{S_\sigma} \overline{p}_i \delta u_i \mathrm{d}S. \tag{2-29}$$

这就是**位移变分方程**. 它表示：**在实际平衡状态发生位移的变分时，所引起的形变势能的变分等于外力功的变分**.

若将形变势能的变分公式（2-27）代入式（2-29），得到

$$\int_V \sigma_{ij} \delta e_{ij} \mathrm{d}V = \int_V \overline{F}_i \delta u_i \mathrm{d}V + \int_{S_\sigma} \overline{p}_i \delta u_i \mathrm{d}S . \tag{2-30}$$

方程（2-30）称为虚功方程. 它表示：如果在虚位移发生之前，弹性体处于平衡状态，那么在虚位移过程中，外力在虚位移上所做的虚功，就等于应力在虚应变上所做的虚功.

上面已经指出：$\delta U$ 中，应力 $\sigma_{ij}$ 和应变 $e_{ij}$ 都是独立的基本变量. 因此，在变分方程（**2-29**）和（**2-30**）中，包含了基本未知函数——应力 $\sigma_{ij}$、应变 $e_{ij}$ 和位移 $u_i$，它们都属于三类变量的问题.

3. **位移变分方程的证明**

应用几何方程，将虚应变用虚位移表示，并代入形变势能的变分公式. 由哑标的重复记号，可以写为

$$\delta U = \int_V \sigma_{ij} \delta e_{ij} \mathrm{d}V = \int_V \sigma_{ij} \frac{1}{2}\left(\delta u_{i,j} + \delta u_{j,i}\right) \mathrm{d}V = \int_V \sigma_{ij} \delta u_{i,j} \mathrm{d}V . \tag{2-31}$$

再应用分步积分和高斯公式，得到

$$\delta U = \int_V [(\sigma_{ij} \delta u_i)_{,j} - \sigma_{ij,j} \delta u_i] \mathrm{d}V = \int_S \sigma_{ij} n_j \delta u_i \mathrm{d}S - \int_V \sigma_{ij,j} \delta u_i \mathrm{d}V , \tag{2-32}$$

式（2-32）中的 $S$ 为弹性体的边界面，$S = S_u + S_\sigma$，其中 $S_u$ 是给定约束位移的边界，而 $S_\sigma$ 是给定面力的边界. 由于虚位移是预先满足位移边界条件的，在 $S_u$ 上有 $\delta u_i = 0$ [式（2-24）]. 因此，式（2-32）中的面积分只需在给定面力的边界 $S_\sigma$ 上进行（即位移的变分只在 $S_\sigma$ 边界上发生）. 代入位移变分方程，并经整理后得到**位移变分方程的又一形式**，即

$$-\int_V (\sigma_{ij,j} + \overline{F}_i) \delta u_i \mathrm{d}V + \int_{S_\sigma} (\sigma_{ij} n_j - \overline{p}_i) \delta u_i \mathrm{d}S = 0 . \tag{2-33}$$

假如弹性体处于平衡状态，则式（2-33）中的两个括号都等于零，于是就证明了位移变分方程的成立. 另外，如果对于任意的位移变分（即虚位移 $\delta u_i$），使位移变分方程的另一形式方程（**2-33**）均能满足，则从变分方程（**2-33**）可以导出 $S_\sigma$ 上的应力边界条件，即

$$\sigma_{ij} n_j - \overline{p}_i = 0 \quad (s_\sigma),$$

以及 $V$ 域内的平衡微分方程，即

$$\sigma_{ij,j} + \overline{F}_i = 0 \quad (V) .$$

即位移变分方程等价于静力平衡条件（$S_\sigma$上的应力边界条件和$V$域内的平衡微分方程）．

在上述的证明中，首先选取和设定的变分变量是**位移**，并且**预先必须满足位移边界条件**．然后在变分过程中应用**几何方程**，将应变用位移表示，并且在上面已经指出：在$\delta U$中，应力$\sigma_{ij}$和应变$e_{ij}$都是独立的基本变量，必须应用物理方程来沟通应力与应变之间的关系，所以**物理方程**是应力与应变之间的约束条件．由此可见，**对于位移变分方程，位移变量预先必须满足的约束条件是位移边界条件；在变分运算过程中强制要求满足的约束条件是几何方程和物理方程**．通过推导，从位移变分方程导出了等价的变分方程（2-33），并由式（2-33）证明：**位移变分方程等价于静力平衡条件——$S_\sigma$上的应力边界条件和$V$域内的平衡微分方程**．

归结起来讲，位移变分方程（2-29）、虚功方程（2-30）及式（2-33），都是同一变分方程的不同形式，这些变分方程都属于三类变量（应力$\sigma_{ij}$、应变$e_{ij}$和位移$u_i$）的弹性力学变分问题．上述位移变分方程的约束条件是，预先必须满足$S_u$上的位移边界条件；在变分运算过程中要求满足$V$域内的几何方程和物理方程；而位移变分方程等价于静力平衡条件（$S_\sigma$上的应力边界条件和$V$域内的平衡微分方程）．

4. 关于虚位移原理的说明

（1）虚位移原理是物体平衡的必要条件——从上述位移变分方程（2-33）可以看出，只有当式（2-33）成立，即在发生任意的虚位移时，要求式（2-33）中的两个括弧都等于零（即满足平衡微分方程和应力边界条件），物体才能达到平衡状态．

（2）虚位移原理是物体平衡的充分条件——若对于任意的虚位移，位移变分方程（2-33）都得到满足，则得出式（2-33）的两个括弧内的因子在物体$V$内和给定面力的边界$S_\sigma$上必然处处为零，也就是在域$V$内处处满足平衡微分方程，及在给定面力的边界$S_\sigma$上处处满足应力边界条件，于是物体充分地保持平衡.

（3）在虚位移原理中，关于应力与应变的表达式是没有限制的，因此，它适用于各种线性和非线性材料．

（4）虚位移原理也适用于有限位移的大变形状态（钱伟长，1985）.

（5）位移变分方程（2-29）、虚功方程（2-30）及式（2-33），与下面即将导出的极小势能原理是同一变分方程的不同表达形式，由此可做出几种相应的物理解释．这些变分方程都属于三类变量（应力$\sigma_{ij}$、应变$e_{ij}$和位移$u_i$）的问题．

（6）由式（2-33）可见，虚位移原理反映了物体的静力平衡条件（平衡微分方程和应力边界条件）．因此，位移变分方程、虚功方程和下面即将导出的极小势能原理，它们都等价于平衡微分方程和应力边界条件，或者说可以替代平衡微分方程和应力边界条件.

（7）虚位移原理的研究思路是：先设定一组满足变形协调条件（约束边界条件和几何方程）的位移，然后再考虑如何进一步满足平衡条件（应力边界条件和平衡微分方程），从而去求出问题的解答.

**5. 极小势能原理**

从位移变分方程（2-29）可以导出极小势能原理，证明如下.

首先，式（2-29）左边的**形变势能的变分** $\delta U = \int_V \sigma_{ij} \delta e_{ij} \mathrm{d}V$ [式（2-27）]，可以表达为"**对形变势能** $U = \int_V A(\sigma, e) \mathrm{d}V$ [2.1 节，式（2-15）] 进行变分运算的结果，即 $\delta[U] = \delta U$ ." 应用式（**2-6**）和式（**2-7**），即有

$$\delta[U] = \delta\left[\int_V A(\sigma, e) \mathrm{d}V\right] = \int_V \frac{\partial A(\sigma, e)}{\partial e_{ij}} \delta e_{ij} \mathrm{d}V = \int_V \sigma_{ij} \delta e_{ij} \mathrm{d}V = \delta U. \qquad (2\text{-}34)$$

其次，在式（2-29）右边的外力功的变分项 $\delta W = \int_V \overline{F}_i \delta u_i \mathrm{d}V + \int_{S_\sigma} \overline{p}_i \delta u_i \mathrm{d}S$ 中，外力是恒力，而虚位移又是微小的，可以认为外力在虚位移过程中保持力的大小和方向不变. 因此，可以将变分记号提到积分号前面，也就是说，"**外力功的变分** $\delta W$ 等于对外力功 $W = \int_V \overline{F}_i u_i \mathrm{d}V + \int_{S_\sigma} \overline{p}_i u_i \mathrm{d}S$ [2.1 节，式（2-17）] 进行变分运算的结果，即 $\delta[W] = \delta W$"，有

$$\delta[W] = \delta\left[\int_V \overline{F}_i u_i \mathrm{d}V + \int_{S_\sigma} \overline{p}_i u_i \mathrm{d}S\right] = \int_V \overline{F}_i \delta u_i \mathrm{d}V + \int_S \overline{p}_i \delta u_i \mathrm{d}S = \delta W. \qquad (2\text{-}35)$$

又由 2.1 节的式（2-18）可见

$$\delta[W] = -\delta[V], \qquad (2\text{-}36)$$

其中 $V$ 就是外力势能.

将 $\delta U = \delta[U]$ 和 $\delta W = \delta[W] = -\delta[V]$ 代入位移变分方程（2-29），并记物体的**总势能**为 $\pi_p$，它等于形变势能 $U$ 和外力势能 $V$ 之和，即

$$\pi_p = U + V, \qquad (2\text{-}37)$$

于是位移变分方程（2-29），又可以表达为

$$\delta \pi_p = \delta[U + V] = 0. \qquad (2\text{-}38)$$

由式（2-38）可见，在给定的外力作用下，实际存在的位移应使总势能的变分为零，这就推出这样一个原理：**在给定的外力作用下，在满足位移边界条件的所有各组位移中，实际存在的一组位移应使总势能成为极值.**

考虑总势能的二阶变分，即 $\pi_p$ 对于 $e_{ij}$ 和 $u_i$ 求二阶变分，总是大于或等于零，得到

$$\delta^2 \pi_p = \delta^2[U+V] \geqslant 0. \quad (2\text{-}39)$$

这就证明：对于稳定平衡状态，这个极值是极小值．因此，上述原理称为**极小势能原理**．

这里同样应当说明：在上面的**极小势能原理**的推导中，在 $\delta[U] = \int_V \sigma_{ij} \delta e_{ij} \mathrm{d}V = \delta U$ ［式（2-34）］中，为了沟通两类独立变量——应力和应变之间的约束关系，必须应用**物理方程**（2-3a）；在推导过程中用了 $\delta e_{ij} = \frac{1}{2}(\delta u_{i,j} + \delta u_{j,i})$ ［式（2-25）］，即应用了几何方程［式（2-2）］．因此，**几何方程和物理方程是变分过程中必须强制满足的约束条件**．或者说，在公式推导中，为了沟通三类独立变量——应力、应变和位移之间的关系，必须应用几何方程和物理方程．这也说明，几何方程和物理方程是变分过程中必须强制满足的约束条件．

归结起来讲，**位移变分方程（2-29）、虚功方程（2-30）及式（2-33）和极小势能原理**，都是同一变分方程的不同表达形式．这些变分方程，都是属于三类变量（应力 $\sigma_{ij}$、应变 $e_{ij}$ 和位移 $u_i$）的问题，对于变分变量，预先要求满足的约束条件是位移边界条件；在变分过程中强制要求满足的约束条件是几何方程和物理方程．因此，三类变量 $\sigma_{ij}$、$e_{ij}$、$u_i$ 必须满足的全部约束条件是：位移边界条件、几何方程和物理方程．而由式（2-33）可见，**变分方程等价于平衡微分方程和应力边界条件**．

## 2.3 极小势能原理及由此导出的各类变量形式的有约束条件的变分原理

**极小势能原理**，按照式（2-38）和式（2-39），可以表示为泛函-总势能 $\pi_{p_i}$ 的极小值条件，即

$$\delta \pi_{p_i} = 0, \quad (2\text{-}40)$$

且 $\delta \pi_{p_i}^2 \geqslant 0$，其中**泛函 $\pi_{p_i}$ 及其自变量函数（宗量）有下列几种形式**，并且根据 2.1 节关于微分方程的讨论，**确定其变分变量及其必须满足的全部条件**．

1. 原始形式

三类变量（独立的基本未知函数是 $\sigma_{ij}, e_{ij}, u_i$）形式的泛函是

$$\pi_{p_i} = \int_V \left[ A(\sigma, e) - \overline{F}_i u_i \right] \mathrm{d}V - \int_{s_\sigma} \overline{p}_i u_i \mathrm{d}s. \quad (2\text{-}41)$$

式（2-41）中的应变能密度 $A$ 中，其中的 $\sigma_{ij}$ 与 $e_{ij}$ 之间的关系式即物理方程还未代入，从而包含有两类独立的变量（$\sigma_{ij}, e_{ij}$），即 $A = A(\sigma, e)$．因此，泛函（2-41）

的变分方程是属于三类变量（$\sigma_{ij}, e_{ij}, u_i$）的问题.

将泛函（2-41）代入泛函极值条件（2-40）. 在 2.2 节中已经得出：上述变分方程，要求变分变量（$\sigma_{ij}, e_{ij}, u_i$）预先满足的约束条件是位移边界条件（**2-4**）；而在变分过程中强制要求满足的约束条件是物理方程（**2-3a**）和几何方程（**2-2**）. 因此，按照 2.1 节中 1 的提法，此变分原理的全部约束条件是约束边界条件（2-4）、物理方程（2-3a）和几何方程（2-2）；而 $\pi_{p_1}$ 的极值条件等价于平衡微分方程（**2-1**）和面力边界条件（**2-5**）.

证明：

$$\delta\pi_{p_1} = \int_V \left[\frac{\partial A(\sigma,e)}{\partial e_{ij}}\delta e_{ij} - \overline{F}_i \delta u_i\right]dV - \int_{s_\sigma} \overline{p}_i \delta u_i ds$$

$$= \int_V \left(\sigma_{ij}\delta e_{ij} - \overline{F}_i \delta u_i\right)dV - \int_{s_\sigma} \overline{p}_i \delta u_i ds \quad [代入式（2-8），$$

但还未包含物理方程在内，见 2.1 节式（2-8）]

$$= \int_V \left(\sigma_{ij}\delta u_{i,j} - \overline{F}_i \delta u_i\right)dV - \int_{s_\sigma} \overline{p}_i \delta u_i ds \quad [代入几何方程（2-2）]$$

$$= 0.$$

再应用分步积分和高斯公式，得到

$$\delta\pi_{p_1} = \int_s \sigma_{ij} n_j \delta u_i ds - \int_V \left(\sigma_{ij,j}\delta u_i + \overline{F}_i \delta u_i\right)dV - \int_{s_\sigma} \overline{p}_i \delta u_i ds = 0.$$

由于位移预先满足位移边界条件，有
$$\delta u_i = 0 \quad (s_u).$$

又由
$$\delta u_i \neq 0 \quad (v),$$
有
$$(\sigma_{ij,j} + \overline{F}_i) = 0, \quad [即为平衡微分方程（2-1）]；$$

由
$$\delta u_i \neq 0 \quad (s_\sigma),$$
有
$$(\sigma_{ij} n_j - \overline{p}_i) = 0, \quad [即为面力边界条件（2-5）].$$

从上可见，$\pi_{p_1}$ 的极值条件等价于用应力 $\sigma_{ij}$ 表示的平衡微分方程（2-1）和面力边界条件（2-5）. 其中对于变分变量（$\sigma_{ij}, e_{ij}, u_i$）预先要求满足的约束条件是位移边界条件（2-4）；而在变分过程中，应用了几何方程（2-2）；并且为了沟通独立变量——上面两式中的应力 $\sigma_{ij}$ 与应变 $e_{ij}$、位移 $u_i$ 之间的关系，则又要求强制满足物理方程（2-3a）及几何方程（2-2）. 因此，三类变量（$\sigma_{ij}, e_{ij}, u_i$）形式的泛函 $\pi_{p_1}$，对变分变量的约束条件是位移边界条件（2-4），以及物理方程（2-3a）和几何方程（2-2）；而 $\pi_{p_1}$ 的极值条件等价于用应力表示的平衡微分方程（2-1）和面力边界条件（2-5）.

2. 两类变量（$e_{ij}, u_i$）形式的泛函

将约束条件——已知的物理方程表达式（2-3a）代入 $A$，即式（2-6），消去应力变量 $\sigma_{ij}$，则 $A$ 成为只是变量 $e_{ij}$ 的泛函，即 $A=A(e)$. 从而得到两类变量（$e_{ij}, u_i$）形式的泛函，即

$$\pi_{p_2} = \int_V \left[ A(e) - \overline{F}_i u_i \right] \mathrm{d}V - \int_{s_\sigma} \overline{p}_i u_i \mathrm{d}s . \qquad (2\text{-}42)$$

式（2-42）中已应用物理方程消去了应力变量，成为只有两类变量（$e_{ij}, u_i$）形式的泛函. 将泛函（2-42）代入泛函极值条件式（2-40），则此变分方程要求变分变量（$e_{ij}, u_i$）预先满足的约束边界条件是位移边界条件（2-4）；在变分过程中强制要求满足的约束条件是几何方程（2-2）. $\pi_{p_2}$ 的极值条件等价于用应变表示的平衡微分方程（2-20）和面力边界条件（2-21）. 因此，按照 2.1 节中 3 的提法，对于变分变量（$e_{ij}, u_i$）的全部约束条件是位移边界条件（2-4）和几何方程（2-2）.

证明：

$$\begin{aligned}
\delta \pi_{p_2} &= \int_V \left[ \frac{\partial A(e)}{\partial e_{ij}} \delta e_{ij} - \overline{F}_i \delta u_i \right] \mathrm{d}V - \int_{s_\sigma} \overline{p}_i \delta u_i \mathrm{d}s \\
&= \int_V \left[ \frac{\partial A(e)}{\partial e_{ij}} \delta u_{i,j} - \overline{F}_i \delta u_i \right] \mathrm{d}V - \int_{s_\sigma} \overline{p}_i \delta u_i \mathrm{d}s \quad （代入几何方程）\\
&= 0.
\end{aligned}$$

再应用分步积分和高斯公式，得到

$$\delta \pi_{p_2} = \int_s \left[ \frac{\partial A(e)}{\partial e_{ij}} \right] n_j \delta u_i \mathrm{d}s - \int_V \left\{ \left[ \frac{\partial A(e)}{\partial e_{ij}} \right]_{,j} \delta u_i + \overline{F}_i \delta u_i \right\} \mathrm{d}V - \int_{s_\sigma} \overline{p}_i \delta u_i \mathrm{d}s = 0.$$

由于位移预先满足位移边界条件，有

$$\delta u_i = 0 \quad (s_u) .$$

又由

$$\delta u_i \neq 0 \quad (v),$$

所以有

$$\left[ \frac{\partial A(e)}{\partial e_{ij}} \right]_{,j} + \overline{F}_i = 0, \quad [即为式（2-20）];$$

由

$$\delta u_i \neq 0 \quad (s_\sigma),$$

所以有

$$\left[\frac{\partial A(e)}{\partial e_{ij}}\right] n_j - \overline{F}_i = 0, \text{ [即为式（2-21）]}.$$

从上可见，$\pi_{p_2}$ 的极值条件等价于用 $e_{ij}$ 表示的平衡微分方程（2-20）和面力边界条件（2-21）；而对变分变量（$e_{ij}, u_i$）的约束条件是位移边界条件（2-4）和变分过程中强制要求满足的几何方程（2-2）.

3. 单类变量（$u_i$）形式的泛函

将约束条件——物理方程（2-3a）和几何方程（2-2）代入式（2-41）中的 $A$，可以逐次消去变量 $\sigma_{ij}$ 和 $e_{ij}$，最后 $A$ 仅为 $u_i$ 的泛函，表示为 $A=A[e(u)]$，于是得到单类变量（$u_i$）形式的泛函，即

$$\pi_{p_3} = \int_V \left\{ A[e(u)] - \overline{F}_i u_i \right\} dV - \int_{s_\sigma} \overline{p}_i u_i ds. \tag{2-43}$$

将泛函（2-43）代入泛函极值条件式（2-40），则此变分方程要求变分变量（$u_i$）预先满足的约束条件是位移边界条件（**2-4**）；而 $\pi_{p_3}$ 的极值条件等价于用位移表示的平衡微分方程（**2-22**）和面力边界条件（**2-23**）.

证明：

$$\delta\pi_{p_3} = \int_V \left\{ \frac{\partial A[e(u)]}{\partial e_{ij}} \delta e_{ij} - \overline{F}_i \delta u_i \right\} dV - \int_{s_\sigma} \overline{p}_i \delta u_i ds$$

$$= \int_V \left\{ \left[\frac{\partial A(e)}{\partial e_{ij}}(u)\right] \delta u_{i,j} - \overline{F}_i \delta u_i \right\} dV - \int_{s_\sigma} \overline{p}_i \delta u_i ds \quad \text{（应用几何方程，用 } u_i \text{ 表示 } e_{ij}\text{）}$$

$$=0.$$

再应用分步积分和高斯公式，得到

$$\delta\pi_{p_3} = \int_s \left[\frac{\partial A(e)}{\partial e_{ij}}(u)\right] n_j \delta u_i ds$$

$$- \int_V \left\{ \left[\frac{\partial A(e)}{\partial e_{ij}}(u)\right]_{,j} \delta u_i + \overline{F}_i \delta u_i \right\} dV - \int_{s_\sigma} \overline{p}_i \delta u_i ds$$

$$= 0$$

其中的 $\left[\frac{\partial A(e)}{\partial e_{ij}}(u)\right]$ 表示，$A(e)$ 先对 $e_{ij}$ 求导，再代入几何方程，将 $e_{ij}$ 用 $u_i$ 表示.

由于位移预先满足位移边界条件,有
$$\delta u_i = 0 \quad (s_u).$$
又由
$$\delta u_i \neq 0 \quad (v),$$
所以有
$$\left[\frac{\partial A(e)}{\partial e_{ij}}(u)\right]_{,j} + \overline{F_i} = 0, \quad [即为式(2-22)];$$
由
$$\delta u_i \neq 0 \quad (s_\sigma),$$
所以有
$$\left[\frac{\partial A(e)}{\partial e_{ij}}(u)\right] n_j - \overline{p_i} = 0, \quad [即为式(2-23)].$$

从上可见,$\pi_{p_3}$ 的极值条件等价于用 $u_i$ 表示的平衡微分方程(2-22)和面力边界条件(2-23);而对变分变量的约束条件是位移边界条件(2-4).

上述 **1～3** 的变分原理,就是三类变量($\sigma_{ij}, e_{ij}, u_i$)、两类变量($e_{ij}, u_i$)和单类变量($u_i$)形式的有约束条件的极小势能原理,相应的变分极值条件都是极小值条件.

## 2.4 从有约束条件的极小势能原理导出的各类变量形式的无约束条件的广义变分原理

上面导出的各类变量形式的有约束条件的极小势能原理,可以转化为无约束条件的广义势能原理,即广义变分原理.具体的方法是:将所有的约束条件(包括设定试函数时预先必须满足的约束条件和变分过程中强制要求满足的约束条件),分别应用拉格朗日乘子法纳入泛函之中;然后由泛函极值条件求出拉格朗日乘子,从而得出完全无约束条件的变分原理.这些**无约束条件的变分原理**,通常称为广义变分原理,其极值条件均为**驻值条件**(见 1.1 节),即
$$\delta \pi^*_{p_i} = 0, \tag{2-44}$$
其中广义变分原理(广义势能原理)的泛函 $\pi^*_{p_i}$ 有下列几种形式.

**1. 三类变量(独立的基本未知函数是 $\sigma_{ij}, e_{ij}, u_i$)形式的无约束条件的广义变分原理**

将泛函 $\pi_{p_1}$ [式(2-41)]的变分方程所应满足的约束条件——物理方程(2-3a)、

几何方程（2-2）和位移边界条件（2-4），应用拉格朗日乘子法纳入泛函 $\pi_{p_1}$ [式（2-41）]之中. 即将上述约束条件的因子分别乘以拉格朗日乘子 $\lambda_{ij}$、$\mu_{ij}$、$v_i$，纳入泛函 $\pi_{p_1}$ [式（2-41）]，得到

$$\pi_{p_1}^* = \int_V \left\{ A(\sigma,e) - \overline{F}_i u_i + \lambda_{ij}[\sigma_{ij} - \sigma_{ij}(e)] + \mu_{ij}\left[e_{ij} - \frac{1}{2}(u_{i,j} + u_{j,i})\right] \right\} dv$$
$$- \int_{s_\sigma} \overline{p}_i u_i ds + \int_{s_u} v_i (u_i - \overline{u}_i) ds. \qquad (2\text{-}45)$$

在式（2-45）的应变能密度 $A(\sigma,e)$ 中，物理方程尚未代入，$\sigma_{ij}$、$e_{ij}$ 均为独立的未知函数. 对泛函 $\pi_{p_1}^*$ [式（2-45）]来讲，$\sigma_{ij}$、$e_{ij}$、$u_i$ 为原来的独立变量；拉格朗日乘子 $\mu_{ij}$、$\lambda_{ij}$、$v_i$ 也是独立变量. 因此，将泛函 $\pi_{p_1}^*$ [式（2-45）]代入驻值条件（2-44），对这些独立变量进行变分运算，得

$$\delta\pi_{p_1}^* = \int_V \left\{ \sigma_{ij}\delta e_{ij} - \overline{F}_i \delta u_i + \delta\lambda_{ij}[\sigma_{ij} - \sigma_{ij}(e)] + \lambda_{ij}\delta\sigma_{ij} - \lambda_{ij}\frac{\partial \sigma_{ij}(e)}{\partial e_{kl}}\delta e_{kl} \right.$$
$$\left. + \delta\mu_{ij}\left[e_{ij} - \frac{1}{2}(u_{i,j} + u_{j,i})\right] + \mu_{ij}\delta e_{ij} - \mu_{ij}\delta u_{i,j} \right\} dv$$
$$- \int_{s_\sigma} \overline{p}_i \delta u_i ds + \int_{s_u} \left[\delta v_i (u_i - \overline{u}_i) + v_i \delta u_i\right] ds$$
$$= 0, \text{[第一项中已代入式（2-8），上面已说明，其中还未应用和不包含物理方程]}$$
$$(2\text{-}46)$$

式（2-46）中的两项又可表示为

$$-\lambda_{ij}\frac{\partial \sigma_{ij}(e)}{\partial e_{kl}}\delta e_{kl} = -\lambda_{kl}\frac{\partial \sigma_{kl}(e)}{\partial e_{ij}}\delta e_{ij}, \qquad (2\text{-}47)$$

$$-\int_V \mu_{ij}\delta u_{i,j} dv = -\int_s \mu_{ij} n_j \delta u_i ds + \int_V \mu_{ij,j}\delta u_i dv. \qquad (2\text{-}48)$$

将式（2-47）和式（2-48）代入泛函驻值条件（2-46），由
$$\delta\lambda_{ij} \neq 0 \quad (V),$$
得
$$[\sigma_{ij} - \sigma_{ij}(e)] = 0;$$
由
$$\delta\mu_{ij} \neq 0 \quad (V),$$
得
$$\left[e_{ij} - \frac{1}{2}(u_{i,j} + u_{j,i})\right] = 0;$$
由
$$\delta v_i \neq 0 \quad (s_u),$$

得
$$(u_i - \overline{u}_i) = 0;$$
又由
$$\delta\sigma_{ij} \neq 0 \quad (V),$$
得
$$\lambda_{ij} = 0;$$
由
$$\delta e_{ij} \neq 0 \quad (V),$$
得
$$\left[\sigma_{ij} + \mu_{ij} - \lambda_{kl}\frac{\partial\sigma_{kl}(e)}{\partial e_{ij}}\right] = 0,$$
代入 $\lambda_{ij} = 0$，得到
$$\mu_{ij} = -\sigma_{ij};$$
由
$$\delta u_i \neq 0 \quad (V),$$
得
$$(\mu_{ij,j} - \overline{F}_i) = 0,$$
代入 $\mu_{ij} = -\sigma_{ij}$，得到
$$(\sigma_{ij,j} + \overline{F}_i) = 0;$$
由
$$\delta u_i \neq 0 \quad (s_\sigma),$$
得
$$(-\mu_{ij}n_j - \overline{p}_i) = 0,$$
代入 $\mu_{ij} = -\sigma_{ij}$，得到
$$(\sigma_{ij}n_j - \overline{p}_i) = 0;$$
由
$$\delta u_i \neq 0 \quad (s_u),$$
得
$$(\nu_i - \mu_{ij}n_j) = 0,$$
代入 $\mu_{ij} = -\sigma_{ij}$，得到
$$\nu_i = -\sigma_{ij}n_j.$$
将得到的拉格朗日乘子 $\lambda_{ij} = 0, \mu_{ij} = -\sigma_{ij}, \nu_i = -\sigma_{ij}n_j$ 代入泛函（2-45），得

$$\pi_{p_1}^* = \int_v \left\{ A(\sigma,e) - \overline{F}_i u_i - \sigma_{ij}\left[ e_{ij} - \frac{1}{2}(u_{i,j} + u_{j,i}) \right] \right\} dv$$
$$- \int_{s_\sigma} \overline{p}_i u_i ds - \int_{s_u} \sigma_{ij} n_j (u_i - \overline{u}_i) ds. \tag{2-49}$$

以上应用拉格朗日乘子将几个约束条件纳入泛函,但其中拉格朗日乘子 $\lambda_{ij} = 0$,说明相应的物理方程没有纳入泛函中.

下面我们来分析三类变量($\sigma_{ij}, e_{ij}, u_i$)的泛函 $\pi_{p_1}^*$[式(2-49)]的驻值条件,看它究竟反映了弹性力学中的哪些基本方程. 对此泛函求极值条件,

$$\delta\pi_{p_1}^* = \int_v \left\{ \frac{\partial A(\sigma,e)}{\partial e_{ij}}\delta e_{ij} - \overline{F}_i \delta u_i - \delta\sigma_{ij}\left[ e_{ij} - \frac{1}{2}(u_{i,j} + u_{j,i}) \right] - \sigma_{ij}\delta e_{ij} + \sigma_{ij}\delta u_{i,j} \right\} dv$$
$$- \int_{s_\sigma} \overline{p}_i \delta u_i ds - \int_{s_u} \left[ \delta\sigma_{ij} n_j (u_i - \overline{u}_i) + \sigma_{ij} n_j \delta u_i \right] ds$$
$$= \int_v \left\{ \sigma_{ij}\delta e_{ij} - \overline{F}_i \delta u_i - \delta\sigma_{ij}\left[ e_{ij} - \frac{1}{2}(u_{i,j} + u_{j,i}) \right] - \sigma_{ij}\delta e_{ij} - \sigma_{ij,j}\delta u_i \right\} dv$$
$$+ \int_s \sigma_{ij} n_j \delta u_i ds - \int_{s_\sigma} \overline{p}_i \delta u_i ds - \int_{s_u} \left[ \delta\sigma_{ij} n_j (u_i - \overline{u}_i) + \sigma_{ij} n_j \delta u_i \right] ds$$
$$= 0, [已代入式(2-8),上面已说明,其中还未应用和不包含物理方程的表达式]$$

由
$$\delta\sigma_{ij} \neq 0 \quad (V),$$
得
$$\left[ e_{ij} - \frac{1}{2}(u_{i,j} + u_{j,i}) \right] = 0; \qquad [几何方程(2-2)]$$

由
$$\delta u_i \neq 0 \quad (V),$$
得
$$(\sigma_{ij,j} + \overline{F}_i) = 0; \qquad [平衡微分方程(2-1)]$$

由
$$\delta\sigma_{ij} \neq 0 \quad (s_u),$$
得
$$(u_i - \overline{u}_i) = 0; \qquad [位移边界条件(2-4)]$$

由
$$\delta u_i \neq 0 \quad (s_\sigma),$$
得
$$(\sigma_{ij} n_j - \overline{p}_i) = 0. \qquad [面力边界条件(2-5)]$$

由此可见，从泛函 $\pi_{p_1}^*$ ［式（2-49）］的驻值条件，可以得出弹性力学的平衡微分方程（2-1）、几何方程（2-2）、面力边界条件（2-5）和位移边界条件（2-4），但是，没有反映应力和应变变量之间的约束条件——物理方程（2-3a）. 因此，上述泛函 $\pi_{p_1}^*$ ［式（**2-49**）］的极值条件仍然具有约束条件——物理方程（**2-3a**）.

为了将约束条件——物理方程（2-3a）纳入泛函 $\pi_{p_1}^*$ ［式（2-49）］中，以建立完全无约束条件的三类变量的广义变分原理，我们可以采用下列方法将约束条件——物理方程纳入泛函中：

（1）采用钱伟长先生所建议的，用高阶拉格朗日乘子方法将物理方程纳入.

（2）我们这里采用不同于钱伟长先生推荐的形式，即用罚函数的方法（见 1.4 节）将物理方程纳入泛函 $\pi_{p_1}^*$ ［式（2-49）］中，取泛函

$$\pi_{p_1}^{**} = \pi_{p_1}^* + \int_V \alpha[\sigma_{ij} - \sigma_{ij}(e)]^2 dV , \qquad (2\text{-}50)$$

其中 $\alpha$ 为不等于零且数值较大的正常数. 进行简单的分析，就可看出物理方程已反映入泛函的极值条件中. 由此可见，上述泛函 $\pi_{p_1}^{**}$ ［式（**2-50**）］的驻值条件已包含三类变量所必须满足的全部条件（包括物理方程），因此，此泛函是三类变量的完全无约束条件的广义变分原理.

（3）将物理方程（**2-3a**）$\sigma_{ij} = \sigma_{ij}(e)$ 直接代入式（2-49）的应变能密度 $A(\sigma,e)$ 中，将其中的应力通过物理方程用应变表示，则 $A = A(e)$，仅为 $e_{ij}$ 的已知函数. 下面将证明，这样也能将物理方程反映入泛函的极值条件中. 由此得到三类变量的无约束条件的广义变分原理的泛函为

$$\begin{aligned}\pi_{p_1}^{***} = &\int_V \left\{ A(e) - \overline{F}_i u_i - \sigma_{ij}\left[e_{ij} - \frac{1}{2}(u_{i,j} + u_{j,i})\right]\right\} dv \\ &- \int_{S_\sigma} \overline{p}_i u_i dS - \int_{S_u} \sigma_{ij} n_j (u_i - \overline{u}_i) dS \\ = &\pi_{HW},\end{aligned} \qquad (2\text{-}51)$$

其中 $A(e)$ 中已代入物理方程（2-3a），所以 $A(e)$ 仅是已知的应变 $e$ 的函数. 上述泛函完全等同于胡海昌-鹫津久一郎变分原理的泛函，即 $\pi_{p_1}^{***} = \pi_{HW}$.

下面我们来检查 $\pi_{p_1}^{***} = \pi_{HW}$ 泛函的驻值条件，有

$$\begin{aligned}\delta\pi_{p_1}^{***} = &\int_V \left\{ \frac{\partial A(e)}{\partial e_{ij}}\delta e_{ij} - \overline{F}_i \delta u_i - \delta\sigma_{ij}\left[e_{ij} - \frac{1}{2}(u_{i,j} + u_{j,i})\right] - \sigma_{ij}\delta e_{ij} + \sigma_{ij}\delta u_{i,j}\right\} dV \\ &- \int_{S_\sigma} \overline{p}_i \delta u_i dS - \int_{S_u} \left[\delta\sigma_{ij} n_j (u_i - \overline{u}_i) + \sigma_{ij} n_j \delta u_i\right] dS \\ = &\delta\pi_{HW} \\ = &0,\end{aligned}$$

上式中的一项又可表示为

$$\int_v \sigma_{ij} \delta u_{i,j} \mathrm{d}V = \int_s \sigma_{ij} n_j \delta u_i \mathrm{d}s - \int_v \sigma_{ij,j} \delta u_i \mathrm{d}V,$$

代入 $\delta \pi_{p_1}^{***}$ 式，由

$$\delta \sigma_{ij} \neq 0 \quad (V),$$

得

$$\left[ e_{ij} - \frac{1}{2}(u_{i,j} + u_{j,i}) \right] = 0; \quad \text{（几何方程）}$$

由

$$\delta e_{ij} \neq 0 \quad (V),$$

得

$$\left[ \sigma_{ij} - \frac{\partial A(e)}{\partial e_{ij}} \right] = 0; \quad \text{（物理方程）}$$

由

$$\delta u_i \neq 0 \quad (V),$$

得

$$(\sigma_{ij,j} + \overline{F}_i) = 0; \quad \text{（平衡微分方程）}$$

由

$$\delta u_i \neq 0 \quad (s_\sigma),$$

得

$$(\sigma_{ij} n_j - \overline{p}_i) = 0; \quad \text{（面力边界条件）}$$

由

$$\delta \sigma_{ij} \neq 0 \quad (s_u),$$

得

$$(u_i - \overline{u}_i) = 0. \quad \text{（位移边界条件）}$$

由此可见，泛函 $\pi_{p_1}^{***} = \pi_{HW}$ 的驻值条件，包含三类变量（$\sigma_{ij}, e_{ij}, u_i$）所应满足的全部条件（包括物理方程）. 因此，也证明了上述变分原理，即胡海昌-鹫津久一郎变分原理（$\pi_{p_1}^{***} = \pi_{HW}$），是三类变量（$\sigma_{ij}, e_{ij}, u_i$）的完全无约束条件的广义变分原理.

这里必须强调：在上述导出的变分原理，即胡海昌-鹫津久一郎变分原理（$\pi_{p_1}^{***} = \pi_{HW}$）的应变能密度中，已将物理方程（2-3a）代入 $A = A(\sigma, e)$，因此，$A = A(e)$ 只是应变变量的函数；并且 $\left[ \sigma_{ij} - \frac{\partial A(e)}{\partial e_{ij}} \right] = 0$ ［式（2-9）］，真正代表了

物理方程. 从而使上述变分原理,即胡海昌-鹫津久一郎变分原理($\pi_{p_1}^{***} = \pi_{HW}$),成为三类变量($\sigma_{ij}, e_{ij}, u_i$)的完全无约束条件的广义变分原理.

力学界的有些人士对胡海昌-鹫津久一郎变分原理($\pi_{p_1}^{***} = \pi_{HW}$)[式(2-51)]是三类变量的、无约束条件的广义变分原理,是有争论的. 但是,无论如何,**胡海昌-鹫津久一郎变分原理($\pi_{p_1}^{***} = \pi_{HW}$)的泛函,是包含了三类变量($\sigma_{ij}, e_{ij}, u_i$)的,并且以上已经证明,此泛函的极值条件,包含了三类变量($\sigma_{ij}, e_{ij}, u_i$)应该满足的全部条件. 因此,胡海昌-鹫津久一郎变分原理($\pi_{p_1}^{***} = \pi_{HW}$)[式(2-51)]是三类变量的、无约束条件的广义变分原理的结论是完全正确的.**

2. 两类变量($e_{ij}, u_i$)的无约束条件的广义变分原理

按照 2.1 节中 3 的表述,我们将约束条件——几何方程(2-2)和位移边界条件(2-4)的因子分别乘以拉格朗日乘子$\mu_{ij}$、$v_i$,纳入泛函$\pi_{p_2}$[式(2-42)]中,得到

$$\pi_{p_2}^* = \int_v \left\{ A(e) - \overline{F}_i u_i + \mu_{ij}\left[e_{ij} - \frac{1}{2}(u_{i,j} + u_{j,i})\right]\right\} dV$$
$$- \int_{s_\sigma} \overline{p}_i u_i ds + \int_{s_u} v_i (u_i - \overline{u}_i) ds . \qquad (2-52)$$

其中 $A = A(e) = \int_o^{e_{ij}} \sigma_{ij}(e) de_{ij}$,已将物理方程(2-3a),即$\sigma_{ij} = \sigma_{ij}(e)$代入,消去了变量$\sigma_{ij}$,$A = A(e)$仅为$e$的已知函数. 因此,$\pi_{p_2}^*$[式(2-52)]是两类变量($e_{ij}, u_i$)形式的泛函. $\pi_{p_2}^*$的驻值条件是

$$\delta\pi_{p_2}^* = \int_v \left\{\frac{\partial A(e)}{\partial e_{ij}}\delta e_{ij} - \overline{F}_i \delta u_i + \delta\mu_{ij}\left[e_{ij} - \frac{1}{2}(u_{i,j} + u_{j,i})\right] + \mu_{ij}\delta e_{ij} - \mu_{ij}\delta u_{i,j}\right\} dV$$
$$- \int_{s_\sigma} \overline{p}_i \delta u_i ds + \int_{s_u}\left[\delta v_i(u_i - \overline{u}_i) + v_i \delta u_i\right] ds$$
$$= 0, \qquad (2-53)$$

式(2-53)中的一项又可表示为

$$-\int_v \mu_{ij}\delta u_{i,j} dv = -\int_s \mu_{ij} n_j \delta u_i ds + \int_v \mu_{ij,j}\delta u_i dv,$$

代入式(2-53),由

$$\delta\mu_{ij} \neq 0 \quad (V),$$

得

$$\left[e_{ij} - \frac{1}{2}(u_{i,j} + u_{j,i})\right] = 0 ; \qquad (几何方程)$$

由

$$\delta v_i \neq 0 \quad (s_u),$$

得

$$(u_i - \overline{u}_i) = 0. \qquad (位移边界条件)$$

又由

$$\delta e_{ij} \neq 0 \quad (V),$$

得

$$\left[ \mu_{ij} + \frac{\partial A(e)}{\partial e_{ij}} \right] = 0,$$

从而得到

$$\mu_{ij} = -\frac{\partial A(e)}{\partial e_{ij}};$$

由

$$\delta u_i \neq 0 \quad (V),$$

得

$$(\mu_{ij,j} - \overline{F}_i) = 0,$$

代入 $\mu_{ij} = -\dfrac{\partial A(e)}{\partial e_{ij}}$，得到

$$\left[ \frac{\partial A(e)}{\partial e_{ij}} \right]_{,j} + \overline{F}_i = 0; \qquad (平衡微分方程)$$

由

$$\delta u_i \neq 0 \quad (s_\sigma),$$

得

$$(-\mu_{ij} n_j - \overline{p}_i) = 0,$$

代入 $\mu_{ij} = -\dfrac{\partial A(e)}{\partial e_{ij}}$，得到

$$\left[ \frac{\partial A(e)}{\partial e_{ij}} \right] n_j - \overline{p}_i = 0; \qquad (面力边界条件)$$

由

$$\delta u_i \neq 0 \quad (s_u),$$

得

$$(v_i - \mu_{ij} n_j) = 0,$$

代入 $\mu_{ij} = -\dfrac{\partial A(e)}{\partial e_{ij}}$，得到

# 第二章 非线性弹性、小位移下弹性力学的变分法

$$v_i = -\frac{\partial A(e)}{\partial e_{ij}} n_j.$$

将 $\mu_{ij} = -\dfrac{\partial A(e)}{\partial e_{ij}}$，$v_i = -\dfrac{\partial A(e)}{\partial e_{ij}} n_j$ 代入 $\pi_{p_2}^*$，得到

$$\pi_{p_2}^* = \int_v \left\{ A(e) - \overline{F}_i u_i - \frac{\partial A(e)}{\partial e_{ij}} \left[ e_{ij} - \frac{1}{2}(u_{i,j} + u_{j,i}) \right] \right\} dV$$

$$- \int_{s_\sigma} \overline{p}_i u_i ds - \int_{s_u} \frac{\partial A(e)}{\partial e_{ij}} n_j (u_i - \overline{u}_i) ds. \qquad (2\text{-}54)$$

上述泛函 $\pi_{p_2}^*$［式（2-54）］的驻值条件已包含了两类变量（$e_{ij}, u_i$）应满足的全部条件，即平衡微分方程（2-20）、面力边界条件（2-21）、几何方程（2-2）和位移边界条件（2-4）. 因此，泛函 $\pi_{p_2}^*$［式（2-54）］是两类变量（$e_{ij}, u_i$）的完全无约束条件的广义变分原理的泛函.

证明：下面来检验上述结论. 对泛函 $\pi_{p_2}^*$［式（2-54）］求驻值条件，

$$\delta\pi_{p_2}^* = \int_v \left\{ \frac{\partial A(e)}{\partial e_{ij}} \delta e_{ij} - \overline{F}_i \delta u_i - \delta\left[\frac{\partial A(e)}{\partial e_{ij}}\right] \left[e_{ij} - \frac{1}{2}(u_{i,j}+u_{j,i})\right] - \frac{\partial A(e)}{\partial e_{ij}} \delta e_{ij} + \frac{\partial A(e)}{\partial e_{ij}} \delta u_{i,j} \right\} dv$$

$$- \int_{s_\sigma} \overline{p}_i \delta u_i ds - \int_{s_u} \left\{ \delta\left[\frac{\partial A(e)}{\partial e_{ij}}\right] n_j (u_i - \overline{u}_i) + \left(\frac{\partial A(e)}{\partial e_{ij}}\right) n_j \delta u_i \right\} ds$$

$$= 0,$$

上式中的一项又可表示为

$$\int_v \frac{\partial A(e)}{\partial e_{ij}} \delta u_{i,j} dv = \int_s \frac{\partial A(e)}{\partial e_{ij}} n_j \delta u_i ds - \int_v \left(\frac{\partial A(e)}{\partial e_{ij}}\right)_{,j} \delta u_i dv.$$

代入 $\delta\pi_{p_2}^*$，由

$$\delta u_i \neq 0 \quad (V),$$

得

$$\left[\frac{\partial A(e)}{\partial e_{ij}}\right]_{,j} + \overline{F}_i = 0; \qquad ［即为平衡微分方程（2-20）］$$

由

$$\delta u_i \neq 0 \quad (s_\sigma),$$

得

$$\left[\frac{\partial A(e)}{\partial e_{ij}}\right] n_j - \overline{p}_i = 0; \qquad ［即为面力边界条件（2-21）］$$

由

$$\delta\left[\frac{\partial A(e)}{\partial e_{ij}}\right] \neq 0 \quad (V),$$

得

$$\left[e_{ij} - \frac{1}{2}(u_{i,j} + u_{j,i})\right] = 0; \qquad [即为几何方程（2-2）]$$

由

$$\delta\left[\frac{\partial A(e)}{\partial e_{ij}}\right] \neq 0 \quad (s_u),$$

得

$$(u_i - \overline{u}_i) = 0. \qquad [即为位移边界条件（2-4）]$$

其中的 $\delta\left[\dfrac{\partial A(e)}{\partial e_{ij}}\right] \neq 0$，也可以表示为 $\delta\left[\dfrac{\partial A(e)}{\partial e_{ij}}\right] = \left[\dfrac{\partial^2 A(e)}{\partial e_{ij} \partial e_{kl}}\right]\delta e_{kl} \neq 0$，或 $\delta e_{kl} \neq 0$.

可见，上述泛函 $\pi_{p_2}^*$ ［式（2-54）］的驻值条件已包含了两类变量（$e_{ij}, u_i$）应满足的全部条件，这就证明了两类变量（$e_{ij}, u_i$）的泛函 $\pi_{p_2}^*$ 是无约束条件的广义变分原理的泛函.

3. 单类变量 ($u_i$) 的无约束条件的广义变分原理

按照 2.1 节中 4 的表述，将约束条件——位移边界条件（2-4）的因子乘以拉格朗日乘子，纳入泛函 $\pi_{p_3}$ ［式（2-43）］中，得

$$\pi_{p_3}^* = \int_v \left\{A[e(u)] - \overline{F}_i u_i\right\} dv - \int_{s_\sigma} \overline{p}_i u_i ds + \int_{s_u} v_i(u_i - \overline{u}_i) ds, \qquad (2\text{-}55)$$

其中应变能密度 $A[e(u)]$ 中已将物理方程（2-3a）代入，并在变分过程中进一步应用几何方程，将应变 $e$ 用位移 $u$ 表示，因而上述泛函是单类变量（$u_i$）的泛函. 泛函 $\pi_{p_3}^*$ ［式（2-55）］的极值条件是

$$\delta \pi_{p_3}^* = \int_v \left\{\frac{\partial A[e(u)]}{\partial e_{ij}} \delta u_{i,j} - \overline{F}_i \delta u_i\right\} dV$$

$$- \int_{s_\sigma} \overline{p}_i \delta u_i ds + \int_{s_u} \left[\delta v_i (u_i - \overline{u}_i) + v_i \delta u_i\right] ds \qquad (代入几何方程)$$

$$= \int_s \left[\frac{\partial A(e)}{\partial e_{ij}}(u)\right] n_j \delta u_i ds - \int_v \left\{\left[\frac{\partial A(e)}{\partial e_{ij}}(u)\right]_{,j} \delta u_i + \overline{F}_i \delta u_i\right\} dV$$

$$- \int_{s_\sigma} \overline{p}_i \delta u_i ds + \int_{s_u} \left[\delta v_i (u_i - \overline{u}_i) + v_i \delta u_i\right] ds$$

$$= 0,$$

由

$$\delta u_i \neq 0 \quad (v),$$

得

$$\left[\frac{\partial A(e)}{\partial e_{ij}}(u)\right]_{,j} + \overline{F_i} = 0 ; \quad [\text{平衡微分方程}（2-22）]$$

由

$$\delta u_i \neq 0 \quad (s_\sigma),$$

得

$$\left[\frac{\partial A(e)}{\partial e_{ij}}(u)\right] n_j - \overline{p_i} = 0 ; \quad [\text{面力边界条件}（2-23）]$$

由

$$\delta v_i \neq 0 \quad (s_u),$$

得

$$(u_i - \overline{u}_i) = 0 ; \quad （位移边界条件）$$

由

$$\delta u_i \neq 0 \quad (s_u),$$

得

$$v_i + \left[\frac{\partial A(e)}{\partial e_{ij}}(u)\right] n_j = 0,$$

从而得到

$$v_i = -\left[\frac{\partial A(e)}{\partial e_{ij}}(u)\right] n_j.$$

将求出的拉格朗日乘子 $v_i = -\left[\frac{\partial A(e)}{\partial e_{ij}}(u)\right] n_j$ 代入泛函，得到单类变量 $(u_i)$ 的无约束条件变分原理的泛函，

$$\pi_{p_3}^* = \int_V \left\{ A\left[e(u)\right] - \overline{F}_i u_i \right\} \mathrm{d}V - \int_{S_\sigma} \overline{p}_i u_i \mathrm{d}s$$

$$- \int_{S_u} \left[\frac{\partial A(e)}{\partial e_{ij}}(u)\right] n_j \left(u_i - \overline{u}_i\right) \mathrm{d}s. \quad (2-56)$$

容易证明，泛函 $\pi_{p_3}^*$ ［式（**2-56**）］的驻值条件包含了单类变量 $(u_i)$ 应满足的全部条件，即用位移表示的平衡微分方程（**2-22**）和面力边界条件（**2-23**），以及位移边界条件（**2-4**）. 因此, $\pi_{p_3}^*$ ［式（**2-56**）］是单类变量 $(u_i)$ 的无约束条件的广义变分原理的泛函.

## 2.5 虚应力原理、应力变分方程、余虚功方程、极小余能原理

**1. 虚应力原理**

**虚应力原理**，是与虚位移原理相对应的变分原理．

1）实应力

设弹性体在给定的外力作用下，处于平衡状态．则物体中实际发生的应力，即**实应力**，实应力应该满足**静力平衡条件**——平衡微分方程和面力边界条件；满足应力与应变之间关系的**物理方程**；满足**形变协调条件**——位移边界条件和应变与位移之间关系的几何方程，其中，为了满足位移边界条件，则必须从应力求出应变，再求出位移，因此需要涉及和必须满足物理方程和几何方程．

2）虚应力

在实际平衡状态附近，假设发生了**静力平衡条件**——**平衡微分方程和面力边界条件允许的微小应力改变**，称为**虚应力**，数学上称为应力的变分，记为 $\delta\sigma_{ij}$．这时，物体从实际应力状态 $\sigma_{ij}$，进入邻近的虚应力状态 $\sigma_{ij}+\delta\sigma_{ij}$．虚应力状态是满足平衡微分方程的，在域内 $V$ 有

$$\sigma_{ij,j}+\delta\sigma_{ij,j}+\overline{F}_i=0,$$

因此，

$$\delta\sigma_{ij,j}=0 \quad (V); \tag{2-57}$$

虚应力状态又是满足面力边界条件的，所以在给定面力的边界 $S_\sigma$ 上，有

$$\sigma_{ij}n_j+\delta\sigma_{ij}n_j-\overline{p}_i=0,$$

因此，

$$\delta\sigma_{ij}n_j=0 \quad (S_\sigma). \tag{2-58}$$

**2. 应力变分方程及余虚功方程**

下面来导出虚应力原理中的应力变分方程．首先，由于应力的变分引起**应变余能的变分**，参照式（2-10），是

$$\delta U^* = \int_V e_{ij}\delta\sigma_{ij}\mathrm{d}V. \tag{2-59}$$

式（2-59）中，应变 $e$ 和应力 $\sigma$ 是两类各自独立的变量，并应注意：在 $U^*$［式（2-16）］中，应变与应力处于同一变形状态，是相互关联的；式（2-59）$\delta U^*$ 中的 $e_{ij}$ 是实际平衡状态的应变，$\delta\sigma_{ij}$ 是虚应力（应力的变分），二者不属于同一变形状态．然

后再代入几何方程,并应用分部积分和高斯公式,

$$\begin{aligned}\delta U^* &= \int_V u_{i,j}\delta\sigma_{ij}\mathrm{d}V \\ &= \int_V [(u_i\delta\sigma_{ij})_{,j} - u_i\delta\sigma_{ij,j}]\mathrm{d}V \\ &= \int_S u_i\delta\sigma_{ij}n_j\mathrm{d}S - \int_V u_i\delta\sigma_{ij,j}\mathrm{d}V.\end{aligned}\quad(2\text{-}60)$$

在区域$V$中,有$\delta\sigma_{ij,j}=0$[式(2-57)],因此,式(2-60)中右边的体积分项为零. 在受面力的边界$S_\sigma$上,面力变分为零,$\delta\sigma_{ij}n_j=0$[式(2-58)],在$S_\sigma$上的积分项也为零. 由此,上述的右边项只在受约束的边界$S_u$上,有面力的变分及相应的积分项存在;而且在$S_u$上,有约束边界条件,$u_i=\bar{u}_i$. 将$u_i=\bar{u}_i$代入式(2-60),于是得出应力变分方程,即

$$\delta U^* = \int_{S_u} \bar{u}_i\delta\sigma_{ij}n_j\mathrm{d}S. \quad(2\text{-}61)$$

式(2-61)的左边,是应变余能(内力余能)的变分;右边是面力的变分在给定的边界约束位移上所做的功,即**外力余功的变分**,其中,类似于内力的势能和余能,凡自变量为广义位移(位移和应变等)的功和能,称为功或势能;凡自变量为广义力(力和应力等)的,称为余功或余能. 因此,应力变分方程可以表达为:**当物体处于实际平衡状态时,由于应力的变分,引起应变余能的变分等于面力的变分在给定的边界约束位移上所做的功,即外力余功的变分**.

如果将应变余能的变分用式(2-59)代入,就得到**余虚功方程**,即

$$\int_V e_{ij}\delta\sigma_{ij}\mathrm{d}V = \int_{S_u} \bar{u}_i\delta\sigma_{ij}n_j\mathrm{d}S. \quad(2\text{-}62)$$

式(2-62)的左边,是相应的应力的余功;右边是相应的外力的余功. 因此,**余虚功方程**表示,如果在虚应力发生之前,**物体处于平衡状态**,则在虚应力发生过程中,应力的余功等于外力的余功.

3. 关于应力变分方程的说明

(1) 与虚位移原理相对应,虚应力原理的研究思路是:先设定一组满足静力平衡条件(面力边界条件和平衡微分方程)的应力,然后再考虑如何进一步满足变形协调条件——约束边界条件和几何方程(或相容方程),从而去求出问题的解答.

(2) 虚应力原理,可以适用于线性弹性或非线性弹性的各种材料.

(3) 虚应力原理,也可以推广应用于有限位移的大变形状态(钱伟长,1985).

(4) 应力变分方程、余虚功方程和下面导出的极小余能原理,都是同一变分方程的不同表达形式,并可以做出相应的各种物理解释.

**4. 极小余能原理**

下面从应力变分方程（2-61）来导出极小余能原理.

将应变余能 $U^*$ [式（2-16）] 对其自变量——应力进行变分运算，即

$$\delta[U^*] = \delta \int_V B(e,\sigma) \mathrm{d}V$$

$$= \int_V \frac{\partial B(e,\sigma)}{\partial \sigma_{ij}} \delta \sigma_{ij} \mathrm{d}V$$

$$= \int_V e_{ij} \delta \sigma_{ij} \mathrm{d}V = \delta U^*, \tag{2-63}$$

在式（2-63）中已代入了式（2-12），上面已经说明，当式（2-63）的 $B$ 中没有代入也不包含物理方程时，$B$ 为两类变量 $(e,\sigma)$ 的泛函，且 $e_{ij} = \dfrac{\partial B(e,\sigma)}{\partial \sigma_{ij}} = e_{ij}$，它不**代表也不是物理方程**，只是一个等式，见 2.1 节式（2-12）的说明.

由式（2-63）可见，对应变余能 $U^*$ [式 **(2-16)**] 进行变分的运算 $\delta [U^*]$，正好等于应变余能的变分 $\delta U^*$ [式 **(2-59)**]. 因此，应变余能的变分 $\delta U^*$，可以用对于应变余能 $U^*$ [式 **(2-16)**] 进行变分运算来表示，即

$$\delta U^* = \delta [U^*]. \tag{2-64}$$

其次，外力余功的变分中，$S_u$ 上的位移 $\bar{u}_i$ 是给定的，与变分变量 $\delta \sigma_{ij}$ 无关，可以将 $\sigma$ 提到积分号之外，即

$$\int_{S_u} \bar{u}_i \delta \sigma_{ij} n_j \mathrm{d}S = \delta \left[ \int_{S_u} \bar{u}_i \sigma_{ij} n_j \mathrm{d}S \right] = \delta [W^*], \tag{2-65}$$

右边方括号内，正是外力余功 $W^*$；而外力余能 $V^*$ 是外力余功 $W^*$ 的负值，$V^* = -W^*$，或

$$W^* = \int_{S_u} \bar{u}_i \sigma_{ij} n_j \mathrm{d}S = -[V^*]. \tag{2-66}$$

因此，外力余功的变分 $\delta W^*$，可以表示为对外力余功 $W^*$ 进行变分运算 $\delta [W^*]$ 的结果，而外力余能 $V^*$ 等于外力余功 $W^*$ 的负值，由此，式（2-65）可以写成

$$\delta W^* = \int_{S_u} \bar{u}_i \delta \sigma_{ij} n_j \mathrm{d}S = \delta [W^*] = -\delta [V^*]. \tag{2-67}$$

将式（2-64）和式（2-67）代入应力变分方程（2-61），得出

$$\delta [U^* + V^*] = \delta \pi_c = 0. \tag{2-68}$$

而 $\pi_c = U^* + V^*$ 是物体的总余能. 由此得到总余能为极值的条件：在满足平衡微分方程和面力边界条件的所有各组应力中，实际存在的一组应力是使物体的总余能成为极值. 如果考虑其二阶变分，即物体的总余能 $\pi_c$ 对应力变量求二阶变分，

可以明显地得出这个二阶变分是大于等于零的,即
$$\delta^2 \pi_c = \delta^2[U^* + V^*] \geqslant 0, \tag{2-69}$$
所以**物体的总余能应为极小值**. 上述原理称为**极小余能原理**.

从上面的推导可以得出:**应力变分方程及其导出的余虚功方程和极小余能原理,都是同一变分方程的不同表达形式,并可以做出相应的物理解释. 这些变分方程预先要求满足的约束条件是静力平衡条件——平衡微分方程和面力边界条件**. 并且,在导出变分方程的过程中,应用了几何方程;为了沟通独立变量——应力与应变、应变与位移之间的关系,又必须应用物理方程和几何方程. 因此,在变分运算过程中,**强制要求满足的约束条件是物理方程和几何方程. 而变分方程等价的条件是位移边界条件**(在下节还将作详细的证明).

这里还应该说明:在应力变分方程、余虚功方程和极小余能原理中,实际包含的变分变量是应变分量 $e_{ij}$ 和应力分量 $\sigma_{ij}$.

## 2.6 极小余能原理及由此导出的各类变量形式的有约束条件的变分原理

极小余能原理,可以表示为泛函——总余能 $\pi_{c_i}$ 的极小值条件,即
$$\delta \pi_{c_i} = 0, \tag{2-70}$$
且 $\delta \pi_{c_i}^2 \geqslant 0$. 2.5 节已经说明,应力变分方程、虚功方程和极小余能原理包含的自变量(宗量)是应力和应变. 根据上述变分方程,可以导出三类变量($\sigma_{ij}, e_{ij}, u_i$)、两类变量($\sigma_{ij}, e_{ij}$)以及一类变量($\sigma_{ij}$)的变分方程及其泛函(总余能)的表达式. 总余能 $\pi_{ci}$ 可以有下面几种形式;并且根据 2.1 节的讨论,可以确定该问题的变分变量及其必须满足的全部条件.

1. 三类变量(独立的基本未知函数是 $\sigma_{ij}, e_{ij}, u_i$)形式的泛函为
$$\pi_{c_1} = \int_v B(e, \sigma) \mathrm{d}v - \int_{s_u} \bar{u}_i \sigma_{ij} n_j \mathrm{d}s, \tag{2-71}$$
在应变余能密度 $B(e, \sigma)$ 中,用应力表示应变的物理方程(2-3b)还没有给出和代入,因此,其中的 $e_{ij}$、$\sigma_{ij}$ 均为独立的未知变量;且 $e_{ij} = \dfrac{\partial B(e, \sigma)}{\partial \sigma_{ij}} = e_{ij}$,是等式而不是物理方程,见 2.1 节的式(2-12)和关于物理方程的说明(4). 为了沟通应力与应变、应变与位移之间的关系,必须应用或满足物理方程和几何方程. 因此,$\pi_{c_1}$ 成为三类变量($\sigma_{ij}, e_{ij}, u_i$)形式的泛函.

上述三类变量（$\sigma_{ij}, e_{ij}, u_i$）形式的变分原理，对变分变量预先要求满足的约束条件是静力平衡条件——平衡微分方程（2-1）和应力边界条件（2-5）；在变分运算过程中，强制要求满足的约束条件是物理方程（2-3b）和几何方程（2-2）；在此条件下，$\pi_{c1}$ 的极值条件等价于位移边界条件（2-4）。

证明：

$$\begin{aligned}
\delta\pi_{c1} &= \int_v \frac{\partial B(e,\sigma)}{\partial \sigma_{ij}}\delta\sigma_{ij}\mathrm{d}v - \int_{s_u}\bar{u}_i\delta\sigma_{ij}n_j\mathrm{d}s \\
&= \int_v e_{ij}\delta\sigma_{ij}\mathrm{d}v - \int_{s_u}\bar{u}_i\delta\sigma_{ij}n_j\mathrm{d}s \quad \text{[代入 2.1 节式（2-12），式（2-12）}\\
&\qquad\qquad\qquad\qquad\qquad\qquad\qquad\quad \text{不是也不包含物理方程]} \\
&= \int_v u_{i,j}\delta\sigma_{ij}\mathrm{d}v - \int_{s_u}\bar{u}_i\delta\sigma_{ij}n_j\mathrm{d}s \quad \text{（代入几何方程）} \\
&= \int_s u_i\delta\sigma_{ij}n_j\mathrm{d}s - \int_v u_i\delta\sigma_{ij,j}\mathrm{d}v - \int_{s_u}\bar{u}_i\delta\sigma_{ij}n_j\mathrm{d}s \\
&= 0.
\end{aligned}$$

由于变分变量 $\sigma_{ij}$ 预先满足平衡微分方程（2-1）和面力边界条件（2-5），有

$$\delta\sigma_{ij,j} = 0 \quad (V),$$

和

$$\delta\sigma_{ij} = 0 \quad (s_\sigma).$$

由

$$\delta\sigma_{ij} \neq 0 \quad (s_u),$$

得到

$$(u_i - \bar{u}_i) = 0 \quad (s_u).$$

因此，由变分极值条件导出的等价条件是位移边界条件。此外，在变分过程中可见，为了沟通应力与应变、应变与位移之间的关系，还要求强制满足约束条件——物理方程和几何方程。

归纳起来讲，三类变量（$\sigma_{ij}, e_{ij}, u_i$）形式的极小余能原理，变分方程的全部约束条件是：平衡微分方程（2-1）和面力边界条件（2-5）；物理方程（2-3b）和几何方程（2-2）。由变分极值条件导出的等价条件是位移边界条件（2-4）。

2. 两类变量（$\sigma_{ij}, u_i$）形式的泛函

将物理方程（2-3b）$e_{ij} = e_{ij}(\sigma)$ 代入式（2-71）的 $B$ 中，消去变量 $e_{ij}$，因此，$B = B(\sigma)$，只是变量的 $\sigma$ 的函数。这样得到两类变量（$\sigma_{ij}, u_i$）形式的泛函，

$$\pi_{c2} = \int_v B(\sigma)\mathrm{d}v - \int_{s_u}\bar{u}_i\sigma_{ij}n_j\mathrm{d}s。 \tag{2-72}$$

其变分变量预先要求满足的约束条件是静力平衡条件——平衡微分方程（2-1）和面力边界条件（2-5）；在变分运算过程中强制要求满足的约束条件是应力与位移之间的关系式（2-19）（弹性方程）；在此条件下，$\pi_{c_2}$ 的极值条件等价于位移边界条件（2-4）.

证明：

$$\delta\pi_{c_2} = \int_v \frac{\partial B(\sigma)}{\partial \sigma_{ij}} \delta\sigma_{ij} \mathrm{d}v - \int_{s_u} \bar{u}_i \delta\sigma_{ij} n_j \mathrm{d}s$$

$$= \int_v u_{i,j} \delta\sigma_{ij} \mathrm{d}v - \int_{s_u} \bar{u}_i \delta\sigma_{ij} n_j \mathrm{d}s \quad [\text{代入应力与位移之间的关系式（2-19）}]$$

$$= \int_s u_i \delta\sigma_{ij} n_j \mathrm{d}s - \int_v u_i \delta\sigma_{ij,j} \mathrm{d}v - \int_{s_u} \bar{u}_i \delta\sigma_{ij} n_j \mathrm{d}s$$

$$= 0.$$

由于变分变量 $\sigma_{ij}$ 预先满足平衡微分方程（2-1）和面力边界条件（2-5），有

$$\delta\sigma_{ij,j} = 0 \quad (V),$$

和

$$\delta\sigma_{ij} = 0 \quad (s_\sigma).$$

由变分极值条件导出的等价条件是，由

$$\delta\sigma_{ij} \neq 0 \quad (s_u),$$

得到

$$(u_i - \bar{u}_i) = 0.$$

由此可见，两类变量（$\sigma_{ij}, u_i$）形式的泛函 $\pi_{c_2}$ 的极值条件等价于位移边界条件（2-4）；而变分变量必须满足的约束条件是平衡微分方程（2-1）和面力边界条件（2-5）；以及在变分过程中应用到的应力与位移之间的关系式（2-19）.

3. 单类变量（$\sigma_{ij}$）形式的泛函

在弹性力学的相关文献中，曾认为从应力变分方程

$$\delta U^* = \int_{S_u} \bar{u}_i \delta\sigma_{ij} n_j \mathrm{d}S \tag{2-61}$$

或者等价的式（2-62），应该能推导出相容方程和位移边界条件，即弹性体的全部形变协调条件．但是关于这点的证明，似乎不甚明确，且推导也很复杂．有的已经证明，对于下列表达式，

$$\delta U^* = 0, \tag{2-73}$$

当代入几何方程后，可以从式（2-73）导出形变协调条件，即空间问题的六个用应变表示的相容方程（丁学成，1986；王龙甫，1978）．而且，在**弹性力学**的许多

书中，实际上都已经应用了单类变量（$\sigma_{ij}$）形式来求解极小余能原理的方法（徐芝纶，2006；丁学成，1986；付宝连，2004）. 因此，有必要证明，**按单类变量（$\sigma_{ij}$）形式来求解极小余能原理的正确性和可行性**.

本书编者以下将简单地证明：**从应力变分方程（或等价的虚功方程和极小余能原理），可以导出几何方程和位移边界条件，即弹性体的全部形变协调条件**. 这也就说明了：应力变分方程，包含了或者等价于几何方程和位移边界条件，即弹性体的全部形变协调条件. 因此，**无论有或没有位移边界条件，都可以导出单类变量形式（$\sigma_{ij}$）的极小余能原理的泛函表达式**，并从而可以按单变量（$\sigma_{ij}$）形式来求解.

（1）极小余能原理所表达的物理意义及其等价的微分方程. 将下列恒等式

$$\int_V (u_i \delta \sigma_{ij})_{,j} \, \mathrm{d}V = \int_S u_i \delta \sigma_{ij} n_j \, \mathrm{d}S , \qquad (2\text{-}74)$$

加上负号，分别叠加到式（2-61）或者式（2-62）的左右两边，得

$$\begin{aligned}
& \int_V e_{ij} \delta \sigma_{ij} \, \mathrm{d}V - \int_V \left( u_{i,j} \delta \sigma_{ij} + u_i \delta \sigma_{ij,j} \right) \mathrm{d}V \\
& = -\int_{S_u} (u_i - \bar{u}_i) \delta \sigma_{ij} n_j \, \mathrm{d}S - \int_{S_\sigma} u_i \delta \sigma_{ij} n_j \, \mathrm{d}S.
\end{aligned} \qquad (2\text{-}75)$$

由于 $i, j$ 的对等性及哑标的重复运算，式（2-75）可以整理为

$$\begin{aligned}
& \int_V \left[ e_{ij} - \frac{1}{2}(u_{i,j} + u_{j,i}) \right] \delta \sigma_{ij} \, \mathrm{d}V - \int_V \left( u_i \delta \sigma_{ij,j} \right) \mathrm{d}V \\
& = -\int_{S_u} (u_i - \bar{u}_i) \delta \sigma_{ij} n_j \, \mathrm{d}S - \int_{S_\sigma} u_i \delta \sigma_{ij} n_j \, \mathrm{d}S.
\end{aligned} \qquad (2\text{-}76)$$

又由于应力变量 $\sigma_{ij}$ 预先满足平衡微分方程（2-1）和面力边界条件（2-5），式（2-76）左右两边的第二项积分都应为零，从而得到

$$\int_V \left[ e_{ij} - \frac{1}{2}(u_{i,j} + u_{j,i}) \right] \delta \sigma_{ij} \, \mathrm{d}V + \int_{S_u} (u_i - \bar{u}_i) \delta \sigma_{ij} n_j \, \mathrm{d}S = 0. \qquad (2\text{-}77)$$

由式（2-77）可见，对于任意的应力的变分，式（2-77）变分方程都必须满足，则可以从式（2-77）导出几何方程和位移边界条件，即

$$\left[ e_{ij} - \frac{1}{2}(u_{i,j} + u_{j,i}) \right] = 0 \quad (V), \qquad (u_i - \bar{u}_i) = 0 \quad (S_u) . \qquad (2\text{-}78)$$

或者说，式（2-77）和式（2-78）证明了：**应力变分方程等，等价于几何方程和位移边界条件，即弹性体的全部形变协调条件**.

在应力变分方程（2-61）或者式（2-62）中，虽然没有直接地包含位移变量在内，但可理解为应力变分方程（2-61）或者（2-62），实际上表示了能量形式的弹性体的全部形变协调条件，即几何方程和位移边界条件的能量形式.

(2)由此可以导出,按单类变量($\sigma_{ij}$)形式求解极小余能原理的方法.

第一,取应力($\sigma_{ij}$)为基本未知函数,设定应力时,必须预先满足约束条件,即静力平衡条件——平衡微分方程和面力边界条件.

第二,将物理方程代入总余能的表达式(2-71),将其中的应变用应力表示,即**消去应变**(消元),则总余能只是单变量——应力($\sigma_{ij}$)的泛函$\pi_{c_3}$.[注意这里是进行消元,消去了变量——应变$e$.由此,**变量——应变$e$及其约束条件——物理方程,都从总余能的泛函中消去了**;因此,在下节考虑将单变量——应力($\sigma_{ij}$)的泛函$\pi_{c_3}$,从有约束条件的变分原理转化为无约束条件的变分原理时,应该考虑的约束条件,是平衡微分方程和面力边界条件,而不包含物理方程.]由此,总余能泛函$\pi_{c_3}$的表达式为

$$\pi_{c_3} = \int_V B(\sigma)\mathrm{d}V - \int_{s_u} \bar{u}_i \sigma_{ij} n_j \mathrm{d}S = \pi_{c_2}. \tag{2-79}$$

由式(2-79)可见:$\pi_{c_3} = \pi_{c_2}$,这说明:①此泛函可以按两类变量形式的泛函$\pi_{c_2}(\sigma_{ij}, u_i)$进行求解:在推导泛函$\pi_{c_2}(\sigma_{ij}, u_i)$的运算过程中,应用了约束条件——应力与位移之间的关系式,即弹性方程(**2-19**),增加了变量$u_i$,从而在变分问题中引入了变量$u_i$,使泛函成为两类变量的形式的泛函$\pi_{c_2}(\sigma_{ij}, u_i)$,并按两类变量的形式($\sigma_{ij}, u_i$)进行求解.②也可以按单类变量$\pi_{c_3}(\sigma_{ij})$形式的泛函进行求解,即按下一步继续进行求解.

第三,将应力的试函数代入$\pi_{c_3}$,再代入极小余能原理,即式(**2-70**),就可求解应力变量.

上面已经证明,极小余能原理包含了弹性体的形变协调条件——几何方程和位移边界条件,因而可以等价地替代几何方程和位移边界条件.因此,从上述方法中可以看出:**应力变量预先满足的条件是静力平衡条件——平衡微分方程和面力边界条件**;在余能公式中已经应用了**物理方程**进行消元,消去应变,**将应变用应力表示**,同时,相应的约束条件——物理方程也消去了;而**极小余能原理的变分方程,可以等价地替代全部形变协调条件——几何方程和位移边界条件**.于是可见,应力应该满足的全部条件都已经被考虑和满足,从而可以求出应力的解答.这就是**按单变量($\sigma_{ij}$)形式来求解的方法**.

归结起来讲,上述单类变量($\sigma_{ij}$)形式的极小余能原理,对于应力变量的约束条件,是静力平衡条件——平衡微分方程和面力边界条件.而总余能$\pi_{c_3}$[式(**2-79**)]的极小值条件,等价于弹性体的形变协调条件——几何方程和位移边界条件.并且其中已经应用了**物理方程**,来消去应变变量(即消元法),因此,应变变量及其有关的约束条件——物理方程,都从泛函及其极值条件中消去了,而不再出现.

## 2.7 从有约束条件的极小余能原理导出的各类变量形式的无约束条件的广义变分原理

下面应用拉格朗日乘子法，从极小余能原理解除对于变分变量的约束条件，导出无约束条件的**广义余能原理**——广义变分原理，其极值条件均为驻值条件，即

$$\delta \pi_{c_i}^{*} = 0, \tag{2-80}$$

广义余能原理的泛函 $\pi_{c_i}^{*}$ 有下面几种形式.

**1. 三类变量（独立的基本未知函数是 $\sigma_{ij}, e_{ij}, u_i$）形式的泛函**

对于三类变量的极小余能原理［式（2-71）］，将其全部约束条件——平衡微分方程（2-1）、面力边界条件（2-5）、物理方程（2-3b）和几何方程（2-2），分别乘以拉格朗日乘子并纳入泛函 $\pi_{c1}$ 之中，得

$$\pi_{c_1}^{*} = \int_v \left\{ B(e,\sigma) + \lambda_{ij}[e_{ij} - e_{ij}(\sigma)] + \mu_{ij}\left[e_{ij} - \frac{1}{2}(u_{i,j} + u_{j,i})\right] + t_i(\sigma_{ij,j} + \overline{F}_i) \right\} dv$$
$$- \int_{s_u} \overline{u}_i \sigma_{ij} n_j ds + \int_{s_\sigma} v_i (\sigma_{ij} n_j - \overline{p}_i) ds. \tag{2-81}$$

在余能密度 $B(e,\sigma)$ 中，物理方程（2-3b）没有给出和代入，因此，其中 $e_{ij}$、$\sigma_{ij}$ 均为独立的变量，由式（2-12）只能得出 $e_{ij} = \dfrac{\partial B(e,\sigma)}{\partial \sigma_{ij}} = e_{ij}$ 的等式［见 2.1 节关于物理方程的说明（4）中的式（2-12）］. 由于三类变量（$\sigma_{ij}, e_{ij}, u_i$）和拉格朗日乘子都是未知的独立变量，变分的驻值条件为

$$\delta \pi_{c_1}^{*} = \int_v \left\{ e_{ij} \delta \sigma_{ij} + \delta \lambda_{ij}[e_{ij} - e_{ij}(\sigma)] + \left[\lambda_{ij} \delta e_{ij} - \lambda_{ij} \frac{\partial e_{ij}(\sigma)}{\partial \sigma_{kl}} \delta \sigma_{kl}\right] \right.$$
$$\left. + \delta \mu_{ij}\left[e_{ij} - \frac{1}{2}(u_{i,j} + u_{j,i})\right] + (\mu_{ij} \delta e_{ij} - \mu_{ij} \delta u_{i,j}) + \delta t_i (\sigma_{ij,j} + \overline{F}_i) + t_i \delta \sigma_{ij,j} \right\} dv$$
$$- \int_{s_u} \overline{u}_i \delta \sigma_{ij} n_j ds + \int_{s_\sigma} \left[\delta v_i (\sigma_{ij} n_j - \overline{p}_i) + v_i \delta \sigma_{ij} n_j \right] ds$$
$$= 0, \quad \left[\text{在第一项中，代入2.1节中的式（2-12），即 } e_{ij} = \frac{\partial B(e,\sigma)}{\partial \sigma_{ij}} = e_{ij}\right] \tag{2-82}$$

式（2-82）中的几项又可表示为

$$-\lambda_{ij} \frac{\partial e_{ij}(\sigma)}{\partial \sigma_{kl}} \delta \sigma_{kl} = -\lambda_{kl} \frac{\partial e_{kl}}{\partial \sigma_{ij}} \delta \sigma_{ij}, \tag{2-83}$$

$$-\int_v \mu_{ij}\delta u_{i,j}\mathrm{d}v = -\int_s \mu_{ij}n_j\delta u_i\mathrm{d}s + \int_v \mu_{ij,j}\delta u_i\mathrm{d}v, \tag{2-84}$$

$$\int_v t_i\delta\sigma_{ij,j}\mathrm{d}v = \int_s t_i\delta\sigma_{ij}n_j\mathrm{d}s - \int_v t_{i,j}\delta\sigma_{ij}\mathrm{d}v, \tag{2-85}$$

将式（2-83）～式（2-85）代入极值条件（2-82），由

$$\delta\lambda_{ij} \neq 0 \quad (V),$$

得

$$[e_{ij} - e_{ij}(\sigma)] = 0; \quad （物理方程）$$

由

$$\delta\mu_{ij} \neq 0 \quad (V),$$

得

$$\left[e_{ij} - \frac{1}{2}(u_{i,j} + u_{j,i})\right] = 0; \quad （几何方程）$$

由

$$\delta t_i \neq 0 \quad (V),$$

得

$$(\sigma_{ij,j} + \overline{F}_i) = 0; \quad （平衡微分方程）$$

由

$$\delta v_i \neq 0 \quad (s_\sigma),$$

得

$$(\sigma_{ij}n_j - \overline{p}_i) = 0; \quad （面力边界条件）$$

又由

$$\delta\sigma_{ij} \neq 0 \quad (V),$$

得

$$\left(e_{ij} - t_{i,j} - \lambda_{kl}\frac{\partial e_{kl}}{\partial \sigma_{ij}}\right) = 0; \tag{2-86}$$

由

$$\delta e_{ij} \neq 0 \quad (V),$$

得

$$(\lambda_{ij} + \mu_{ij}) = 0; \tag{2-87}$$

由

$$\delta u_i \neq 0 \quad (V),$$

得

$$(\mu_{ij,j}) = 0; \tag{2-88}$$

由
$$\delta\sigma_{ij} \neq 0 \quad (s_u),$$
得
$$(t_i - \overline{u}_i) = 0; \tag{2-89}$$
由
$$\delta u_i \neq 0 \quad (s_u),$$
得
$$-\mu_{ij} = 0; \tag{2-90}$$
由
$$\delta\sigma_{ij} \neq 0 \quad (s_\sigma),$$
得
$$(v_i + t_i) = 0; \tag{2-91}$$
由
$$\delta u_i \neq 0 \quad (s_\sigma),$$
得
$$-\mu_{ij} = 0. \tag{2-92}$$

由式（2-88）、式（2-90）、式（2-92）得到
$$\mu_{ij} = 0,$$
由式（2-87）得到
$$\lambda_{ij} = 0,$$
由（2-86）和几何方程，式（2-89）和位移边界条件，得到
$$t_i = u_i,$$
由式（2-91）得到
$$v_i = -u_i.$$

再将得出的拉格朗日乘子代入式（2-82），从而得到泛函
$$\pi_{c_1}^* = \int_v \left[ B(e,\sigma) + u_i(\sigma_{ij,j} + \overline{F}_i) \right] dv$$
$$- \int_{s_u} \overline{u}_i \sigma_{ij} n_j ds - \int_{s_\sigma} u_i(\sigma_{ij} n_j - \overline{p}_i) ds. \tag{2-93}$$

从上面的推导可以看出，由于 $\mu_{ij} = 0$，$\lambda_{ij} = 0$，物理方程和几何方程均未纳入泛函中。下面我们来检查泛函（2-93）的极值条件，以确定此泛函究竟包含了哪些等价的弹性力学方程。为此，对式（2-93）的泛函 $\pi_{c_1}^*$ 求极值条件，即
$$\delta\pi_{c_1}^* = \int_v \left\{ \frac{\partial B(e,\sigma)}{\partial \sigma_{ij}} \delta\sigma_{ij} + \delta u_i(\sigma_{ij,j} + \overline{F}_i) + u_i \delta\sigma_{ij,j} \right\} dv$$

$$-\int_{s_u} \bar{u}_i \delta\sigma_{ij} n_j \mathrm{d}s$$

$$-\int_{s_\sigma} [\delta u_i (\sigma_{ij} n_j - \bar{p}_i) + u_i \delta\sigma_{ij} n_j] \mathrm{d}s$$

$$= 0,$$

代入 2.1 节中的式（2-12），即

$$\frac{\partial B(e,\sigma)}{\partial \sigma_{ij}} = e_{ij},$$

以及

$$\int_v u_i \delta\sigma_{ij,j} \mathrm{d}v = \int_s u_i \delta\sigma_{ij} n_j \mathrm{d}s - \int_v u_{i,j} \delta\sigma_{ij} \mathrm{d}v,$$

得到

$$\delta\pi_{c_1}^* = \int_v \left\{ e_{ij}\delta\sigma_{ij} + \delta u_i (\sigma_{ij,j} + \bar{F}_i) - u_{i,j}\delta\sigma_{ij} \right\} \mathrm{d}v$$

$$+ \int_s u_i \delta\sigma_{ij} n_j \mathrm{d}s - \int_{s_u} \bar{u}_i \delta\sigma_{ij} n_j \mathrm{d}s$$

$$- \int_{s_\sigma} [\delta u_i (\sigma_{ij} n_j - \bar{p}_i) + u_i \delta\sigma_{ij} n_j] \mathrm{d}s$$

$$= 0,$$

由

$$\delta u_i \neq 0 \quad (V),$$

得

$$(\sigma_{ij,j} + \bar{F}_i) = 0; \quad （平衡微分方程）$$

由

$$\delta\sigma_{ij} \neq 0 \quad (V),$$

得

$$\left[ e_{ij} - \frac{1}{2}(u_{i,j} + u_{j,i}) \right] = 0; \quad （几何方程）$$

由

$$\delta u_i \neq 0 \quad (s_\sigma),$$

得

$$(\sigma_{ij} n_j - \bar{p}_i) = 0; \quad （面力边界条件）$$

由

$$\delta\sigma_{ij} \neq 0 \quad (s_u),$$

得

$$(u_i - \bar{u}_i) = 0. \quad （位移边界条件）$$

从上述推导可以看出，式（2-93）的泛函 $\pi_{c_1}^*$ 的极值条件，实际上已反映了平衡微分方程、几何方程、面力边界条件和位移边界条件，只是物理方程没有包含在内．还应说明的是，由上面的 $\mu_{ij}=0$ 可见，几何方程（2-2）虽然没有通过拉格朗日乘子法被纳入泛函 $\pi_{c_1}^*$（2-93）中，但实际上 $\pi_{c_1}^*$ 的极值条件，已经包含了几何方程（2-2）在内．

为了将物理方程纳入泛函中，导出三类变量（$\sigma_{ij}$，$e_{ij}$，$u_i$）的完全无约束条件的变分原理，同样可以采取类似于 2.4 节对泛函 $\pi_{p_1}^*$［式（2-49）］的处理方法，将物理方程纳入泛函，即：

（1）采用钱伟长先生所建议的，用高阶拉格朗日乘子方法将物理方程纳入（钱伟长，1979；钱伟长，1983）．

（2）采用罚函数方法，即取泛函为

$$\pi_{c_1}^{**}=\pi_{c_1}^*+\int_v \alpha[e_{ij}-e_{ij}(\sigma)]^2 \mathrm{d}v,\qquad(2\text{-}94)$$

其中 $\alpha$ 为不等于零的且数值较大的正常数．进行简单的分析，就可看出物理方程已反映入泛函的极值条件中．因此，式（**2-94**）的泛函 $\pi_{c_1}^{**}$，已经成为三类变量（$\sigma_{ij},e_{ij},u_i$）的完全无约束条件的广义变分原理的泛函．

（3）直接将物理方程（2-3b），即 $e_{ij}-e_{ij}(\sigma)=0$，代入应变余能密度 $B=B(e,\sigma)$ 中，将其中的应变 $e_{ij}$ 用应力 $\sigma_{ij}$ 表示，则 $B=B(\sigma)$，$B$ 仅为应力的单变量的已知函数．由此得出的泛函为

$$\begin{aligned}\pi_{c_1}^{***}&=\int_v\left[B(\sigma)+u_i(\sigma_{ij,j}+\overline{F}_i)\right]\mathrm{d}v\\&\quad-\int_{s_u}\overline{u}_i\sigma_{ij}n_j\mathrm{d}s-\int_{s_\sigma}u_i(\sigma_{ij}n_j-\overline{p}_i)\mathrm{d}s\\&=\pi_{HR}\,.\end{aligned}\qquad(2\text{-}95)$$

上面得出的泛函 $\pi_{c_1}^{***}$［式（2-95）］，实际上已成为两类变量（$\sigma_{ij}$，$u_i$）的完全无约束条件的广义变分原理的泛函，并且完全等同于 **Hellinger-Reissner** 变分原理的泛函，即 $\pi_{HR}$．

证明：现在对上述泛函 $\pi_{c_1}^{***}$［式（2-95）］进行变分运算，以检验其变分极值条件所导出的等价方程．为此，对泛函 $\pi_{c_1}^{***}$［式（2-95）］求其极值条件，

$$\begin{aligned}\delta\pi_{c1}^{***}=&\int_v\left[\frac{\partial B(\sigma)}{\partial \sigma_{ij}}\delta\sigma_{ij}+\delta u_i(\sigma_{ij,j}+\overline{F}i)+u_i\delta\sigma_{ij,j}\right]\mathrm{d}v\\&-\int_{s_u}\overline{u}_i\delta\sigma_{ij}n_j\mathrm{d}s-\int_{s_\sigma}[\delta u_i(\sigma_{ij}n_j-\overline{p}_i)+u_i\delta\sigma_{ij}n_j]\mathrm{d}s\end{aligned}$$

第二章 非线性弹性、小位移下弹性力学的变分法

$$= \int_v \left[ \frac{\partial B(\sigma)}{\partial \sigma_{ij}} \delta\sigma_{ij} + \delta u_i (\sigma_{ij,j} + \overline{F}i) - u_{i,j} \delta\sigma_{ij} \right] dv + \int_s u_i \delta\sigma_{ij} n_j ds$$
$$- \int_{s_u} \overline{u}_i \delta\sigma_{ij} n_j ds - \int_{s_\sigma} [\delta u_i (\sigma_{ij} n_j - \overline{p}_i) + u_i \delta\sigma_{ij} n_j] ds$$
$$= 0.$$

由

$$\delta u_i \neq 0 \quad (V),$$

得

$$(\sigma_{ij,j} + \overline{F}_i) = 0; \quad \text{（平衡微分方程）}$$

由

$$\delta\sigma_{ij} \neq 0 \quad (V),$$

得

$$\left[ \frac{\partial B(\sigma)}{\partial \sigma_{ij}} - \frac{1}{2}(u_{i,j} + u_{j,i}) \right] = 0; \quad \text{[即应力与位移之间的关系式（2-19）]}$$

由

$$\delta u_i \neq 0 \quad (s_\sigma),$$

得

$$(\sigma_{ij} n_j - \overline{p}_i) = 0; \quad \text{（面力边界条件）}$$

由

$$\delta\sigma_{ij} \neq 0 \quad (s_u),$$

得

$$(u_i - \overline{u}_i) = 0. \quad \text{（位移边界条件）}$$

由此可见，泛函 $\pi_{c1}^{***}$（2-95）的驻值条件包含了两类变量（$\sigma_{ij}, u_i$）所必须满足的全部条件，即平衡微分方程（2-1）、应力与位移的关系式（2-19）、应力边界条件（2-5）和位移边界条件（2-4）. 因此，上述泛函 $\pi_{c1}^{***}$（2-95）是两类变量（$\sigma_{ij}, u_i$）形式的完全无约束条件的广义变分原理的泛函，并且完全等于 Hellinger-Reissner 变分原理的泛函，即 $\pi_{c1}^{***} = \pi_{HR}$. 由此也证明了，Hellinger-Reissner 变分原理是两类变量（$\sigma_{ij}, u_i$）的完全无约束条件的广义变分原理.

这里同样必须强调：上述变分原理完全等同于 Hellinger-Reissner 变分原理，即 $\pi_{c1}^{***} = \pi_{HR}$，都是两类变量（$\sigma_{ij}, u_i$）的完全无约束条件的广义变分原理的泛函；并且必须注意，其中已将物理方程（2-3b），即 $e_{ij} - e_{ij}(\sigma) = 0$，代入应变余能密度 $B = B(e, \sigma)$ 中，将其中的应变 $e_{ij}$ 用应力 $\sigma_{ij}$ 表示，因此，$B = B(\sigma)$，$B$ 仅为应力

的已知函数. 从而由泛函的驻值条件得出应力与位移之间的关系式（2-19），即
$$\frac{\partial B(\sigma)}{\partial \sigma_{ij}} - \frac{1}{2}(u_{i,j} + u_{j,i}) = 0.$$

2. 两类变量（$\sigma_{ij}, u_i$）形式的泛函

根据 2.6 节中的两类变量（$\sigma_{ij}, u_i$）形式的极小余能原理的泛函，$\pi_{c2}$［式(2-72)］，将约束条件——平衡微分方程（2-1）、面力边界条件（2-5）和应力与位移之间的关系式（2-19）纳入泛函 $\pi_{c2}$ 中，得

$$\pi_{c2}^* = \int_v \left\{ B(\sigma) + t_i(\sigma_{ij,j} + \overline{F}_i) + \lambda_{ij} \left[ \frac{\partial B(\sigma)}{\partial \sigma_{ij}} - \frac{1}{2}(u_{i,j} + u_{j,i}) \right] \right\} dv$$
$$- \int_{s_u} \overline{u}_i \sigma_{ij} n_j ds + \int_{s_\sigma} v_i(\sigma_{ij} n_j - \overline{p}_i) ds. \tag{2-96}$$

在式（2-96）中，原泛函 $\pi_{c2}$ 内的应变余能密度 $B$ 中，已将物理方程（2-3b）代入其中，因此 $B = B(\sigma)$ 仅是变量应力 $\sigma$ 的已知函数. 由于两类变量（$\sigma_{ij}, u_i$）和拉格朗日乘子 $t_i$、$\lambda_{ij}$、$v_i$ 都是未知的独立变量，因此其驻值条件为

$$\delta \pi_{c2}^* = \int_v \left\{ \frac{\partial B(\sigma)}{\partial \sigma_{ij}} \delta \sigma_{ij} + \delta t_i(\sigma_{ij,j} + \overline{F}_i) + t_i \delta \sigma_{ij,j} + \delta \lambda_{ij} \left[ \frac{\partial B(\sigma)}{\partial \sigma_{ij}} - \frac{1}{2}(u_{i,j} + u_{j,i}) \right] \right.$$
$$\left. + \lambda_{ij} \delta \left[ \frac{\partial B(\sigma)}{\partial \sigma_{ij}} \right] - \lambda_{ij} \delta u_{i,j} \right\} dv - \int_{s_u} \overline{u}_i \delta \sigma_{ij} n_j ds + \int_{s_\sigma} [\delta v_i (\sigma_{ij} n_j - \overline{p}_i) + v_i \delta \sigma_{ij} n_j] ds$$
$$= 0, \tag{2-97}$$

式（2-97）中的下面两项又可表示为

$$\int_v t_i \delta \sigma_{ij,j} dv = \int_s t_i \delta \sigma_{ij} n_j ds - \int_v t_{i,j} \delta \sigma_{ij} dv,$$
$$-\int_v \lambda_{ij} \delta u_{i,j} dv = -\int_s \lambda_{ij} n_j \delta u_i ds + \int_v \lambda_{ij,j} \delta u_i dv.$$

代入式（2-97），由
$$\delta t_i \neq 0 \quad (V),$$
得
$$(\sigma_{ij,j} + \overline{F}_i) = 0; \quad \text{（平衡微分方程）}$$
由
$$\delta \lambda_{ij} \neq 0 \quad (V),$$

得

$$\left[\frac{\partial B(\sigma)}{\partial \sigma_{ij}} - \frac{1}{2}(u_{i,j} + u_{j,i})\right] = 0 ;\ [即应力与位移之间的关系式（2-19）]$$

由

$$\delta v_i \neq 0 \quad (s_\sigma),$$

得

$$(\sigma_{ij} n_j - \overline{p}_i) = 0 ; \qquad （面力边界条件）$$

又由

$$\delta \sigma_{ij} \neq 0 \quad (V),$$

得

$$\left[\frac{\partial B(\sigma)}{\partial \sigma_{ij}} - \frac{1}{2}(t_{i,j} + t_{j,i})\right] = 0 ; \qquad (2\text{-}98)$$

由

$$\delta\left[\frac{\partial B(\sigma)}{\partial \sigma_{ij}}\right] \neq 0 \quad (V),$$

得

$$\lambda_{ij} = 0 ; \qquad (2\text{-}99)$$

由

$$\delta u_i \neq 0 \quad (V),$$

得

$$\lambda_{ij,j} = 0 ; \qquad (2\text{-}100)$$

由

$$\delta \sigma_{ij} \neq 0 \quad (s_u),$$

得

$$(t_i - \overline{u}_i) = 0 ; \qquad (2\text{-}101)$$

由

$$\delta u_i \neq 0 \quad (s_u),$$

得

$$\lambda_{ij} = 0 ; \qquad (2\text{-}102)$$

由

$$\delta \sigma_{ij} \neq 0 \quad (s_\sigma),$$

得

$$(t_i + v_i) = 0 ; \qquad (2\text{-}103)$$

由
$$\delta u_i \neq 0 \quad (s_\sigma),$$
得
$$\lambda_{ij} = 0. \tag{2-104}$$

由式（2-99）、式（2-100）、式（2-102）、式（2-104），得到
$$\lambda_{ij} = 0, \tag{2-105}$$

由式（2-98）、式（2-101）及式（2-19），位移边界条件（2-4），得到
$$t_i = u_i, \tag{2-106}$$

由式（2-103）得到
$$v_i = -u_i. \tag{2-107}$$

将式（2-105）～式（2-107）代入式（2-96），得到如下形式的泛函，即
$$\pi_{c2}^* = \int_v \left[ B(\sigma) + u_i(\sigma_{ij,j} + \overline{F}_i) \right] dv$$
$$- \int_{s_u} \overline{u}_i \sigma_{ij} n_j ds - \int_{s_\sigma} u_i (\sigma_{ij} n_j - \overline{p}_i) ds. \tag{2-108}$$

上述泛函 $\pi_{c2}^*$（2-108）完全等同于前面导出的泛函 $\pi_{c1}^{***}$ [式（2-95）]，即
$$\pi_{c1}^{***} = \pi_{c2}^* = \pi_{HR}. \tag{2-109}$$

上面已经证明，这三个泛函都是两类变量（$\sigma_{ij}, u_i$）完全无约束条件的广义变分原理的泛函，也就是 **Hellinger-Reissner** 变分原理的泛函，由其极值条件导出等价的弹性力学方程是平衡微分方程（**2-1**）、面力边界条件（**2-5**）、位移边界条件（**2-4**）和应力与位移之间的关系式（**2-19**），因此，完全包含了两类变量（$\sigma_{ij}, u_i$）所必须满足的全部条件．

3. 单类变量（$\sigma_{ij}$）形式的泛函的推导

上一节中已经导出了单类变量（$\sigma_{ij}$）形式的泛函 $\pi_{c_3}$ [式（**2-79**）]．为了导出相应的无约束条件的变分原理，将它的约束条件——平衡微分方程（2-1）和面力边界条件（2-5），应用拉格朗日乘子法纳入泛函 $\pi_{c_3}$ 中．进行运算之后，没有得出单类变量（$\sigma_{ij}$）形式的泛函，而是也得出了两类变量（$\sigma_{ij}, u_i$）形式的泛函 $\pi_{c_2}^*$ [式（2-108）]，其中由于应用拉格朗日乘子法的运算，增加了自变量——位移 $u_i$，成为**两类变量（$\sigma_{ij}, u_i$）形式的广义变分原理**，并且其泛函形式完全等同于 **Hellinger-Reissner** 变分原理的泛函，即 $\pi_{HR}$ 泛函，其变分方程等价的条件均与本节 2 部分的变分原理相同，这里不再作详细叙述．

## 2.8 小　　结

（1）在本章中，**根据弹性力学问题的微分方程的解法来确定各类弹性力学问题中的变量及其必须满足的全部条件**（域内的方程和边界条件）；并由此来判定，相应的各类变分问题中的变量及其必须满足的全部条件.

（2）在非线性弹性、小位移假定下，首先应用"**代入消元法**"，导出了各类变量形式的有约束条件的变分原理——**极小势能原理和极小余能原理**.

（3）应用"**拉格朗日乘子法**"，解除上述各类变量形式的变分原理中的约束条件，导出了各类变量形式的完全无约束条件的变分原理——广义变分原理（广义势能原理和广义余能原理）.

（4）上述各类变量形式的有约束条件的变分原理和各类变量形式的完全无约束条件的变分原理，组成了一个全面的完整的相互联系的变分原理系统（见本章附录，其中补充了一些新的变分原理）.

（5）本章中导出的**三类变量**（$\sigma_{ij}, e_{ij}, u_i$）的无约束条件的广义变分原理[即广义势能原理，其泛函为式（2-51），$\pi_{p1}^{***}$]，完全等同于胡海昌-鹫津久一郎变分原理（泛函为$\pi_{HW}$），即$\pi_{p1}^{***} = \pi_{HW}$，本章证明了它们是三类变量（$\sigma_{ij}, e_{ij}, u_i$）的完全无约束条件的变分原理.

（6）本章中导出的**两类变量**（$\sigma_{ij}, u_i$）的无约束条件的广义变分原理[广义余能原理，泛函为式（2-95）或式（2-108），$\pi_{c_1}^{***} = \pi_{c_2}^{*}$]，完全等同于 **Hellinger-Reissner** 变分原理（泛函为$\pi_{HR}$），即$\pi_{c_1}^{***} = \pi_{c_2}^{*} = \pi_{HR}$，本章证明了它是两类变量（$\sigma_{ij}, u_i$）的完全无约束条件的变分原理.

（7）从上述三类变量形式的无约束条件的变分原理出发，若应用代入消元法，将某类方程或某类边界条件代入，消去某类变量，从而可以导出其他的两类、单类变量形式的无约束条件的广义变分原理，这也反映了它们之间的相互关系.

（8）也可以使变分变量预先满足某些部分的方程或某些部分的边界条件，并代入上述的各类变量形式的无约束条件的广义变分原理中，从而在泛函及其变分方程中消去有关的因子，得出一批**不完全的无约束条件的变分原理**，如钱伟长先生（钱伟长 1979，1983）所述，这里不再作详细说明.

（9）在许多著作中，都说明了**极小势能原理和极小余能原理也适用于大变形**（又称为有限变形或有限位移）**的状态**，读者可参考有关的论述. 由于本书主要讨论小变形状态的弹性力学问题，不再做有关的进一步叙述.

## 附录　基本变分原理表（非线性弹性、小位移假定下）

| 变分原理 | 有约束条件的变分原理<br>（极小势能、余能原理——极小值条件） | | | 对应的无约束条件的广义变分原理<br>（广义势能、余能原理——驻值条件） | |
|---|---|---|---|---|---|
| | 泛函 | 变量 | 约束条件 | 泛函 | 变量 |
| 极小势能原理 | $\pi_{p_1}$ [式（2-41）] | $\sigma_{ij}, e_{ij}, u_i$ | $S_u$ [式（2-4）],<br>物 [式（2-3a）],<br>几 [式（2-2）] | $\pi_{p_1}^{**}$ [式（2-50）],<br>$\pi_{p_1}^{***} = \pi_{HW}$ [式（2-51）] | $\sigma_{ij}, e_{ij}, u_i$ |
| 极小势能原理 | $\pi_{p_2}$ [式（2-42）] | $e_{ij}, u_i$ | $S_u$ [式（2-4）],<br>几 [式（2-2）] | $\pi_{p_2}^{*}$ [式（2-54）] | $e_{ij}, u_i$ |
| 极小势能原理 | $\pi_{p_3}$ [式（2-43）] | $u_i$ | $S_u$ [式（2-4）] | $\pi_{p_3}^{*}$ [式（2-56）] | $u_i$ |
| 极小余能原理 | $\pi_{c_1}$ [式（2-71）] | $\sigma_{ij}, e_{ij}, u_i$ | 平 [式（2-1）],<br>$S_\sigma$ [式（2-5）],<br>物 [式（2-3b）],<br>几 [式（2-2）] | $\pi_{c_1}^{**}$ [式（2-94）] | $\sigma_{ij}, e_{ij}, u_i$ |
| 极小余能原理 | $\pi_{c_2}$ [式（2-72）] | $\sigma_{ij}, u_i$ | 平 [式（2-1）],<br>$S_\sigma$ [式（2-5）],<br>$\sigma - u$ [式（2-19）] | $\pi_{c_1}^{***} = \pi_{c_2}^{*} = \pi_{HR}$<br>[式（2-95）], [式（2-108）] | $\sigma_{ij}, u_i$ |
| 极小余能原理 | $\pi_{c_3}$ [式（2-79）]<br>$= \pi_{c_2}$ | $\sigma_{ij}$ | 平 [式（2-1）],<br>$S_\sigma$ [式（2-5）], | — | — |

注：$\pi_{HW}$ 为胡海昌-鹫津久一郎广义变分原理的泛函；$\pi_{HR}$ 为 Hellinger-Reissner 广义变分原理的泛函．

平表示"平衡微方程"；几表示"几何方程"；物表示"物理方程"；$S_\sigma$ 表示"面力边界条件"；$S_u$ 表示"位移边界条件"；$\sigma - u$ [式（2-19）] 表示"应力与位移之间的关系式"．

# 第三章 各向异性、线性弹性、小位移下弹性力学的变分法

**本章内容摘要**

第二章讨论了非线性弹性、小位移下弹性力学的变分法．本章是第二章内容的继续．本章将讨论在**各向异性、线性弹性、小位移下弹性力学的变分法**．本章与第二章的主要区别是：在第二章中，物理方程是一般性的，没有具体的表达式；而在本章中，物理方程有了具体的显式表达形式．本章的具体内容如下．

（1）从分析弹性力学微分方程的解法出发，确定弹性力学中的每类问题的基本变量（基本未知函数）及其必须满足的全部条件．

（2）应用代入消元法，从有约束条件的极小势能原理和极小余能原理，导出各类变量形式的有约束条件的变分原理．

（3）再应用拉格朗日乘子法，将上述的各类变量形式的有约束条件的变分原理，都转化为相应的完全无约束条件的广义变分原理．

（4）由此得出在各向异性、线性弹性、小位移假定下弹性力学中的各类变量形式的有约束条件和无约束条件的变分原理，并组成一个完整的、系统的基本变分原理体系，见本章附录．

（5）将本章与第二章进行比较可以看出，两者各自得出的变分原理的泛函形式，相应的约束条件和无约束条件，都是非常相似的．这个结果，也对这两章的推导作了相互的验证．

## 3.1 各向异性、线性弹性、小位移假定下弹性力学问题的几种提法

与第二章相似，根据弹性力学问题微分方程的解法，可以确定弹性力学各类问题中的基本变量及其必须满足的全部条件；并以此来检验和判断，相应的各类变分问题中的变分变量及其必须满足的全部条件．在变分问题中，各类变分变量必须满足的全部条件，是由下列三组条件组成的：①设定变量时预先必须满足的约束条件；②变分运算过程中强制要求满足的约束条件；③变分方程，它等价于从变分极值条件导出的欧拉方程和自然边界条件．

在各向异性、线性弹性、小位移假定下，弹性力学问题的微分方程解法，有下面几种形式．

**1. 以 $\sigma_{ij}, e_{ij}, u_i$ 为基本变量（独立的基本未知函数）的三类变量的问题**

**它们应满足的全部条件**如下：

平衡微分方程
$$\sigma_{ij,j} + \overline{F}_i = 0 \quad (V), \tag{3-1}$$

几何方程
$$e_{ij} - \frac{1}{2}(u_{i,j} + u_{j,i}) = 0 \quad (V), \tag{3-2}$$

物理方程
$$\sigma_{ij} - a_{ijkl}e_{kl} = 0 \quad (V), \tag{3-3}$$
$$e_{ij} - b_{ijkl}\sigma_{kl} = 0 \quad (V), \tag{3-4}$$

位移边界条件
$$u_i - \overline{u}_i = 0 \quad (S_u), \tag{3-5}$$

面力边界条件
$$\sigma_{ij}n_j - \overline{p}_i = 0 \quad (S_\sigma). \tag{3-6}$$

其中，$\sigma_{ij}$、$e_{ij}$、$u_i$ 分别为应力分量、应变分量和位移分量；$\overline{F}_i$ 为体力分量；$\overline{p}_i$ 为 $S_\sigma$ 上给定的面力分量；$\overline{u}_i$ 为 $S_u$ 上给定的约束位移分量；$V$ 为弹性体的体积；$S_\sigma$ 为给定面力的边界；$S_u$ 为给定约束位移的边界，$S$ 是全部边界，$S = S_u + S_\sigma$.

对于**各向异性、线性弹性**材料，其物理方程如式（3-3）和式（3-4）所示．与第二章的物理方程不同，本章的物理方程具有明确的显式表达式．其中的线弹性常数是 $a_{ijkl}$、$b_{ijkl}$，由应力及应变的对称性条件，有

$$a_{ijkl} = a_{klij} = a_{jikl} = a_{ijlk},$$
$$b_{ijkl} = b_{klij} = b_{jikl} = b_{ijlk}.$$

$a_{ijkl}$、$b_{ijkl}$ 最多时，各自有二十一个独立的弹性常数．

在变分方程的泛函中，**应变能密度和应变余能密度**分别表示为

$$A(\sigma, e) = \int_0^{e_{ij}} \sigma_{ij} \, de_{ij}, \tag{3-7}$$

$$B(e, \sigma) = \int_0^{\sigma_{ij}} e_{ij} \, d\sigma_{ij}. \tag{3-8}$$

式（3-7）和式（3-8）分别是对应变和应力的积分，其积分的上限分别是应变和应力的变量；其积分的**逆运算**是

$$\sigma_{ij} = \frac{\partial A(\sigma, e)}{\partial e_{ij}}, \tag{3-9}$$

# 第三章 各向异性、线性弹性、小位移下弹性力学的变分法

$$e_{ij} = \frac{\partial B(e,\sigma)}{\partial \sigma_{ij}}. \tag{3-10}$$

如同在第二章中已经明确地讨论过，下面对式（3-9）和式（3-10）说明如下．对于式（**3-9**）的方程：

（1）如果表示应力 $\sigma$ 与应变 $e$ 之间约束关系的**物理方程**的表达式 $\sigma_{ij} = \sigma_{ij}(e)$，即 $\sigma_{ij} - a_{ijkl}e_{kl} = 0$ ［式（**3-3**）］，没有代入应变能密度 $A$ 中，则 $A$ 中不包含有物理方程，并且 $A$ 中仍然含有两类独立的变量，应力 $\sigma$ 与应变 $e$，即 $A = A(\sigma,e)$；由式（3-9）只能得出恒等式，并且不代表物理方程，即

$$\sigma_{ij} = \frac{\partial A(\sigma,e)}{\partial e_{ij}} = \sigma_{ij}. \tag{3-11}$$

（2）如果将已知的**物理方程**表达式 $\sigma_{ij} = \sigma_{ij}(e)$，即 $\sigma_{ij} - a_{ijkl}e_{kl} = 0$ ［式（**3-3**）］，代入应变能密度 $A$ 中，则 $A$ 中的应力 $\sigma$ 已经被消去，用应变 $e$ 表示，$A$ 仅为应变 $e$ 的泛函，$A = A(e)$．由式（3-9）就能得出

$$\sigma_{ij} = \frac{\partial A(\sigma,e)}{\partial e_{ij}} = \frac{\partial A(e)}{\partial e_{ij}} = \sigma_{ij}(e) = a_{ijkl}e_{kl},$$

或

$$\sigma_{ij} - \frac{\partial A(e)}{\partial e_{ij}} = 0. \tag{3-12}$$

只有在此时，由式（**3-9**）得到式（**3-12**），它就是物理方程的另一等价表达式．

同样，对于式（**3-10**）的方程：

（1）如果表示应变 $e$ 与应力 $\sigma$ 之间约束关系的**物理方程** $e_{ij} = e_{ij}(\sigma)$ 表达式，即 $e_{ij} - b_{ijkl}\sigma_{kl} = 0$ ［式（**3-4**）］，没有代入应变余能密度 $B$ 中，则 $B$ 中不包含有物理方程，并且 $B$ 中仍然含有两类独立的变量，应变 $e$ 与应力 $\sigma$，即 $B = B(e,\sigma)$；由式（3-10）只能得出恒等式，并且不代表物理方程，即

$$e_{ij} = \frac{\partial B(e,\sigma)}{\partial \sigma_{ij}} = e_{ij}. \tag{3-13}$$

（2）如果将已知的**物理方程** $e_{ij} = e_{ij}(\sigma)$，即 $e_{ij} - b_{ijkl}\sigma_{kl} = 0$ ［式（**3-4**）］，代入**应变余能密度 $B$** 中，则 $B$ 中的应变 $e$ 已经被消去，用应力 $\sigma$ 表示，$B$ 仅为应力 $\sigma$ 的泛函，$B = B(\sigma)$．由式（3-10）就能得出

$$e_{ij} = \frac{\partial B(e,\sigma)}{\partial \sigma_{ij}} = \frac{\partial B(\sigma)}{\partial \sigma_{ij}} = e_{ij}(\sigma) = b_{ijkl}\sigma_{kl},$$

或

$$e_{ij} - \frac{\partial B(\sigma)}{\partial \sigma_{ij}} = 0. \tag{3-14}$$

此时，由式（3-10）得到式（3-14），它就是物理方程的另一等价表达式．

以下同样地采用代入消元法，导出各类变量形式的弹性力学问题．

2. 以 $\sigma_{ij}, u_i$ 为基本变量的两类变量问题

将式（3-2）代入式（3-4），消去变量 $e_{ij}$，得到

$$b_{ijkl}\sigma_{kl} - \frac{1}{2}(u_{i,j} + u_{j,i}) = 0 \quad (V). \tag{3-15}$$

由此，从几何方程和物理方程消去应变，导出了应力与位移的关系式[式（**3-15**）]，即**弹性方程**．从而得出，**变量 $\sigma_{ij}, u_i$ 应满足的全部条件为式（3-15）、式（3-1）、式（3-5）和式（3-6）**．求出基本变量 $\sigma_{ij}, u_i$ 后，非基本变量 $e_{ij}$ 可以从式（3-2）或式（3-4）求出．

3. 以 $e_{ij}, u_i$ 为基本变量的两类变量问题

将式（3-3）代入式（3-1）、式（3-6），消去 $\sigma_{ij}$，得到用应变 $e_{ij}$ 表示的平衡微分方程和应力边界条件，即

$$a_{ijkl}e_{kl,j} + \overline{F_i} = 0 \quad (V), \tag{3-16}$$

$$a_{ijkl}e_{kl}n_j - \overline{p_i} = 0 \quad (s_\sigma). \tag{3-17}$$

**应变 $e_{ij}$ 和位移 $u_i$ 应满足的全部条件是式（3-16）、式（3-17）、式（3-5）和式（3-2）**．

4. 以 $u_i$ 为基本变量的单类变量问题

将式（3-2）代入式（3-16）、式（3-17）消去 $e_{ij}$，得到用位移 $u_i$ 表示的平衡微分方程和应力边界条件，即

$$a_{ijkl}u_{k,lj} + \overline{F_i} = 0 \quad (V), \tag{3-18}$$

$$a_{ijkl}u_{k,l}n_j - \overline{p_i} = 0 \quad (s_\sigma). \tag{3-19}$$

**位移 $u_i$ 应满足的全部条件是式（3-18）、式（3-19）和式（3-5）**．

5. 以 $\sigma_{ij}$ 为基本变量的问题

如同第二章所述，对于一般的弹性力学问题，涉及外部的外力和约束的作用，因此，式（3-1）、式（3-5）和式（3-6）都是必须考虑和满足的．如果取应力为基本未知函数，则为了满足位移边界条件，必须由应力通过物理方程求出应变，再由应变通过几何方程求出位移，然后再去满足位移边界条件（3-5）．这样，实际上已成为三类变量的问题．

只有当**弹性体没有位移边界条件**时，才可以按单类变量 $\sigma_{ij}$ 的问题来求解．这

时，应力变量应该满足的条件是：平衡微分方程、面力边界条件，以及用应力表示的相容方程（相容方程是从几何方程消去位移，导出形变之间的协调条件；再代入物理方程，消去应变分量而得出的）. 若为多连体，还需要满足多连体中位移的单值条件.

弹性力学中的极小势能原理和极小余能原理，都是对变分变量的有约束条件的变分原理. 下面我们同样从极小势能原理和极小余能原理出发，首先应用代入消元法来导出各种变量形式的有约束条件的极小势能原理和极小余能原理；然后再应用拉格朗日乘子法等，消去这些约束条件，从而得出各种变量形式的无约束条件的广义变分原理——广义势能原理和广义余能原理.

## 3.2 极小势能原理及由此导出的各类变量形式的有约束条件的变分原理

**极小势能原理**，可以表示为泛函——总势能 $\pi_{pi}$ 的极小值条件，即

$$\delta \pi_{pi} = 0, \tag{3-20}$$

且 $\delta \pi_{pi}^2 \geq 0$. 其中泛函——总势能 $\pi_{pi}$ 有下列几种形式；并且根据 3.1 节的讨论，可以确定相应的变分变量及其必须满足的全部条件.

1. 原始形式——三类变量（以 $\sigma_{ij}, e_{ij}, u_i$ 为独立的基本未知函数）形式的泛函

$$\pi_{p_1} = \int_V \left[ A(\sigma, e) - \overline{F}_i u_i \right] dV - \int_{s_\sigma} \overline{p}_i u_i ds. \tag{3-21}$$

其中 $A = \int_0^{e_{ij}} \sigma_{ij} de_{ij}$ 中，物理方程（3-3）未给出和代入，因此 $\sigma$ 和 $e$ 均为独立的未知变量，且从式（3-9）只能得出式（3-11），即 $\sigma_{ij} = \dfrac{\partial A(\sigma, e)}{\partial e_{ij}} = \sigma_{ij}$ 的恒等式.

可以证明，$\pi_{p_1}$ 的极值条件，等价于平衡微分方程（3-1）和面力边界条件（3-6）. 而预先要求变分变量满足的约束条件是，位移边界条件（3-5）；在变分运算过程中强制要求满足的约束条件是，物理方程（3-3）和几何方程（3-2）. 因此，按照 3.1 节中 1 的提法，对变分变量（$\sigma_{ij}, e_{ij}, u_i$）的全部约束条件是位移边界条件（3-5）、物理方程（3-3）和几何方程（3-2）.

证明：$\pi_{p_1}$ 的极值条件是

$$\begin{aligned}\delta \pi_{p1} &= \int_V \left[ \dfrac{\partial A(\sigma, e)}{\partial e_{ij}} \delta e_{ij} - \overline{F}_i \delta u_i \right] dV - \int_{s_\sigma} \overline{p}_i \delta u_i ds \\ &= \int_V \left[ \sigma_{ij} \delta e_{ij} - \overline{F}_i \delta u_i \right] dV - \int_{s_\sigma} \overline{p}_i \delta u_i ds \qquad [\text{引用式（3-11）}]\end{aligned}$$

$$= \int_V \left(\sigma_{ij}\delta u_{i,j} - \overline{F_i}\delta u_i\right)\mathrm{d}V - \int_{s_\sigma} \overline{p_i}\delta u_i \mathrm{d}s \qquad \text{（代入几何方程）}$$

$$= \int_V \left(-\sigma_{ij,j}\delta u_i - \overline{F_i}\delta u_i\right)\mathrm{d}V$$

$$+ \int_s \sigma_{ij}n_j\delta u_i \mathrm{d}s - \int_{s_\sigma} \overline{p_i}\delta u_i \mathrm{d}s \qquad \text{（进行分部积分）}$$

$$= 0,$$

由于变量预先满足位移边界条件（3-5），有

$$\delta u_i = 0 \quad (s_u);$$

由

$$\delta u_i \neq 0 \quad (V),$$

得

$$\sigma_{ij,j} + \overline{F_i} = 0;$$

又由

$$\delta u_i \neq 0 \quad (s_\sigma),$$

得

$$\sigma_{ij}n_j - \overline{p_i} = 0.$$

由此可见，$\pi_{p1}$ 的极值条件等价于平衡微分方程（3-1）和面力边界条件（3-6）. 而对变分变量预先要求满足的约束条件是位移边界条件（3-5）. 在变分运算过程中，为了沟通变量（$\sigma_{ij}, e_{ij}, u_i$）之间的关系，必须应用到物理方程（3-3）和几何方程（3-2）. 因此，对变分变量（$\sigma_{ij}, e_{ij}, u_i$）的全部约束条件是位移边界条件（3-5）、物理方程（3-3）和几何方程（3-2）.

以下应用**代入消元法**，从上面的变分方程中，消除一些变量，导出**较少变量的变分方程**. 具体的方法是，应用变分法中的约束条件（预先要求满足的约束条件和变分运算过程中要求满足的约束条件），去消除一些变量（消元法），从而导出较少变量的泛函及其变分方程. 这种代入消元法的特点是，应用约束条件来消除一些变量，使泛函和变分方程中的变量减少；并且用于消元的这些约束条件，也从变分法中消除了，因而这些约束条件可以不再考虑.

2. 两类变量（$e_{ij}, u_i$）形式的泛函

将约束条件——物理方程（3-3）代入式（3-21）泛函中的 $A$，消去变量 $\sigma_{ij}$，则 $A = A(e)$，只是的 $e$ 的函数；且由式（3-9）就能得出式（3-12），即物理方程

$$\sigma_{ij} = \frac{\partial A(\sigma, e)}{\partial e_{ij}} = \frac{\partial A(e)}{\partial e_{ij}} = \sigma_{ij}(e) = a_{ijkl}e_{kl}.$$

从而得到两类变量（$e_{ij}, u_i$）形式的泛函，

$$\pi_{p_2} = \int_V \left[ A(e) - \overline{F}_i u_i \right] dV - \int_{s_\sigma} \overline{p}_i u_i ds . \qquad (3\text{-}22)$$

$\pi_{p_2}$ 的极值条件等价于平衡微分方程（**3-16**）和面力边界条件（**3-17**）. 而预先要求变分变量满足的约束条件是位移边界条件（**3-5**）；在变分运算过程中强制要求满足的约束条件是几何方程（**3-2**）. 因此，按照 3.1 节中的 3 的提法，对变分变量（$e_{ij}, u_i$）的全部约束条件是位移边界条件（**3-5**）和几何方程（**3-2**）.

证明：泛函 $\pi_{p_2}$ 的极值条件是

$$\begin{aligned}
\delta \pi_{p2} &= \int_V \left[ \frac{\partial A(e)}{\partial e_{ij}} \delta e_{ij} - \overline{F}_i \delta u_i \right] dV - \int_{s_\sigma} \overline{p}_i \delta u_i ds \\
&= \int_V \left( a_{ijkl} e_{kl} \delta e_{ij} - \overline{F}_i \delta u_i \right) dV - \int_{s_\sigma} \overline{p}_i \delta u_i ds \qquad [\text{代入（3-12）}] \\
&= \int_V \left( a_{ijkl} e_{kl} \delta u_{i,j} - \overline{F}_i \delta u_i \right) dV - \int_{s_\sigma} \overline{p}_i \delta u_i ds \qquad [\text{代入几何方程（3-2）}] \\
&= \int_V \left( -a_{ijkl} e_{kl,j} \delta u_i - \overline{F}_i \delta u_i \right) dV \\
&\quad + \int_s a_{ijkl} e_{kl} n_j \delta u_i d - \int_{s_\sigma} \overline{p}_i \delta u_i ds \qquad \text{（进行分部积分）} \\
&= 0,
\end{aligned}$$

由变量预先满足位移边界条件条件（**3-5**），有

$$\delta u_i = 0 \quad (s_u).$$

由

$$\delta u_i \neq 0 \quad (V),$$

得

$$a_{ijkl} e_{kl,j} + \overline{F}_i = 0 ; \qquad [\text{即式（3-16）}]$$

又由

$$\delta u_i \neq 0 \quad (s_\sigma),$$

得

$$a_{ijkl} e_{kl} n_j - \overline{p}_i = 0 . \qquad [\text{即式（3-17）}]$$

由此可见，$\pi_{p_2}$ 的极值条件，等价于用应变表示的平衡微分方程（**3-16**）和面力边界条件（**3-17**）；对变分变量（$e_{ij}, u_i$）的约束条件是位移边界条件（**3-5**）和沟通变量（$e_{ij}, u_i$）之间关系的几何方程（**3-2**）.

**3. 单类变量（$u_i$）形式的泛函**

将约束条件——物理方程（**3-3**）、几何方程（**3-2**）代入式（**3-21**）的泛函，

消去变量 $\sigma_{ij}$ 和 $e_{ij}$. 其中的 $A=A[e(u)]$ 表示，先通过物理方程（3-3）将应力 $\sigma$ 用应变 $e$ 表示；对应变 $e$ 求导后，再通过几何方程（3-2）将应变 $e$ 用位移 $u$ 表示，这样就得到单类变量（$u_i$）形式的泛函，

$$\pi_{p3} = \int_V \{A[e(u)] - \overline{F_i}u_i\}\mathrm{d}V - \int_{s_\sigma} \overline{p_i}u_i \mathrm{d}s. \tag{3-23}$$

$\pi_{p_3}$ 的极值条件等价于用位移表示的平衡微分方程（**3-18**）和面力边界条件（**3-19**），按照 3.1 节中 4 的提法，对变分变量（$u_i$）的约束条件是位移边界条件（**3-5**）.

证明：$\pi_{p_3}$ 的极值条件是

$$\begin{aligned}
\delta\pi_{p3} &= \int_V \left\{\frac{\partial A[e(u)]}{\partial e_{ij}}\delta e_{ij} - \overline{F_i}\delta_i\right\}\mathrm{d}V - \int_{s_\sigma}\overline{p_i}\delta u_i \mathrm{d}s \\
&= \int_V \left(a_{ijkl}e_{kl}\delta e_{ij} - \overline{F_i}\delta u_i\right)\mathrm{d}V - \int_{s_\sigma}\overline{p_i}\delta u_i \mathrm{d}s \quad [\text{代入物理方程（3-3）}] \\
&= \int_V \left(a_{ijkl}u_{k,l}\delta u_{i,j} - \overline{F_i}\delta u_i\right)\mathrm{d}V - \int_{s_\sigma}\overline{p_i}\delta u_i \mathrm{d}s \quad [\text{代入几何方程（3-2）}] \\
&= \int_V \left(-a_{ijkl}u_{k,lj}\delta u_i - \overline{F_i}\delta u_i\right)\mathrm{d}V + \int_s a_{ijkl}u_{k,l}n_j\delta u_i \mathrm{d}s - \int_{s_\sigma}\overline{p_i}\delta u_i \mathrm{d}s \\
&= 0. \quad\quad\quad\quad\quad\quad\quad\quad\quad\quad\quad\text{（进行分部积分）}
\end{aligned}$$

由变量预先满足位移边界条件（3-5），有

$$\delta u_i = 0 \quad (s_u).$$

由

$$\delta u_i \neq 0 \quad (V),$$

得

$$a_{ijkl}u_{k,lj} + \overline{F_i} = 0; \quad [\text{即式（3-18）}]$$

又由

$$\delta u_i \neq 0 \quad (s_\sigma),$$

得

$$a_{ijkl}u_{k,l}n_j - \overline{p_i} = 0. \quad [\text{即式（3-19）}]$$

由此可见，$\pi_{p_3}$ 的极值条件等价于用位移表示的平衡微分方程（3-18）和面力边界条件（3-19）；对变分变量（$u_i$）的约束条件是位移边界条件（3-5）.

以上讨论的 1~3 部分，分别为各类变量形式的有约束条件的极小势能原理，相应的变分极值条件都是极小值条件.

## 3.3 由极小势能原理导出的各类变量形式的无约束条件的广义变分原理

现在，应用拉格朗日乘子法，分别消去 3.2 节 1~3 部分的各类变分问题中的约束条件，便可得出以下三类对于变分变量的完全无约束条件的广义变分原理，即

$$\delta \pi_{p_i}^* = 0, \qquad (3\text{-}24)$$

变分的极值条件（3-24）均为驻值条件，其中的泛函 $\pi_{p_i}^*$ 有下列几种形式.

**1. 三类变量（$\sigma_{ij}, e_{ij}, u_i$）形式的泛函**

将泛函 $\pi_{p_1}$［式（3-21）］的约束条件——物理方程（3-3）、几何方程（3-2）和位移边界条件（3-5）分别乘以拉格朗日乘子，纳入三类变量（$\sigma_{ij}, e_{ij}, u_i$）的泛函 $\pi_{p_1}$［式（3-21）］中，得到

$$\pi_{p_1}^* = \int_v \left\{ A(\sigma, e) - \overline{F}_i u_i + \lambda_{ij}(\sigma_{ij} - a_{ijkl} e_{kl}) + \mu_{ij}\left[ e_{ij} - \frac{1}{2}(u_{i,j} + u_{j,i}) \right] \right\} dv$$
$$- \int_{s_\sigma} \overline{p}_i u_i ds + \int_{s_u} v_i (u_i - \overline{u}_i) ds. \qquad (3\text{-}25)$$

式（3-25）中的 $A = \int_0^{e_{ij}} \sigma_{ij} de_{ij}$ 中，没有给出和代入物理方程（3-3），其中的应力 $\sigma$ 和应变 $e$ 均为独立的未知变量，即 $A = A(\sigma, e)$；且 $\sigma_{ij} = \dfrac{\partial A(\sigma, e)}{\partial e_{ij}} = \sigma_{ij}$［式（3-11）］，它只是一个恒等式.

泛函 $\pi_{p_1}^*$ 中的变量 $\sigma_{ij}$、$e_{ij}$、$u_i$ 以及拉格朗日乘子，都是独立的变量，其极值条件是

$$\delta \pi_{p1}^* = \int_v \Big\{ \sigma_{ij} \delta e_{ij} - \overline{F}_i \delta u_i + \delta \lambda_{ij}(\sigma_{ij} - a_{ijkl} e_{kl}) + \lambda_{ij} \delta \sigma_{ij} - \lambda_{ij} a_{ijkl} \delta e_{kl}$$
$$+ \delta \mu_{ij}\left[ e_{ij} - \frac{1}{2}(u_{i,j} + u_{j,i}) \right] + \mu_{ij} \delta e_{ij} - \mu_{ij} \delta u_{i,j} \Big\} dv$$
$$- \int_{s_\sigma} \overline{p}_i \delta u_i ds + \int_{s_u} \left[ \delta v_i (u_i - \overline{u}_i) + v_i \delta u_i \right] ds$$
$$= 0, \qquad \text{［已代入式（3-11）］}$$

上式中的两项又可表示为

$$-\lambda_{ij} a_{ijkl} \delta e_{kl} = -\lambda_{kl} a_{ijkl} \delta e_{ij},$$

$$-\int_v \mu_{ij}\delta u_{i,j}\mathrm{d}v = -\int_s \mu_{ij}n_j\delta u_i \mathrm{d}s + \int_v \mu_{ij,j}\delta u_i \mathrm{d}v,$$

代入 $\delta\pi^*_{p_1}$ 式,由

$$\delta\lambda_{ij} \neq 0 \quad (V),$$

得

$$\sigma_{ij} - a_{ijkl}e_{kl} = 0;$$

由

$$\delta\mu_{ij} \neq 0 \quad (V),$$

得

$$e_{ij} - \frac{1}{2}(u_{i,j}+u_{j,i}) = 0;$$

由

$$\delta v_i \neq 0 \quad (s_u),$$

得

$$u_i - \overline{u_i} = 0;$$

又由

$$\delta\sigma_{ij} \neq 0 \quad (V),$$

得

$$\lambda_{ij} = 0;$$

由

$$\delta e_{ij} \neq 0 \quad (V),$$

得

$$\sigma_{ij} - a_{ijkl}\lambda_{kl} + \mu_{ij} = 0,$$

代入 $\lambda_{ij}=0$,得到

$$\mu_{ij} = -\sigma_{ij};$$

由

$$\delta u_i \neq 0 \quad (V),$$

得

$$\mu_{ij,j} - \overline{F_i} = 0,$$

代入 $\mu_{ij} = -\sigma_{ij}$,得到平衡微分方程

$$\sigma_{ij,j} + \overline{F_i} = 0;$$

由
$$\delta u_i \neq 0 \quad (s_\sigma),$$
得
$$-\mu_{ij} n_j - \overline{p_i} = 0,$$
代入 $\mu_{ij} = -\sigma_{ij}$,得到面力边界条件
$$\sigma_{ij} n_j - \overline{p_i} = 0;$$
由
$$\delta u_i \neq 0 \quad (s_u),$$
得
$$v_i - \mu_{ij} n_j = 0,$$
代入 $\mu_{ij} = -\sigma_{ij}$,得到
$$v_i = -\sigma_{ij} n_j.$$
将得出的拉格朗日乘子 $\lambda_{ij} = 0$,$\mu_{ij} = -\sigma_{ij}$,$v_i = -\sigma_{ij} n_j$,代入泛函(3-25),得到
$$\pi_{p_1}^* = \int_v \left\{ A(\sigma, e) - \overline{F}_i u_i - \sigma_{ij} \left[ e_{ij} - \frac{1}{2}(u_{i,j} + u_{j,i}) \right] \right\} dv$$
$$- \int_{s_\sigma} \overline{p_i} u_i ds - \int_{s_u} \sigma_{ij} n_j (u_i - \overline{u}_i) ds. \tag{3-26}$$

其中由于 $\lambda_{ij} = 0$,物理方程(3-3)没有纳入泛函 $\pi_{p_1}^*$ [式(3-26)]中.

现在来检验泛函 $\pi_{p_1}^*$ [式(3-26)]的极值条件,看它究竟反映了哪些等价的弹性力学的方程. 为此,对泛函 $\pi_{p_1}^*$ [式(3-26)]求其极值条件,
$$\delta \pi_{p_1}^* = \int_v \left\{ \sigma_{ij} \delta e_{ij} - \overline{F}_i \delta u_i - \delta\sigma_{ij} \left[ e_{ij} - \frac{1}{2}(u_{i,j} + u_{j,i}) \right] - \sigma_{ij} \delta e_{ij} + \sigma_{ij} \delta u_{i,j} \right\} dv$$
$$- \int_{s_\sigma} \overline{p_i} \delta u_i ds - \int_{s_u} \left[ \delta\sigma_{ij} n_j (u_i - \overline{u}_i) + \sigma_{ij} n_j \delta u_i \right] ds$$
$$= 0,$$
上式中的一项又可表示为
$$\int_v \sigma_{ij} \delta u_{i,j} dv = \int_s \sigma_{ij} n_j \delta u_i ds - \int_v \sigma_{ij,j} \delta u_i dv,$$
代入 $\delta \pi_{p_1}^*$ 式,由
$$\delta \sigma_{ij} \neq 0 \quad (V),$$
得
$$e_{ij} - \frac{1}{2}(u_{i,j} + u_{j,i}) = 0;$$

由

$$\delta u_i \neq 0 \quad (V),$$

得

$$\sigma_{ij,j} + \overline{F_i} = 0;$$

由

$$\delta u_i \neq 0 \quad (s_\sigma),$$

得

$$\sigma_{ij} n_j - \overline{p_i} = 0;$$

由

$$\delta \sigma_{ij} \neq 0 \quad (s_u),$$

得

$$u_i - \overline{u_i} = 0.$$

从上面的推导结果可见，泛函 $\pi_{p_1}^*$ [式（3-26）] 的极值条件，包含了等价的平衡微分方程（3-1）、几何方程（3-2）、面力边界条件（3-6）和位移边界条件（3-5），但是没有包含物理方程（3-3）在内.

为了将物理方程（3-3）纳入泛函，以构成三类变量（$\sigma_{ij}, e_{ij}, u_i$）的完全无约束条件的广义变分原理，参考 2.4 节，可以采用下列几种办法.

（1）采用钱伟长先生建议的高阶拉格朗日乘子法（钱伟长，1979，1983）.

（2）这里，也可以采用罚函数的方法，取

$$\pi_{p_1}^{**} = \pi_{p_1}^* + \int_v \alpha (\sigma_{ij} - a_{ijkl} e_{kl})^2 \mathrm{d}v, \tag{3-27}$$

其中 $\pi_{p_1}^*$ 是由式（3-26）表示的，$\alpha$ 为大于零的较大的正常数. 显然，物理方程已经反映入泛函的极值条件中. 因此，**泛函 $\pi_{p_1}^{**}$ [式（3-27）] 是三类变量（$\sigma_{ij}, e_{ij}, u_i$）的完全无约束条件的广义变分原理的泛函**.

（3）将物理方程（3-3）代入泛函 $\pi_{p_1}^*$ [式（3-26）] 的 $A$ 中，将其中的应力用应变表示，则 $A=A(e)$，$A$ 只是应变 $e$ 的函数；并且从式（3-12），可以得到

$$\sigma_{ij} = \frac{\partial A(\sigma, e)}{\partial e_{ij}} = \frac{\partial A(e)}{\partial e_{ij}} = \sigma_{ij}(e) = a_{ijkl} e_{kl}.$$

由此得到泛函，

$$\pi_{p_1}^{***} = \int_v \left\{ A(e) - \overline{F_i} u_i - \sigma_{ij} \left[ e_{ij} - \frac{1}{2}(u_{i,j} + u_{j,i}) \right] \right\} \mathrm{d}v$$
$$- \int_{s_\sigma} \overline{p_i} u_i \mathrm{d}s - \int_{s_u} \sigma_{ij} n_j (u_i - \overline{u_i}) \mathrm{d}s. \tag{3-28}$$

# 第三章 各向异性、线性弹性、小位移下弹性力学的变分法

上述的泛函 $\pi_{p_1}^{***}$［式（3-28）］的极值条件，也已反映了等价的物理方程在内．

**证明：**

$$\delta\pi_{p_1}^{***} = \int_v \left\{ a_{ijkl}e_{kl}\delta e_{ij} - \overline{F}_i\delta u_i - \delta\sigma_{ij}\left[e_{ij} - \frac{1}{2}(u_{i,j}+u_{j,i})\right] \right.$$
$$\left. -\sigma_{ij}\delta e_{ij} + \sigma_{ij}\delta u_{i,j} \right\}\mathrm{d}v$$
$$-\int_{s_\sigma}\overline{p_i}\delta u_i\mathrm{d}s - \int_{s_u}\left[\delta\sigma_{ij}n_j(u_i - \overline{u}_i) + \sigma_{ij}n_j\delta u_i\right]\mathrm{d}s$$
$$= 0, \qquad\qquad [\text{对于第一项，应用了式（3-12）}]$$

上式中的一项又可表示为

$$\int_v \sigma_{ij}\delta u_{i,j}\mathrm{d}v = \int_s \sigma_{ij}n_j\delta u_i\mathrm{d}s - \int_v \sigma_{ij,j}\delta u_i\mathrm{d}v,$$

代入 $\delta\pi_{p_1}^{***}$ 式，由

$$\delta\sigma_{ij} \neq 0 \quad (V),$$

得几何方程

$$e_{ij} - \frac{1}{2}(u_{i,j}+u_{j,i}) = 0;$$

由

$$\delta e_{ij} \neq 0 \quad (V),$$

得物理方程

$$\sigma_{ij} - a_{ijkl}e_{kl} = 0;$$

由

$$\delta u_i \neq 0 \quad (V),$$

得平衡微分方程

$$\sigma_{ij,j} + \overline{F}_i = 0;$$

由

$$\delta u_i \neq 0 \quad (s_\sigma),$$

得面力边界条件

$$\sigma_{ij}n_j - \overline{p}_i = 0;$$

由

$$\delta\sigma_{ij} \neq 0 \quad (s_u),$$

得位移边界条件

$$u_i - \overline{u}_i = 0.$$

由此可见，泛函 $\pi_{p_1}^{***}$［式（3-28）］的极值条件，已经包含了三类变量（$\sigma_{ij}, e_{ij}, u_i$）

应满足的全部条件，即几何方程（3-2）、物理方程（3-3）、平衡微分方程（3-1）、面力边界条件（3-6）和位移边界条件（3-5），因此，泛函 $\pi_{p_1}^{***}$ [式（3-28）] 是三类变量（$\sigma_{ij}, e_{ij}, u_i$）的完全无约束条件的广义变分原理的泛函。与第二章在非线性弹性、小位移情形下的泛函 $\pi_{p_1}^{***}$ [式（2-51）] 相同，泛函 $\pi_{p_1}^{***}$ [式（3-28）] 即为胡海昌-鹫津久一郎的广义变分原理在各向异性、线性弹性、小位移情形下的泛函形式，也就是

$$\pi_{p_1}^{***} = \pi_{HW}. \tag{3-29}$$

这又一次在各向异性、线性弹性、小位移情形下，证明了胡海昌-鹫津久一郎广义变分原理是三类变量（$\sigma_{ij}, e_{ij}, u_i$）的完全无约束条件的变分原理。

这里必须同样强调：在上述导出的变分原理，即胡海昌-鹫津久一郎变分原理（$\pi_{p_1}^{***} = \pi_{HW}$）的应变能密度中，已将物理方程（3-3）代入 $A = A(\sigma, e)$，因此，$A = A(e)$，它只是应变变量的函数；并且 $\sigma_{ij} = \dfrac{\partial A(\sigma, e)}{\partial e_{ij}} = \dfrac{\partial A(e)}{\partial e_{ij}} = \sigma_{ij}(e) = a_{ijkl} e_{kl}$ [式（3-12）]，真正代表了物理方程。从而使得上述变分原理，即胡海昌-鹫津久一郎变分原理（$\pi_{p_1}^{***} = \pi_{HW}$），成为三类变量（$\sigma_{ij}, e_{ij}, u_i$）的完全无约束条件的广义变分原理，其极值条件等价于三类变量（$\sigma_{ij}, e_{ij}, u_i$）应满足的全部条件。

2. 两类变量（$e_{ij}, u_i$）形式的泛函

将两类变量（$e_{ij}, u_i$）的泛函 $\pi_{p_2}$ [式（3-22）] 的约束条件——几何方程（3-2）和位移边界条件（3-5），分别乘以拉格朗日乘子，纳入该项泛函 $\pi_{p_2}$ [式（3-22）] 中。其中 $A$ 中已经代入了物理方程（3-3），将应力 $\sigma_{ij}$ 用应变 $e_{ij}$ 表示，因此 $A = A(e)$，仅为应变变量的已知函数。这样得到泛函

$$\pi_{p_2}^* = \int_v \left\{ A(e) - \overline{F}_i u_i + \mu_{ij} \left[ e_{ij} - \frac{1}{2}(u_{i,j} + u_{j,i}) \right] \right\} \mathrm{d}v$$
$$- \int_{s_\sigma} \overline{p}_i u_i \mathrm{d}s + \int_{s_u} v_i (u_i - \overline{u}_i) \mathrm{d}s. \tag{3-30}$$

其中的 $e_{ij}, u_i$ 以及拉格朗日乘子，都是独立的变量。因此，$\pi_{p_2}^*$ 的极值条件是

$$\delta \pi_{p_2}^* = \int_v \left\{ a_{ijkl} e_{kl} \delta e_{ij} - \overline{F}_i \delta u_i + \delta \mu_{ij} \left[ e_{ij} - (u_{i,j} + u_{j,i}) \right] + \mu_{ij} \delta e_{ij} - \mu_{ij} \delta u_{i,j} \right\} \mathrm{d}v$$
$$- \int_{s_\sigma} \overline{p}_i \delta u_i \mathrm{d}s + \int_{s_u} \left[ \delta v_i (u_i - \overline{u}_i) + v_i \delta u_i \right] \mathrm{d}s$$
$$= 0, \qquad\qquad [代入式（3-12）]$$

上式中的一项又可表示为

$$-\int_v \mu_{ij}\delta u_{i,j}\mathrm{d}v = -\int_s \mu_{ij}n_j\delta u_i\mathrm{d}s + \int_v \mu_{ij,j}\delta u_i\mathrm{d}v,$$

代入 $\delta\pi^*_{p_2}$ 式，由

$$\delta\mu_{ij} \neq 0 \quad (V),$$

得

$$e_{ij} - \frac{1}{2}(u_{i,j} + u_{j,i}) = 0;$$

由

$$\delta v_i \neq 0 \quad (s_u),$$

得

$$u_i - \overline{u_i} = 0;$$

又由

$$\delta e_{ij} \neq 0 \quad (V),$$

得

$$\mu_{ij} + a_{ijkl}e_{kl} = 0,$$

由此得出

$$\mu_{ij} = -a_{ijkl}e_{kl};$$

由

$$\delta u_i \neq 0 \quad (V),$$

得

$$\mu_{ij,j} - \overline{F_i} = 0,$$

代入 $\mu_{ij} = -a_{ijkl}e_{kl}$，得到

$$a_{ijkl}e_{kl,j} + \overline{F_i} = 0; \quad [即式（3-16）]$$

由

$$\delta u_i \neq 0 \quad (s_\sigma),$$

得

$$-(\mu_{ij}n_j + \overline{p_i}) = 0,$$

代入 $\mu_{ij} = -a_{ijkl}e_{kl}$，得到

$$a_{ijkl}e_{kl}n_j - \overline{p_i} = 0; \quad [即式（3-17）]$$

由

$$\delta u_i \neq 0 \quad (s_u),$$

得

$$v_i - \mu_{ij}n_j = 0,$$

代入 $\mu_{ij} = -a_{ijkl}e_{kl}$，得到

$$v_i = -a_{ijkl}e_{kl}n_j.$$

将得出的拉格朗日乘子，$\mu_{ij} = -a_{ijkl}e_{kl}$，$v_i = -a_{ijkl}e_{kl}n_j$，代入泛函 $\pi_{p2}^*$ [式（3-30）]，由此得出

$$\pi_{p_2}^* = \int_v \left\{ A(e) - \overline{F}_i u_i - a_{ijkl}e_{kl}\left[ e_{ij} - \frac{1}{2}(u_{i,j} + u_{j,i}) \right] \right\} dv$$

$$- \int_{s_\sigma} \overline{p}_i u_i ds - \int_{s_u} a_{ijkl}e_{kl}n_j (u_i - \overline{u}_i) ds. \qquad (3\text{-}31)$$

式（3-31）的泛函 $\pi_{p_2}^*$ 的极值条件，按照 3.1 节中 3 的表述，已经包含了两类变量（$e_{ij}, u_i$）应满足的全部条件，即包含了用应变表示的平衡微分方程（3-16）和面力边界条件（3-17），几何方程（3-2）和位移边界条件（3-5），因此，泛函 $\pi_{p_2}^*$ [式（3-31）] 是两类变量（$e_{ij}, u_i$）的完全无约束条件的广义变分原理的泛函．

**证明**：泛函 $\pi_{p_2}^*$ [式（3-31）] 的极值条件是 [其中 $A=A(e)$ 为单变量的已知的函数]，

$$\delta\pi_{p_2}^* = \int_v \left\{ a_{ijkl}e_{kl}\delta e_{ij} - \overline{F}_i\delta u_i - a_{ijkl}\delta e_{kl}\left[ e_{ij} - (u_{i,j}+u_{j,i}) \right] - a_{ijkl}e_{kl}\delta e_{ij} + a_{ijkl}e_{kl}\delta u_{i,j} \right\} dv$$

$$- \int_{s_\sigma} \overline{p}_i \delta u_i ds - \int_{s_u} \left[ a_{ijkl}\delta e_{kl}n_j(u_i - \overline{u}_i) + a_{ijkl}e_{kl}n_j\delta u_i \right] ds$$

$$= 0,$$

上式中的一项又可表示为

$$\int_v a_{ijkl}e_{kl}\delta u_{i,j} dv = \int_s a_{ijkl}e_{kl}n_j \delta u_i ds - \int_v a_{ijkl}e_{kl,j}\delta u_i dv,$$

代入 $\delta\pi_{p_2}^*$ 式，由

$$\delta e_{kl} \ne 0 \quad (V)，$$

得几何方程

$$e_{ij} - \frac{1}{2}(u_{i,j} + u_{j,i}) = 0; \qquad (3\text{-}2)$$

由

$$\delta u_i \ne 0 \quad (V)，$$

得平衡微分方程

$$a_{ijkl}e_{kl,j} + \overline{F}_i = 0; \qquad (3\text{-}16)$$

由

$$\delta u_i \ne 0 \quad (s_\sigma)，$$

得面力边界条件

$$a_{ijkl}e_{kl}n_j - \overline{p}_i = 0; \qquad (3\text{-}17)$$

由
$$\delta e_{kl} \neq 0 \quad (s_u),$$
得位移边界条件
$$u_i - \overline{u}_i = 0. \tag{3-5}$$

所以泛函 $\pi_{p_2}^*$ [式（3-31）] 的极值条件，已经包含了两类变量（$e_{ij}, u_i$）应满足的全部条件，即用应变表示的平衡微分方程（3-16）和应力边界条件（3-17），几何方程（3-2）和位移边界条件（3-5）. 因此，泛函 $\pi_{p_2}^*$ [式（3-31）] 是两类变量（$e_{ij}, u_i$）的完全无约束条件的广义变分原理的泛函.

3. 单类变量（$u_i$）形式的泛函

将单类变量（$u_i$）的泛函 $\pi_{p_3}$ [式（3-23）] 的约束条件——位移边界条件（3-5）乘以拉格朗日乘子，纳入单类变量（$u_i$）的泛函 $\pi_{p_3}$ [式（3-23）] 中，其中 $A$ 中已经代入物理方程，将应力 $\sigma_{ij}$ 用应变 $e_{ij}$ 表示；对应变求导后，再代入几何方程，将应变 $e_{ij}$ 用位移 $u_i$ 表示，因此用 $A = A[e(u)]$ 表示. 由此得到单类变量（$u_i$）形式的泛函，即

$$\pi_{p3}^* = \int_v \left\{ A[e(u)] - \overline{F}_i u_i \right\} dv$$
$$- \int_{s_\sigma} \overline{p}_i u_i ds + \int_{s_u} v_i (u_i - \overline{u}_i) ds. \tag{3-32}$$

泛函 $\pi_{p3}^*$ [式（3-32）] 的极值条件是

$$\delta \pi_{p3}^* = \int_v \left( a_{ijkl} e_{kl} \delta e_{ij} - \overline{F}_i \delta u_i \right) dv - \int_{s_\sigma} \overline{p}_i \delta u_i ds + \int_{s_u} \left[ \delta v_i (u_i - \overline{u}_i) + v_i \delta u_i \right] ds$$
$$= \int_v \left( a_{ijkl} u_{k,l} \delta u_{i,j} - \overline{F}_i \delta u_i \right) dv - \int_{s_\sigma} \overline{p}_i \delta u_i ds + \int_{s_u} \left[ \delta v_i (u_i - \overline{u}_i) + v_i \delta u_i \right] ds$$
$$= \int_v \left( -a_{ijkl} u_{k,lj} \delta u_i - \overline{F}_i \delta u_i \right) dv + \int_s a_{ijkl} u_{k,l} n_j \delta u_i ds$$
$$- \int_{s_\sigma} \overline{p}_i \delta u_i ds + \int_{s_u} \left[ \delta v_i (u_i - \overline{u}_i) + v_i \delta u_i \right] ds$$
$$= 0.$$

由
$$\delta u_i \neq 0 \quad (V),$$
得
$$a_{ijkl} u_{k,lj} + \overline{F}_i = 0; \qquad [即式（3-18）]$$
由
$$\delta u_i \neq 0 \quad (s_\sigma),$$

得
$$a_{ijkl}u_{k,l}n_j - \overline{p}_i = 0 ; \qquad [即式（3-19）]$$

由
$$\delta v_i \neq 0 \quad (s_u),$$

得
$$u_i - \overline{u}_i = 0 ;$$

由
$$\delta u_i \neq 0 \quad (s_u),$$

得
$$v_i + a_{ijkl}u_{k,l}n_j = 0 ,$$

由此得到拉格朗日乘子
$$v_i = -a_{ijkl}u_{k,l}n_j .$$

将其代入泛函 $\pi_{p_3}^*$ [式（3-32）]，得到

$$\pi_{p_3}^* = \int_v \left\{ A[e(u)] - \overline{F}_i u_i \right\} dv - \int_{s_\sigma} \overline{p}_i u_i ds$$
$$- \int_{s_u} a_{ijkl} u_{k,l} n_j \left( u_i - \overline{u}_i \right) ds . \qquad (3-33)$$

泛函 $\pi_{p_3}^*$ [式（3-33）]的极值条件，已经包含了单类变量（$u_i$）应满足的全部条件，即用位移表示的平衡微分方程（3-18）、应力边界条件（3-19）和位移边界条件（3-5），因此，泛函 $\pi_{p_3}^*$ [式（3-33）]是单类变量（$u_i$）的完全无约束条件的广义变分原理的泛函.

证明：泛函 $\pi_{p_3}^*$ [式（3-33）]的极值条件是

$$\delta \pi_{p_3}^* = \int_v \left( a_{ijkl} e_{kl} \delta e_{ij} - \overline{F}_i \delta u_i \right) dv - \int_{s_\sigma} \overline{p}_i \delta u_i ds$$
$$- \int_{s_u} \left[ a_{ijkl} \delta u_{k,l} n_j \left( u_i - \overline{u}_i \right) + a_{ijkl} u_{k,l} n_j \delta u_i \right] ds$$
$$= \int_v \left( a_{ijkl} u_{k,l} \delta u_{i,j} - \overline{F}_i \delta u_i \right) dv - \int_{s_\sigma} \overline{p}_i \delta u_i ds$$
$$- \int_{s_u} \left[ a_{ijkl} \delta u_{k,l} n_j \left( u_i - \overline{u}_i \right) + a_{ijkl} u_{k,l} n_j \delta u_i \right] ds$$
$$= \int_v \left( -a_{ijkl} u_{k,lj} \delta u_i - \overline{F}_i \delta u_i \right) dv + \int_s a_{ijkl} u_{k,l} n_j \delta u_i ds$$
$$- \int_{s_\sigma} \overline{p}_i \delta u_i ds - \int_{s_u} \left[ a_{ijkl} \delta u_{k,l} n_j \left( u_i - \overline{u}_i \right) + a_{ijkl} u_{k,l} n_j \delta u_i \right] ds$$
$$= 0 .$$

由

$$\delta u_i \neq 0 \quad (V),$$

得平衡微分方程

$$a_{ijkl}u_{k,lj} + \overline{F}_i = 0; \tag{3-18}$$

由

$$\delta u_i \neq 0 \quad (s_\sigma),$$

得应力边界条件

$$a_{ijkl}u_{k,l}n_j - \overline{p}_i = 0; \tag{3-19}$$

由

$$\delta u_{k,l} \neq 0 \quad (s_u),$$

得位移边界条件

$$u_i - \overline{u}_i = 0. \tag{3-5}$$

由此可见，泛函 $\pi_{p_3}^*$ ［式（3-33）］的极值条件，已经包含了单类变量（$u_i$）应满足的全部条件，即用位移表示的平衡微分方程（3-18）和应力边界条件（3-19），以及位移边界条件（3-5），因此，泛函 $\pi_{p_3}^*$ ［式（3-33）］是单类变量（$u_i$）的完全无约束条件的广义变分原理的泛函.

## 3.4 极小余能原理及由此导出的各类变量形式的有约束条件的变分原理

**极小余能原理**，可以表示为泛函——总余能 $\pi_{c_i}$ 的极小值条件，即

$$\delta \pi_{c_i} = 0, \tag{3-34}$$

且 $\delta \pi_{c_i}^2 \geq 0$. 其中泛函——总余能 $\pi_{c_i}$ 有下列几种形式；并且根据 3.1 节的讨论，可以确定相应的变分变量及其必须满足的全部条件.

1. 三类变量（以 $\sigma_{ij}, e_{ij}, u_i$ 为独立的基本未知函数）形式的泛函

$$\pi_{c_i} = \int_v B(e,\sigma) \mathrm{d}v - \int_{s_u} \overline{u}_i \sigma_{ij} n_j \mathrm{d}s. \tag{3-35}$$

式（3-35）的 $B(e,\sigma)$ 中，物理方程（3-4）没有给出和代入，其中的 $e$ 和 $\sigma$ 均为独立的未知变量，并且 $e_{ij} = \dfrac{\partial B(e,\sigma)}{\partial \sigma_{ij}} = e_{ij}$，即［式（3-13）］，只是一个恒等式. 在上述的变分原理中，预先要求变量满足的约束条件，是静力平衡条件——平衡微分方程（3-1）和应力边界条件（3-6）；在变分运算过程中强制要求满足的约束条件，

是物理方程（3-4）和几何方程（3-2），因此，对于泛函 $\pi_{c1}$ 的全部约束条件，是平衡微分方程（3-1）、应力边界条件（3-6）；物理方程（3-4）和几何方程（3-2）. 在上述条件下，泛函 $\pi_{c1}$ 的极值条件，等价于位移边界条件（3-5）.

证明：泛函 $\pi_{c1}$ 的极值条件是

$$\delta\pi_{c_1} = \int_v \frac{\partial B(e,\sigma)}{\partial \sigma_{ij}} \delta\sigma_{ij} \mathrm{d}v - \int_{s_u} \bar{u}_i \delta\sigma_{ij} n_j \mathrm{d}s$$

$$= \int_v e_{ij} \delta\sigma_{ij} \mathrm{d}v - \int_{s_u} \bar{u}_i \delta\sigma_{ij} n_j \mathrm{d}s \qquad [代入式（3-13）]$$

$$= \int_v u_{i,j} \delta\sigma_{ij} \mathrm{d}v - \int_{s_u} \bar{u}_i \delta\sigma_{ij} n_j \mathrm{d}s \qquad （代入几何方程）$$

$$= \int_v -u_i \delta\sigma_{ij,j} \mathrm{d}v + \int_s u_i \delta\sigma_{ij} n_j \mathrm{d}s - \int_{s_u} \bar{u}_i \delta\sigma_{ij} n_j \mathrm{d}s$$

$$= 0.$$

由于变量 $\sigma_{ij}$ 预先满足约束条件——平衡微分方程（3-1）和应力边界条件（3-6），有

$$\delta\sigma_{ij,j} = 0 \quad (V), \qquad \delta\sigma_{ij} = 0 \quad (s_\sigma).$$

又由

$$\delta\sigma_{ij} \neq 0 \quad (s_u),$$

得出

$$u_i - \bar{u}_i = 0.$$

所以，泛函 $\pi_{c_1}$ 的极值条件等价于位移边界条件（3-5）；而其预先要求满足的约束条件是，平衡微分方程（3-1）和应力边界条件（3-6）；在变分运算过程中，应用了几何方程，并且为了沟通应力、应变、位移之间的关系，又必须用到物理方程（3-4）和几何方程（3-2），因此，在变分过程中强制要求满足的约束条件是，物理方程（3-4）和几何方程（3-2）.

2. 两类变量（$\sigma_{ij}, u_i$）形式的泛函

将物理方程（3-4）代入泛函（3-35），消去 $B$ 中应变变量 $e_{ij}$，用应力 $\sigma_{ij}$ 表示，则 $B = B(\sigma)$，只是应力变量 $\sigma$ 的函数，并且由 $e_{ij} = \frac{\partial B(e,\sigma)}{\partial \sigma_{ij}} = \frac{\partial B(\sigma)}{\partial \sigma_{ij}} = e_{ij}(\sigma) = b_{ijkl}\sigma_{kl}$，即得物理方程——式（3-14）. 这样得到两类变量（$\sigma_{ij}, u_i$）形式的泛函，

$$\pi_{c_2} = \int_v B(\sigma) \mathrm{d}v - \int_{s_u} \bar{u}_i \sigma_{ij} n_j \mathrm{d}s. \qquad (3\text{-}36)$$

在上述的变分原理中，对变量预先要求满足的约束条件是，静力平衡条件——平

衡微方程（3-1）和应力边界条件（3-6）；在变分运算过程中强制要求满足的约束条件是，应力与位移之间的关系式，即弹性方程（3-15）. 因此，上面这三部分约束条件，便是对变量的全部的约束条件. 在上述条件下，泛函 $\pi_{c_2}$ 的极值条件等价于位移边界条件（3-5）.

证明：$\pi_{c_2}$ 的极值条件是

$$\delta \pi_{c_2} = \int_v \frac{\partial B(\sigma)}{\partial \sigma_{ij}} \delta \sigma_{ij} \mathrm{d}v - \int_{s_u} \bar{u}_i \delta \sigma_{ij} n_j \mathrm{d}s$$

$$= \int_v b_{ijkl} \sigma_{kl} \delta \sigma_{ij} \mathrm{d}v - \int_{s_u} \bar{u}_i \delta \sigma_{ij} n_j \mathrm{d}s \qquad [代入式（3-14）]$$

$$= \int_v u_{i,j} \delta \sigma_{ij} \mathrm{d}v - \int_{s_u} \bar{u}_i \delta \sigma_{ij} n_j \mathrm{d}s \qquad [代入弹性方程（3-15）]$$

$$= \int_v -u_i \delta \sigma_{ij,j} \mathrm{d}v + \int_s u_i \delta \sigma_{ij} n_j \mathrm{d}s - \int_{s_u} \bar{u}_i \delta \sigma_{ij} n_j \mathrm{d}s$$

$$= 0.$$

由于变量 $\sigma_{ij}$ 预先满足约束条件——平衡微分方程（3-1）和应力边界条件（3-6），有

$$\delta \sigma_{ij,j} = 0 \quad (V), \qquad \delta \sigma_{ij} = 0 \quad (s_\sigma).$$

又由

$$\delta \sigma_{ij} \neq 0 \quad (s_u),$$

得出

$$u_i - \bar{u}_i = 0.$$

所以，泛函 $\pi_{c_2}$ 的极值条件等价于位移边界条件（3-5），而对变量预先要求满足的约束条件是平衡微方程（3-1）和应力边界条件（3-6）；在变分运算过程中强制要求满足的约束条件是应力与位移之间的关系式（即弹性方程）[式（3-15）]，因此，其全部的约束条件是，平衡微分方程（3-1）、应力边界条件（3-6）和应力与位移之间的关系式（3-15）.

3. 单类变量（$\sigma_{ij}$）形式的泛函

在第二章中，已经证明了从应力变分方程（或极小余能原理等）可导出几何方程和位移边界条件，即弹性体的全部形变协调条件；因而**应力变分方程（或极小余能原理等），可以等价地替代几何方程和位移边界条件**. 或者说，应力变分方程（或极小余能原理等），表示了能量形式的全部形变协调条件——几何方程和位移边界条件. 因此，对于本章的情形，无论有无位移边界条件，同样可以**按单类变量（$\sigma_{ij}$）形式来求解极小余能原理**的问题，即

（1）取应力为基本未知函数，应力预先必须满足的约束条件是静力平衡条件——平衡微方程（3-1）和应力边界条件（3-6）。

（2）将物理方程（3-4）代入泛函（3-35），进行消元，消去 $B$ 中应变变量 $e_{ij}$，用应力 $\sigma$ 表示，则 $B = B(\sigma)$，从而得到只含应力变量 $\sigma$ 的泛函，也就是 $\pi_{c_3}$（这里应注意，关于变量——应变 $e_{ij}$，及其约束条件——物理方程也从泛函中消去了），并且完全等价于 $\pi_{c_2}$，即式（3-36），

$$\pi_{c_3} = \pi_{c_2}. \tag{3-37}$$

这同样说明：此泛函既可以按两类变量（$\sigma_{ij}, u_i$）形式的泛函进行求解[在推导 $\pi_{c_2}$ 的过程中，应用了约束条件——应力与位移之间的关系式（3-15），从而增加了变量 $u_i$，由此导出了两类变量形式的泛函 $\pi_{c_2}(\sigma_{ij}, u_i)$，并导出以此进行求解的方法]；也可以按单类变量（$\sigma_{ij}$）形式的泛函 $\pi_{c_3}(\sigma_{ij})$ 进行求解，即继续按下一步进行求解。

（3）将应力试函数代入泛函 $\pi_{c_3}$，再代入变分方程（3-34），就可以求解应力变量。

## 3.5 由极小余能原理导出的各种变量形式的无约束条件的广义变分原理

以下应用拉格朗日乘子法，消去 3.4 节 1~3 问题中的变分约束条件，导出无约束条件的广义变分原理；相应的驻值条件是

$$\delta \pi_{c_i}^* = 0, \tag{3-38}$$

泛函 $\pi_{c_i}^*$ 有下面几种形式。

### 1. 三类变量（$\sigma_{ij}, e_{ij}, u_i$）形式的泛函

将对于泛函（3-35）的全部约束条件——平衡微分方程（3-1）和应力边界条件（3-6），物理方程（3-4）和几何方程（3-2），分别乘以拉格朗日乘子，纳入三类变量（$\sigma_{ij}, e_{ij}, u_i$）的泛函 $\pi_{c_1}$ [式（3-35）]中，得到

$$\pi_{c_1}^* = \int_v \left\{ B(e,\sigma) + t_i(\sigma_{ij,j} + \overline{F}_i) + \lambda_{ij}(e_{ij} - b_{ijkl}\sigma_{kl}) + \mu_{ij}\left[e_{ij} - \frac{1}{2}(u_{i,j} + u_{j,i})\right] \right\} dv$$
$$- \int_{s_u} \overline{u}_i \sigma_{ij} n_j ds + \int_{s_\sigma} v_i(\sigma_{ij} n_j - \overline{p}_i) ds. \tag{3-39}$$

式（3-39）的 $B(e,\sigma)$ 中，物理方程（3-4）没有给出和代入，其中的 $e$ 和 $\sigma$ 均为独立的未知变量；并且有 $e_{ij} = \dfrac{\partial B(e,\sigma)}{\partial \sigma_{ij}} = e_{ij}$，即式（3-13），它只是一个恒等式，其

泛函的极值条件是

$$\delta \pi_{c_1}^* = \int_v \left\{ e_{ij}\delta\sigma_{ij} + \delta t_i(\sigma_{ij,j} + \overline{F}_i) + t_i\delta\sigma_{ij,j} \right.$$
$$+ \delta\lambda_{ij}(e_{ij} - b_{ijkl}\sigma_{kl}) + \lambda_{ij}\delta e_{ij} - \lambda_{ij}b_{ijkl}\delta\sigma_{kl} + \delta\mu_{ij}\left[ e_{ij} - \frac{1}{2}(u_{i,j}+u_{j,i})\right]$$
$$\left. + \mu_{ij}\delta e_{ij} - \mu_{ij}\delta u_{i,j} \right\}dv - \int_{s_u}\overline{u}_i\delta\sigma_{ij}n_j ds + \int_{s_\sigma}\left[\delta v_i(\sigma_{ij}n_j - \overline{p}_i) + v_i\delta\sigma_{ij}n_j\right]ds$$
$$=0, \qquad\qquad\qquad\qquad\qquad\text{［第一项中已代入式（3-13）］}$$

上式中的三项又可表示为

$$-\lambda_{ij}b_{ijkl}\delta\sigma_{kl} = -\lambda_{kl}b_{ijkl}\delta\sigma_{ij},$$
$$-\int_v \mu_{ij}\delta u_{i,j}dv = -\int_s \mu_{ij}n_j\delta u_i ds + \int_v \mu_{ij,j}\delta u_i dv,$$
$$\int_v t_i\delta\sigma_{ij,j}dv = \int_s t_i\delta\sigma_{ij}n_j ds - \int_v t_{i,j}\delta\sigma_{ij}dv,$$

代入式 $\delta\pi_{c_1}^*$，由

$$\delta t_i \neq 0 \quad (V),$$

得

$$\sigma_{ij,j} + \overline{F}_i = 0; \qquad \text{（平衡微分方程）}$$

由

$$\delta\lambda_{ij} \neq 0 \quad (V),$$

得

$$e_{ij} - b_{ijkl}\sigma_{kl} = 0; \qquad \text{（物理方程）}$$

由

$$\delta\mu_{ij} \neq 0 \quad (V),$$

得

$$e_{ij} - \frac{1}{2}(u_{i,j}+u_{j,i}) = 0; \qquad \text{（几何方程）}$$

由

$$\delta v_i \neq 0 \quad (s_\sigma),$$

得

$$\sigma_{ij}n_j - \overline{p}_i = 0; \qquad \text{（面力边界条件）}$$

又由

$$\delta e_{ij} \neq 0 \quad (V),$$

得
$$\lambda_{ij} + \mu_{ij} = 0 ; \quad (3\text{-}40)$$

由
$$\delta\sigma_{ij} \neq 0 \quad (V),$$

得
$$e_{ij} - t_{i,j} - b_{ijkl}\lambda_{kl} = 0 ; \quad (3\text{-}41)$$

由
$$\delta u_i \neq 0 \quad (V),$$

得
$$\mu_{ij,j} = 0 ; \quad (3\text{-}42)$$

由
$$\delta u_i \neq 0 \quad (s_\sigma),$$

得
$$\mu_{ij} = 0 ; \quad (3\text{-}43)$$

由
$$\delta\sigma_{ij} \neq 0 \quad (s_\sigma),$$

得
$$v_i + t_i = 0 ; \quad (3\text{-}44)$$

由
$$\delta u_i \neq 0 \quad (s_u),$$

得
$$\mu_{ij} = 0 ; \quad (3\text{-}45)$$

由
$$\delta\sigma_{ij} \neq 0 \quad (S_u),$$

得
$$t_i - \overline{u}_i = 0 . \quad (3\text{-}46)$$

由式（3-42）、式（3-43）、式（3-45）及式（3-40）得
$$\mu_{ij} = 0 , \quad \lambda_{ij} = 0 ;$$

由式（3-41）和式（3-46）及几何方程得
$$t_i = u_i ;$$

又由式（3-44）得
$$v_i = -u_i 。$$

将拉格朗日乘子

$$\mu_{ij}=0, \quad \lambda_{ij}=0, \quad t_i=u_i, \quad v_i=-u_i,$$

代入泛函（3-39），得到

$$\pi^*_{c_1} = \int_v \left[ B(e,\sigma) + u_i(\sigma_{ij,j} + \overline{F}_i) \right] \mathrm{d}v$$
$$- \int_{s_u} \overline{u}_i \sigma_{ij} n_j \mathrm{d}S - \int_{s_\sigma} u_i (\sigma_{ij} n_j - \overline{p}_i) \mathrm{d}S. \quad (3\text{-}47)$$

式（3-47）中，由于 $\mu_{ij}=0, \lambda_{ij}=0$，物理方程（3-4）和几何方程（3-2），没有能够通过拉格朗日乘子纳入泛函 $\pi^*_{c_1}$［式（3-39）］中。

现在，我们来检验泛函 $\pi^*_{c_1}$［式（3-47）］的极值条件，看它究竟反映了哪些弹性力学的方程。为此，求 $\pi^*_{c_1}$［式（3-47）］的极值条件，

$$\delta\pi^*_{c_1} = \int_v \left[ e_{ij}\delta\sigma_{ij} + \delta u_i(\sigma_{ij,j} + \overline{F}_i) + u_i\delta\sigma_{ij,j} \right] \mathrm{d}v - \int_{s_u} \overline{u}_i \delta\sigma_{ij} n_j \mathrm{d}s$$
$$- \int_{s_\sigma} [\delta u_i(\sigma_{ij} n_j - \overline{p}_i) + u_i\delta\sigma_{ij} n_j] \mathrm{d}S$$
$$= 0, \qquad \text{［第一项中已代入式（3-13）］}$$

上式中的一项又可表示为

$$\int_v u_i \delta\sigma_{ij,j} \mathrm{d}v = \int_s u_i \delta\sigma_{ij} n_j \mathrm{d}S - \int_v u_{i,j} \delta\sigma_{ij} \mathrm{d}v,$$

代入 $\delta\pi^*_{c_1}$，由

$$\delta\sigma_{ij} \neq 0 \quad (V),$$

得

$$e_{ij} - \frac{1}{2}(u_{i,j} + u_{j,i}) = 0; \qquad \text{（几何方程）}$$

由

$$\delta u_i \neq 0 \quad (V),$$

得

$$\sigma_{ij,j} + \overline{F}_i = 0; \qquad \text{（平衡微分方程）}$$

由

$$\delta\sigma_{ij} \neq 0 \quad (S_u),$$

得

$$u_i - \overline{u}_i = 0; \qquad \text{（位移边界条件）}$$

由

$$\delta u_i \neq 0 \quad (S_\sigma),$$

得

$$\sigma_{ij} n_j - \overline{p}_i = 0. \qquad \text{（面力边界条件）}$$

从上述极值条件可见，泛函 $\pi_{c_1}^*$ ［式（3-47）］的极值条件，包含了平衡微分方程（3-1）、几何方程（3-2）、应力边界条件（3-6）和位移边界条件（3-5），但是仍然没有包含物理方程（3-4）在内．还应说明的是，由上面推导可见，几何方程（3-2）虽然没有通过拉格朗日乘子法被纳入泛函 $\pi_{c_1}^*$ ［式（3-39）］中，但实际上 $\pi_{c_1}^*$ ［式（3-47）］的极值条件，已经包含了几何方程（3-2）在内．

为了将物理方程（3-4）纳入泛函，构成三类变量（$\sigma_{ij}, e_{ij}, u_i$）的完全无约束条件的变分原理，参考 2.7 节，同样可以采用下列几种办法．

（1）采用钱伟长先生提出的高阶拉格朗日乘子法（钱伟长，1979，1983）．

（2）采用罚函数的方法，即取

$$\pi_{c_1}^{**} = \pi_{c_1}^* + \int_v \alpha (e_{ij} - b_{ijkl}\sigma_{kl})^2 \mathrm{d}v, \tag{3-48}$$

其中 $\pi_{c_1}^*$ 是式（3-47）的泛函，$\alpha$ 为大于零的较大的正常数．显然，物理方程已经反映入泛函的极值条件中．因此，**泛函 $\pi_{c_1}^{**}$ ［式（3-48）］是三类变量（$\sigma_{ij}, e_{ij}, u_i$）的完全无约束条件的广义变分原理的泛函．**

（3）将物理方程（3-4）代入泛函 $\pi_{c_1}^*$ ［式（3-47）］的 $B(e,\sigma)$ 中，消去应变，即将应变用应力表示，则 $B = B(\sigma)$，仅为应力 $\sigma$ 的函数；且由式（3-14），可以得出物理方程

$$e_{ij} = \frac{\partial B(e,\sigma)}{\partial \sigma_{ij}} = \frac{\partial B(\sigma)}{\partial \sigma_{ij}} = e_{ij}(\sigma) = b_{ijkl}\sigma_{kl}.$$

从而得到

$$\pi_{c_1}^{***} = \int_v \left[ B(\sigma) + u_i (\sigma_{ij,j} + \overline{F}_i) \right] \mathrm{d}v - \int_{s_u} \overline{u}_i \sigma_{ij} n_j \mathrm{d}S - \int_{s_\sigma} u_i (\sigma_{ij} n_j - \overline{p}_i) \mathrm{d}S. \tag{3-49}$$

上述的泛函 $\pi_{c_1}^{***}$ ［式（3-49）］的极值条件，实际上已经成为两类变量（$\sigma_{ij}, u_i$）的完全无约束条件的广义变分原理的泛函．

**证明**：泛函 $\pi_{c_1}^{***}$ ［式（3-49）］的极值条件是

$$\delta\pi_{c_1}^{***} = \int_v \left[ b_{ijkl}\sigma_{kl}\delta\sigma_{ij} + \delta u_i (\sigma_{ij,j} + \overline{F}_i) + u_i \delta\sigma_{ij,j} \right] \mathrm{d}v$$

$$- \int_{s_u} \overline{u}_i \delta\sigma_{ij} n_j \mathrm{d}s - \int_{s_\sigma} \left[ \delta u_i (\sigma_{ij} n_j - \overline{p}_i) + u_i \delta\sigma_{ij} n_j \right] \mathrm{d}s$$

$$= 0, \qquad\qquad ［第一项中已代入式（3-14）］$$

上式中的一项又可表示为

$$\int_v u_i \delta\sigma_{ij,j} \mathrm{d}v = \int_s u_i \delta\sigma_{ij} n_j \mathrm{d}s - \int_v u_{i,j} \delta\sigma_{ij} \mathrm{d}v,$$

代入 $\delta\pi_{c_1}^{***}$，由

$$\delta\sigma_{ij} \neq 0 \quad (V),$$

得

$$b_{ijkl}\sigma_{kl} - \frac{1}{2}(u_{i,j} + u_{j,i}) = 0; \qquad [弹性方程（3-15）]$$

由

$$\delta u_i \neq 0 \quad (V),$$

得

$$\sigma_{ij,j} + \overline{F}_i = 0; \qquad （平衡微分方程）$$

由

$$\delta\sigma_{ij} \neq 0 \quad (s_u),$$

得

$$u_i - \overline{u}_i = 0; \qquad （位移边界条件）$$

由

$$\delta u_i \neq 0 \quad (s_\sigma),$$

得

$$\sigma_{ij}n_j - \overline{p}_i = 0. \qquad （面力边界条件）$$

从上述极值条件可见，泛函 $\pi_{c_1}^{***}$ [式(3-49)]的极值条件，包含了两类变量($\sigma_{ij}, u_i$)应满足的全部条件，即平衡微分方程（3-1）、应力与位移的关系式（即弹性方程）[式（3-15）]、位移边界条件（3-5）和面力边界条件（3-6）. 因此，如同 2.7 节的推导结果相似：泛函 $\pi_{c_1}^{***}$ [**式（3-49）**] 成为两类变量($\sigma_{ij}, u_i$)的完全无约束条件的广义变分原理的泛函，实际上它就是 Helinger-Reissner 变分原理的泛函 $\pi_{HR}$ 在各向异性、线性弹性、小位移情形下的形式，

$$\pi_{c_1}^{***} = \pi_{HR}, \tag{3-50}$$

由此也证明了 Helinger-Reissner 变分原理是两类变量($\sigma_{ij}, u_i$)的完全无约束条件的变分原理.

**2. 两类变量($\sigma_{ij}, u_i$)形式的泛函**

将约束条件——平衡微分方程（3-1）、应力边界条件（3-6）和应力与位移关系式（即弹性方程）[式（3-15）]，分别乘以拉格朗日乘子，纳入两类变量($\sigma_{ij}, u_i$)的泛函 $\pi_{c_2}$ [式（3-36）] 中. 这里应注意，式（3-36）中已经将物理方程（3-4）代入式（3-36），消去了 $B$ 中的变量 $e_{ij}$，因此，$B = B(\sigma)$ 为单变量应力 $\sigma$ 的函数，且由式（3-14），可以得出物理方程

$$e_{ij} = \frac{\partial B(e,\sigma)}{\partial \sigma_{ij}} = \frac{\partial B(\sigma)}{\partial \sigma_{ij}} = e_{ij}(\sigma) = b_{ijkl}\sigma_{kl}.$$

由此得到泛函为

$$\pi_{c_2}^* = \int_v \left\{ B(\sigma) + t_i(\sigma_{ij,j} + \overline{F}_i) + \lambda_{ij}\left[b_{ijkl}\sigma_{kl} - \frac{1}{2}(u_{i,j} + u_{j,i})\right] \right\} dv$$
$$- \int_{s_u} \overline{u}_i \sigma_{ij} n_j \, ds + \int_{s_\sigma} v_i(\sigma_{ij}n_j - \overline{p}_i) \, ds. \tag{3-51}$$

其极值条件是

$$\delta\pi_{c_2}^* = \int_v \{ b_{ijkl}\sigma_{kl}\delta\sigma_{ij} + \delta t_i(\sigma_{ij,j} + \overline{F}_i) + t_i \delta\sigma_{ij,j}$$
$$+ \delta\lambda_{ij}[b_{ijkl}\sigma_{kl} - \frac{1}{2}(u_{i,j} + u_{j,i})] + \lambda_{ij}b_{ijkl}\delta\sigma_{kl} - \lambda_{ij}\delta u_{i,j} \} dv$$
$$- \int_{s_u} \overline{u}_i \delta\sigma_{ij} n_j \, ds + \int_{s_\sigma} [\delta v_i(\sigma_{ij}n_j - \overline{p}_i) + v_i \delta\sigma_{ij}n_j] \, ds$$
$$=0, \qquad\qquad \text{［第一项中已代入式（3-14）］}$$

上式中的三项又可表示为

$$\lambda_{ij}b_{ijkl}\delta\sigma_{kl} = \lambda_{kl}b_{ijkl}\delta\sigma_{ij},$$
$$-\int_v \lambda_{ij}\delta u_{i,j} dv = -\int_s \lambda_{ij}n_j \delta u_i ds + \int_v \lambda_{ij,j}\delta u_i dv,$$
$$\int_v t_i \delta\sigma_{ij,j} dv = \int_s t_i \delta\sigma_{ij}n_j ds - \int_v t_{i,j}\delta\sigma_{ij} dv,$$

代入 $\delta\pi_{c_2}^*$，由

$$\delta t_i \neq 0 \quad (V),$$

得

$$\sigma_{ij,j} + \overline{F}_i = 0; \qquad \text{（平衡微分方程）}$$

由

$$\delta\lambda_{ij} \neq 0 \quad (V),$$

得

$$b_{ijkl}\sigma_{kl} - \frac{1}{2}(u_{i,j} + u_{j,i}) = 0; \qquad \text{［弹性方程（3-15）］}$$

由

$$\delta v_i \neq 0 \quad (s_\sigma),$$

得

$$\sigma_{ij}n_j - \overline{p}_i = 0; \qquad \text{（面力边界条件）}$$

又由

$$\delta\sigma_{ij} \neq 0 \quad (V),$$

得
$$\left[b_{ijkl}\sigma_{kl} - \frac{1}{2}(t_{i,j}+t_{j,i})\right] + b_{ijkl}\lambda_{kl} = 0 ; \quad (3\text{-}52)$$

由
$$\delta u_i \neq 0 \quad (V),$$

得
$$\lambda_{ij,j} = 0 ; \quad (3\text{-}53)$$

由
$$\delta u_i \neq 0 \quad (s_\sigma),$$

得
$$\lambda_{ij} = 0 ; \quad (3\text{-}54)$$

由
$$\delta \sigma_{ij} \neq 0 \quad (s_\sigma),$$

得
$$v_i + t_i = 0 ; \quad (3\text{-}55)$$

由
$$\delta u_i \neq 0 \quad (s_u),$$

得
$$\lambda_{ij} = 0 ; \quad (3\text{-}56)$$

由
$$\delta \sigma_{ij} \neq 0 \quad (s_u),$$

得
$$t_i - \overline{u}_i = 0 . \quad (3\text{-}57)$$

从式（3-52）～式（3-57）及几何方程，得出拉格朗日乘子为

$$\lambda_{ij} = 0, (v,s) \qquad t_i = u_i, (V) \qquad v_i = -u_i, (s_\sigma)$$

将拉格朗日乘子代入泛函 $\pi_{c_2}^*$ [式（3-51）] 中，得到

$$\pi_{c_2}^* = \int_V \left[B(\sigma) + u_i(\sigma_{ij,j} + \overline{F}_i)\right] \mathrm{d}v$$
$$- \int_{s_u} \overline{u}_i \sigma_{ij} n_j \mathrm{d}s - \int_{s_\sigma} u_i(\sigma_{ij} n_j - \overline{p}_i) \mathrm{d}s . \quad (3\text{-}58)$$

上面得出的几个结果，都导出了相同的**两类变量**（$\sigma_{ij}, u_i$）的无约束条件的广义变分原理的泛函，即相同于式（**3-49**），即

$$\pi_{c_1}^{***} = \pi_{c_2}^* = \pi_{HR} , \quad (3\text{-}59)$$

这也就是 **Hellinger-Reissner** 变分原理的泛函.

### 3. 单类变量（$\sigma_{ij}$）形式的泛函

若对 **3.4** 节有约束条件的单类变量（$\sigma_{ij}$）形式的泛函 $\pi_{c_3}$ [式 (3-37)]，将其约束条件，即静力平衡条件——平衡微分方程 (3-1) 和应力边界条件 (3-6)，纳入泛函中，则得出与 3.5 节 **2** 相同的结果：导出的仍然是两类变量（$\sigma_{ij}, u_i$）形式的无约束条件的泛函 $\pi_{c_2}^*$. 这里不再叙述.

## 3.6 小 结

（1）本章在各向异性、线性弹性、小位移情形下，导出了各种变量形式的有约束条件和无约束条件的变分原理，可以组成一个全面的完整的基本变分原理表（见本章附录）.

（2）第二章中讨论了非线性弹性、小位移情形下的各种变分原理；本章讨论了各向异性、线性弹性、小位移情形下的各种变分原理. 前者的非线性弹性的物理方程，没有给出具体的表达式；而本章中的线性弹性的物理方程，给出了具体的显式表达式. 虽然两者的物理方程形式有所不同，但两章中所导出的各种变分原理的泛函的形式，相应的约束条件和无约束条件的表达式，都是非常相似的. 这对于两者的推导结果，也作了相互的验证.

## 附录 基本变分原理表
### （各向异性、线性弹性、小位移假定下）

| 变分原理 | 有约束条件的变分原理（极小势能、余能原理——极小值条件） | | | 对应的无约束条件的广义变分原理（广义势能、余能原理——驻值条件） | |
|---|---|---|---|---|---|
| | 泛函 | 变量 | 约束条件 | 泛函 | 变量 |
| 极小势能原理 | $\pi_{p_1}$ [式 (3-21)] | $\sigma_{ij}, e_{ij}, u_i$ | 物 [式 (3-3)], 几 [式 (3-2)], $S_u$ [式 (3-5)] | $\pi_{p_1}^{**}$ [式 (3-27)], $\pi_{p_1}^{***} = \pi_{HW}$ [式 (3-28)] | $\sigma_{ij}, e_{ij}, u_i$ |
| 极小势能原理 | $\pi_{p_2}$ [式 (3-22)] | $e_{ij}, u_i$ | 几 [式 (3-2)], $S_u$ [式 (3-5)] | $\pi_{p_2}^*$ [式 (3-31)] | $e_{ij}, u_i$ |
| 极小势能原理 | $\pi_{p_3}$ [式 (3-23)] | $u_i$ | $S_u$ [式 (3-5)] | $\pi_{p_3}^*$ [式 (3-33)] | $u_i$ |
| 极小余能原理 | $\pi_{c_1}$ [式 (3-35)] | $\sigma_{ij}, e_{ij}, u_i$ | 平 [式 (3-1)], $S_\sigma$ [式 (3-6)], 物 [式 (3-4)], 几 [式 (3-2)] | $\pi_{c_1}^{**}$ [式 (3-48)] | $\sigma_{ij}, e_{ij}, u_i$ |

续表

| 变分原理 | 有约束条件的变分原理<br>（极小势能、余能原理——极小值条件） | | | 对应的无约束条件的广义变分原理<br>（广义势能、余能原理——驻值条件） | |
|---|---|---|---|---|---|
| | 泛 函 | 变 量 | 约束条件 | 泛 函 | 变 量 |
| 极小余能原理 | $\pi_{c_2}$ ［式 (3-36)］ | $\sigma_{ij}, u_i$ | 平［式 (3-1)］,<br>$S_\sigma$［式 (3-6)］,<br>$\sigma\text{-}u$［式 (3-15)］ | $\pi_{c_1}^{***} = \pi_{c_2}^* = \pi_{HR}$ ［式 (3-49)、式 (3-58)］ | $\sigma_{ij}, u_i$ |
| 极小余能原理 | $\pi_{c_3} = \pi_{c_2}$ | $\sigma_{ij}$ | 平［式 (3-1)］,<br>$S_\sigma$［式 (3-6)］ | — | — |

注：$\pi_{HW}$ 为胡海昌-鹫津久一郎广义变分原理的泛函；$\pi_{HR}$ 为 Hellinger-Reissner 广义变分原理的泛函.

平表示"平衡微分方程"；几表示"几何方程"；物表示"物理方程"；$\sigma\text{-}u$ ［式 (3-15)］表示"应力与位移之间的关系"；$S_\sigma$ 表示"面力边界条件"；$S_u$ 表示"位移边界条件".

# 第四章 各向同性、线性弹性、小位移下弹性力学的变分法

**本章内容摘要**

本章进一步讨论在各向同性、线性弹性、小位移假定下的三维弹性力学问题的变分法．这是工程上经常遇到的，也是理论上研究较多的问题．与第二、三章相比，本章的物理方程更为简单，只包含两个弹性常数——弹性模量 $E$ 和泊松系数 $\mu$．

在各向同性、线性弹性、小位移假定下，三维弹性力学问题的变分法可以采用第二、三章的研究方法来导出变分法的公式；也可以直接引用第二章中的非线性弹性、小位移假定下的弹性力学问题的变分法公式，只需将其中的物理方程变换为各向同性、线性弹性的物理方程．下面采用后一种方法，导出三维弹性力学问题的变分法公式．

## 4.1 各向同性、线性弹性、小位移假定下弹性力学问题的几种提法

从弹性力学问题微分方程的解法，可以确定各类弹性力学问题中的基本变量及其必须满足的全部条件．

1. 以 $\sigma_{ij}, e_{ij}, u_i$ 为基本变量（独立的基本未知函数）的三类变量问题

**它们应满足的全部条件**是式（4-1）～式（4-7），即
平衡微分方程
$$\sigma_{ij,j} + \overline{F}_i = 0 \quad (V), \tag{4-1}$$
几何方程
$$e_{ij} - \frac{1}{2}(u_{i,j} + u_{j,i}) = 0 \quad (V), \tag{4-2}$$
物理方程，在各向同性、线性弹性下，应力用应变表示的表达式为
$$\sigma_{ij} = \frac{E}{1+\mu}\left(e_{ij} + \frac{\mu}{1-2\mu}e_{kk}\delta_{ij}\right), \tag{4-3}$$
用于按位移求解．式（4-3）中，$E$ 为弹性模量；$\mu$ 为泊松比（泊松系数），而应变用应力表示的表达式为

$$e_{ij} = \frac{1+\mu}{E}\sigma_{ij} - \frac{\mu}{E}\sigma_{kk}\delta_{ij}, \qquad (4\text{-}4)$$

用于按应力求解. 体积应力 $\sigma_{kk}$ 和体应变 $e_{kk}$ 的关系式是

$$\sigma_{kk} = \frac{E}{1-2\mu}e_{kk}. \qquad (4\text{-}5)$$

式（4-1）~式（4-5）中，$i,j,k=1,2,3$ 时，对应于空间问题. 若为平面问题，则对于**平面应力问题**，$\sigma_{33}=0$, $\sigma_{kk}=\sigma_{11}+\sigma_{22}$，可以直接引用式（4-4），而 $e_{33}=-\frac{\mu}{E}(\sigma_{11}+\sigma_{22})$, $\sigma_{13}=\sigma_{23}=e_{13}=e_{23}=0$. 对于**平面应变问题**，$e_{33}=0$，$e_{kk}=e_{11}+e_{22}$，可以直接引用式(4-3)；而 $\sigma_{33}=\mu(\sigma_{11}+\sigma_{22})$, $e_{13}=e_{23}=\sigma_{13}=\sigma_{23}=0$.

位移边界条件

$$u_i - \overline{u}_i = 0 \quad (S_u), \qquad (4\text{-}6)$$

面力边界条件

$$\sigma_{ij}n_j - \overline{p}_i = 0 \quad (S_\sigma). \qquad (4\text{-}7)$$

式（4-1）~式（4-7）中的 $\sigma_{ij}$、$e_{ij}$、$u_i$ 分别为应力分量、应变分量和位移分量；$\overline{F}_i$ 为体力分量；$\overline{p}_i$ 为给定面力边界 $S_\sigma$ 上的面力分量；$\overline{u}_i$ 为给定位移边界 $S_u$ 上的约束位移分量；$V$ 为弹性体的体积.

物理方程，在各向同性、线性弹性下，不但是显式的表达式，而且只包含两个弹性常数——弹性模量 $E$ 和泊松比 $\mu$.

物体的**应变能密度** $A$ 的表达式是

$$A(\sigma,e) = \int_0^{e_{ij}} \sigma_{ij}\mathrm{d}e_{ij}. \qquad (4\text{-}8)$$

如果**物理方程的表达式（4-3）没有代入应变能密度** $A$ 中，则 $A$ 中不包含有**物理方程**；并且，由于应力 $\sigma$ 与应变 $e$ 之间的约束条件——物理方程没有代入，应力 $\sigma$ 与应变 $e$ 还是各自独立的，**因此，$A$ 中的含有两类独立的变量，应力 $\sigma$ 与应变 $e$**，即 $A=A(\sigma,e)$；由 2.1 节式（2-8）只能得出恒等式

$$\sigma_{ij} = \frac{\partial A(\sigma,e)}{\partial e_{ij}} = \sigma_{ij}, \qquad (4\text{-}9)$$

此时的式（4-9）只是个等式，并不代表也不是物理方程.

如果将已知的**物理方程表达式（4-3）代入应变能密度** $A$ 中，则 $A$ 中的应力 $\sigma$ 已经被消去，用应变 $e$ 表示，这时 $A$ 仅为应变 $e$ 的泛函，即 $A=A(e)$；由 2.1 节式（2-9）就能得出

$$\sigma_{ij} = \frac{\partial A(e)}{\partial e_{ij}} = \sigma_{ij}(e) = \frac{E}{1+\mu}\left(e_{ij} + \frac{\mu}{1-2\mu}e_{kk}\delta_{ij}\right), \qquad (4\text{-}10)$$

只有在此时，式（**4-10**）代表物理方程，是物理方程的另一等价的表达式.

物体的应变余能密度 $B$ 是

$$B(e,\sigma) = \int_o^{\sigma_{ij}} e_{ij} \mathrm{d}\sigma_{ij} . \tag{4-11}$$

如果物理方程的表达式（**4-4**）没有代入应变余能密度 $B$ 中，则 $B$ 中不包含有物理方程；并且，由于应变 $e$ 与应力 $\sigma$ 之间的约束条件——物理方程没有代入，应变 $e$ 与应力 $\sigma$ 还是各自独立的，$B$ 中含有两类独立的变量，应变 $e$ 与应力 $\sigma$，即 $B = B(e,\sigma)$；由 2.1 节式（2-12）只能得出恒等式

$$e_{ij} = \frac{\partial B(e,\sigma)}{\partial \sigma_{ij}} = e_{ij} , \tag{4-12}$$

此时的式（4-12）只是个等式，并不代表也不是物理方程．

如果将已知的**物理方程**表达式（**4-4**）代入应变余能密度 $B$ 中，则 $B$ 中的应变 $e$ 已经被消去，用应力 $\sigma$ 表示，$B$ 仅为应力 $\sigma$ 的泛函，即 $B = B(\sigma)$．由 2.1 节式（2-13）就能得出

$$e_{ij} = \frac{\partial B(\sigma)}{\partial \sigma_{ij}} = \frac{1+\mu}{E}\sigma_{ij} - \frac{\mu}{E}\sigma_{kk}\delta_{ij} , \tag{4-13}$$

此时式（4-13）**代表了物理方程**，是物理方程（4-4）的另一等价的表达式．

整个体积的应变能 $U$ 和应变余能 $U^*$ 是

$$U = \int_V A(\sigma,e)\mathrm{d}V , \tag{4-14}$$

$$U^* = \int_V B(e,\sigma)\mathrm{d}V . \tag{4-15}$$

弹性体的外力功 $W$ 和外力势能 $V$ 是

$$W = \int_V \bar{F}_i u_i \mathrm{d}V + \int_{S_\sigma} \bar{p}_i u_i \mathrm{d}S , \tag{4-16}$$

$$V = -W = -\left(\int_V \bar{F}_i u_i \mathrm{d}V + \int_{S_\sigma} \bar{p}_i u_i \mathrm{d}S\right) . \tag{4-17}$$

以下应用**代入消元法**，即利用某些约束条件（预先要求满足的约束条件和变分运算过程中要求满足的约束条件），消去某些基本的未知函数，从而导出**较少变量的各类弹性力学问题**，并且所利用某些约束条件也被消去了．

2. 以 $\sigma_{ij}$、$u_i$ 为基本变量的两类变量问题

将物理方程（4-4）代入 $B(e,\sigma)$，则 $B$ 仅为应力 $\sigma_{ij}$ 的泛函，记为 $B(\sigma)$；再将式（4-13）代入式（4-2），消去变量 $e_{ij}$，这样得到应力和位移之间的关系式（弹性方程），即

$$\left(\frac{1+\mu}{E}\sigma_{ij} - \frac{\mu}{E}\sigma_{kk}\delta_{ij}\right) - \frac{1}{2}(u_{i,j} + u_{j,i}) = 0 \quad (V). \tag{4-18}$$

基本变量 $\sigma_{ij}$、$u_i$ 应满足的全部条件为（4-18）、式（4-1）、式（4-6）和式（4-7）. 其中式（4-18）是沟通变量 $\sigma_{ij} - u_i$ 之间关系的内部约束条件.

3. 以 $e_{ij}$、$u_i$ 为基本变量的两类变量问题

将物理方程（4-3）代入 $A(\sigma, e)$，则 $A$ 仅为应变 $e_{ij}$ 的泛函，记为 $A(e)$. 将应力 $\sigma$ 用 $e_{ij}$ 表示的式（4-10），代入 2.1 节的式（2-1）和式（2-5），消去 $\sigma_{ij}$，得到用 $e_{ij}$ 表示的平衡微分方程，

$$\frac{E}{1+\mu}\left(e_{ij,j} + \frac{\mu}{1-2\mu}e_{kk,j}\delta_{ij}\right) + \overline{F}_i = 0 \quad (V), \quad (4-19)$$

将 $\delta_{ij}$ 代入式（4-19），并经整理后得到

$$\frac{E}{1+\mu}\left(e_{ij,j} + \frac{\mu}{1-2\mu}e_{kk,i}\right) + \overline{F}_i = 0 \quad (V); \quad (4-20)$$

和用 $e_{ij}$ 表示的应力边界条件，

$$\frac{E}{1+\mu}\left(e_{ij} + \frac{\mu}{1-2\mu}e_{kk}\delta_{ij}\right)n_j - \overline{p}_i = 0 \quad (S_\sigma), \quad (4-21)$$

将 $\delta_{ij}$ 代入，并经整理后得到

$$\frac{E}{1+\mu}\left(e_{ij}n_j + \frac{\mu}{1-2\mu}e_{kk}n_i\right) - \overline{p}_i = 0 \quad (S_\sigma). \quad (4-22)$$

基本变量 $e_{ij}$、$u_i$ 应满足的全部条件是（4-20）、式（4-22）、式（4-6）和式（4-2），其中几何方程（4-2）是沟通变量 $e_{ij} - u_i$ 之间关系的内部约束条件.

4. 以 $u_i$ 为基本变量的单类变量问题

将几何方程（4-2）代入式（4-20）、式（4-22），消去 $e_{ij}$；并且将 $\delta_{ij}$ 代入，经整理后得到用 $u_i$ 表示的平衡微分方程和应力边界条件，

$$\frac{E}{2(1+\mu)}\left(u_{i,jj} + \frac{1}{1-2\mu}u_{j,ji}\right) + \overline{F}_i = 0 \quad (V), \quad (4-23)$$

$$\frac{E}{1+\mu}\left[\frac{1}{2}(u_{i,j} + u_{j,i})n_j + \frac{\mu}{1-2\mu}u_{k,k}n_i\right] - \overline{p}_i = 0 \quad (S_\sigma). \quad (4-24)$$

单类变量 $u_i$ 应满足的全部条件是式（4-23）、式（4-24）和式（4-6）.

5. 以 $\sigma_{ij}$ 为基本变量的问题

在第二、三章中已经说明，对于一般的弹性力学问题，当有位移边界条件时，必须考虑位移边界条件. 因此，需要涉及应力、应变、位移之间的关系，使位移

边界条件变得十分复杂，就不可能按单类变量——应力来求解函数式的解答.

只有当弹性体没有位移边界条件，即全部为面力边界条件时，即 $S = S_\sigma$，$S_u = 0$，才可以按单类应力变量 $\sigma_{ij}$ 的问题来求解. 这时，应力应满足的全部条件是：平衡微分方程、应力边界条件和用应力表示的相容方程（形变协调条件）. 对于多连体，还需考虑位移单值条件.

**相容方程**，即弹性体内的形变协调条件，是从几何方程消去位移分量，得出弹性体内的形变之间的协调条件（又称为相容方程）. 对于空间问题，一共有六个相容方程. 已经证明，这六个相容方程，是保证形变对应的位移存在并且连续的条件，见参考资料（Love，1927）. 为了按应力求解，还得将物理方程代入相容方程，以消去应变分量，得出用应力表示的六个相容方程，这就是米歇尔相容方程. 这部分按应力求解弹性力学问题的内容，在一般弹性力学的书中均有详细的叙述.

## 4.2 极小势能原理及由此导出的各类变量形式的有约束条件的变分原理

以下我们直接引用第二章中的变分法公式，并将其非线性弹性的物理方程，代之为各向同性、线性弹性的物理方程，从而就得到各向同性、线性弹性、小位移情形下的变分公式.

**极小势能原理**，可以表示为泛函——总势能 $\pi_{p_i}$ 的极小值条件，

$$\delta \pi_{p_i} = 0, \tag{4-25}$$

且 $\delta \pi_{p_i}^2 \geq 0$. 其中泛函 $\pi_{p_i}$ 及其自变量函数（宗量）有下列几种形式.

### 1. 原始形式

**原始形式**，即三类变量（独立的基本未知函数是 $\sigma_{ij}, e_{ij}, u_i$）形式的泛函，同样是 2.3 节的式（2-41）的形式，即

$$\pi_{p_1} = \int_V \left[ A(\sigma,e) - \overline{F}_i u_i \right] dV - \int_{s_\sigma} \overline{p}_i u_i ds. \tag{4-26}$$

其极值条件是

$$\delta \pi_{p_1} = 0. \tag{4-27}$$

式（4-27）的应变能密度 $A$ 中，其中的 $\sigma_{ij}$ 与 $e_{ij}$ 之间的约束条件——物理方程还未代入，两者还是各自独立的，从而 $A$ 中包含有两类独立的变量（$\sigma_{ij}, e_{ij}$），即 $A = A(\sigma,e)$. 因此，泛函（4-26）的变分方程（4-27）是属于三类变量（$\sigma_{ij}, e_{ij}, u_i$）的问题.

在第二章中已经证明：将泛函（4-26）代入泛函极值条件（4-27），可以得出：

变分方程（**4-27**），要求变分变量（$\sigma_{ij}, e_{ij}, u_i$）预先满足的约束条件是位移边界条件（**4-6**）；而在变分过程中强制要求满足的约束条件是物理方程（**4-3**）和几何方程（**4-2**）. 因此，按照 4.1 节中 1 的提法，此变分原理的全部约束条件是位移边界条件（**4-6**）、物理方程（**4-3**）和几何方程（**4-2**）；而 $\pi_{p_1}$ 的极值条件（**4-27**），等价于平衡微分方程（**4-1**）和面力边界条件（**4-7**）.

下面来进一步讨论 $\pi_{p_1}$ 的极值条件. 根据 2.3 节的结论，由于 $\pi_{p_1}$ 的极值条件等价于平衡微分方程（**4-1**）和面力边界条件（**4-7**），$\pi_{p_1}$ 的极值条件（**4-27**）又可以表示为等价的形式，即

$$\delta\pi_{p1} = -\int_V (\sigma_{ij,j} + \overline{F}_i)\delta u_i \mathrm{d}V + \int_{S_\sigma}(\sigma_{ij}n_j - \overline{P}_i)\delta u_i \mathrm{d}S = 0. \tag{4-28}$$

于是，在具体求解上述问题时，可以考虑下面几种方法.

（1）里茨法——设定位移 $u_i$ 的试函数，使它预先满足位移边界条件（**4-6**），即设定位移 $u_i$ 为

$$u_i = u_{i0} + \sum_m A_{im} u_{im}, \tag{4-29}$$

其中，$u_{i0}$ 为设定的 $(x, y, z)$ 函数，并在约束边界上等于给定的已知位移 $\overline{u}_i$；$u_{im}$ 为设定的 $(x, y, z)$ 函数，并在约束边界上等于零；$A_{im}$ 为反映变分的参数. 于是设定位移 $u_i$ 已经满足了位移边界条件（**4-6**）. 再将式（4-29）代入变分方程（4-27）或式（4-28），并在变分运算过程中满足物理方程（**4-3**）及几何方程（**4-2**），就可以得出位移的解答.

（2）伽辽金法——设定位移 $u_i$ 的试函数（4-29），使它不仅预先满足位移边界条件（**4-6**），并满足面力边界条件（**4-7**）. 因此，变分方程（4-28）中的面力边界条件部分自然满足，只需再将式（4-29）代入并满足下列的伽辽金变分方程，即

$$\delta\pi_{p_1} = -\int_V \left(\sigma_{ij,j} + \overline{F}_i\right)\delta u_i \mathrm{d}V = 0. \tag{4-30}$$

并在变分运算过程中满足物理方程（**4-3**）及几何方程（**4-2**），就可以得出位移的解答.

（3）列宾逊法——设定位移 $u_i$ 的试函数（4-29），使它预先满足位移边界条件（**4-6**），并满足平衡微分方程（**4-1**）. 因此，变分方程（4-28）中的平衡微分方程部分自然满足，只需再将式（4-29）代入并满足下列列宾逊变分方程，即

$$\delta\pi_{p_1} = \int_{S_\sigma}(\sigma_{ij}n_j - \overline{p}_i)\delta u_i \mathrm{d}S = 0. \tag{4-31}$$

并在变分运算过程中满足物理方程（**4-3**）及几何方程（**4-2**），就可以得出位移的解答.

2. 两类变量（$e_{ij}, u_i$）形式的泛函

同样是 2.3 节的式（2-42）的形式，即

$$\pi_{p_2} = \int_V \left[ A(e) - \overline{F}_i u_i \right] dV - \int_{s_\sigma} \overline{p}_i u_i dS . \tag{4-32}$$

式（4-32）中已将物理方程（4-3）代入 $A$，消去了其中的应力变量 $\sigma_{ij}$，则 $A$ 成为只是应变变量 $e_{ij}$ 的泛函，即 $A=A(e)$，从而得到两类变量（$e_{ij}, u_i$）形式的泛函，即 $\pi_{p_2}(e, u)$. 将泛函（4-32）代入极值条件式（4-25），则**变分方程**为

$$\delta \pi_{p_2} = 0 . \tag{4-33}$$

变分方程（4-33）要求变分变量（$e_{ij}, u_i$）预先满足的约束边界条件是位移边界条件（4-6）；在变分运算过程中强制要求满足的约束条件是几何方程（4-2）. 因此，按照 4.1 节中 3 的提法，对于变分变量（$e_{ij}, u_i$）的全部约束条件是位移边界条件（4-6）和几何方程（4-2）；而 $\pi_{p_2}$ 的极值条件（4-33），等价于用应变表示的平衡微分方程（4-20）和面力边界条件（4-22）. 因此，$\pi_{p_2}$ 的极值条件（4-33）也可以表达为（其中已经考虑在约束边界上，$\delta u_i = 0$）

$$\delta \pi_{p_2} = -\int_V \left\{ \left[ \frac{\partial A(e)}{\partial e_{ij}} \right]_{,j} + \overline{F}_i \right\} \delta u_i dV$$
$$+ \int_{s_\sigma} \left\{ \left[ \frac{\partial A(e)}{\partial e_{ij}} \right] n_j - \overline{p}_i \right\} \delta u_i dS = 0 . \tag{4-34}$$

再将物理方程（4-10）代入式（4-34），于是，$\pi_{p_2}$ 的极值条件（4-34）可以表示为等价的变分方程，即

$$\delta \pi_{p_2} = -\int_V \left[ \frac{E}{1+\mu} \left( e_{ij,j} + \frac{\mu}{1-2\mu} e_{kk,i} \right) + \overline{F} \right]_i \delta u_i dV$$
$$+ \int_{s_\sigma} \left[ \frac{E}{1+\mu} \left( e_{ij} n_j + \frac{\mu}{1-2\mu} e_{kk} n_i \right) - \overline{p}_i \right] \delta u_i dS = 0 . \tag{4-35}$$

由式（4-35）可见，$\pi_{p_2}$ 的极值条件等价于用应变 $e_{ij}$ 表示的平衡微分方程（4-20）和面力边界条件（4-22）. 而对变分变量（$e_{ij}, u_i$）的约束条件，是位移边界条件（4-6）和变分运算过程中强制要求满足的几何方程（4-2）.

同样，在**求解上述问题时可以考虑下列几种方法**.

（1）**里茨法**——设定位移 $u_i$ 的试函数（4-29），使它预先满足位移边界条件（4-6），且在变分运算过程中满足几何方程（4-2），然后再满足变分方程（4-33）或式（4-35），得出解答.

（2）**伽辽金法**——设定位移 $u_i$ 的试函数（4-29），使它预先满足位移边界条件（4-6），并满足面力边界条件（4-22），且在变分运算过程中满足几何方程（4-2），然后再满足下列伽辽金变分方程，得出解答，

$$\delta\pi_{p_2} = -\int_V \left[ \frac{E}{1+\mu}\left(e_{ij,j} + \frac{\mu}{1-2\mu}e_{kk,i}\right) + \overline{F}_i \right]\delta u_i \mathrm{d}V = 0. \quad (4\text{-}36)$$

（3）**列宾逊法**——设定位移 $u_i$ 的试函数（4-29），使它预先满足位移边界条件（4-6），并满足平衡微分方程（4-20），且在变分运算过程中满足几何方程（4-2），然后再满足下列列宾逊变分方程，得出解答，

$$\delta\pi_{p_2} = \int_{S_\sigma} \left[ \frac{E}{1+\mu}\left(e_{ij}n_j + \frac{\mu}{1-2\mu}e_{kk}n_i\right) - \overline{p}_i \right]\delta u_i \mathrm{d}S = 0. \quad (4\text{-}37)$$

3. 单类变量（$u_i$）形式的泛函

同样是 2.3 节的式（2-43）的形式，

$$\pi_{p_3} = \int_V \left\{ A[e(u)] - \overline{F}_i u_i \right\}\mathrm{d}V - \int_{S_\sigma} \overline{p}_i u_i \mathrm{d}s. \quad (4\text{-}38)$$

式（4-38）中已考虑，将约束条件——物理方程（4-3）和几何方程（4-2）代入式（4-26）中的 $A$，逐次消去变量 $\sigma_{ij}$ 和 $e_{ij}$，最后 $A$ 仅为 $u_i$ 的泛函，表示为 $A=A[e(u)]$。于是得到单类变量（$u_i$）形式的泛函 $\pi_{p_3}$ [式（4-38）]。

将泛函 $\pi_{p_3}$ [式（4-38）] 代入极值条件式（4-25），则 $\pi_{p_3}$ 的**变分方程**为

$$\delta\pi_{p_3} = 0. \quad (4\text{-}39)$$

变分方程（4-39）要求变分变量（$u_i$）预先满足的约束条件是位移边界条件（4-6）；而 $\pi_{p_3}$ 的极值条件等价于用位移表示的平衡微分方程（4-23）和面力边界条件（4-24）。

于是，**变分方程（4-39）**又可以表示为等价的变分方程，即

$$\delta\pi_{p_3} = -\int_V \left[ \frac{E}{2(1+\mu)}\left(u_{i,jj} + \frac{1}{1-2\mu}u_{j,ji}\right) + \overline{F}_i \right]\delta u_i \mathrm{d}V$$

$$+ \int_{S_\sigma} \left\{ \frac{E}{1+\mu}\left[\frac{1}{2}(u_{i,j}+u_{j,i})n_j + \frac{\mu}{1-2\mu}u_{k,k}n_i\right] - \overline{p}_i \right\}\delta u_i \mathrm{d}S$$

$$= 0. \quad (4\text{-}40)$$

由式（4-40）可见，$\pi_{p_3}$ 的极值条件等价于用 $u_i$ 表示的平衡微分方程（4-23）和面力边界条件（4-24），而对变分变量的约束条件是位移边界条件（4-6）。

同样，在**求解上述问题时可以考虑下列几种方法：**

（1）**里茨法**——设定位移 $u_i$ 的试函数（4-29），使它预先满足位移边界条件（4-6），然后再满足变分方程（4-39）或（4-40），得出解答。

（2）**伽辽金法**——设定位移 $u_i$ 的试函数（4-29），使它预先满足位移边界条件（4-6），并满足面力边界条件（4-24），然后再满足下列伽辽金变分方程，得出解答，

$$\delta \pi_{p_3} = -\int_V \left[ \frac{E}{2(1+\mu)} \left( u_{i,jj} + \frac{1}{1-2\mu} u_{j,ji} \right) + \overline{F}_i \right] \delta u_i \mathrm{d}V = 0 . \qquad (4\text{-}41)$$

（3）**列宾逊法**——设定位移 $u_i$ 的试函数（4-29），使它预先满足位移边界条件（4-6），并满足平衡微分方程（4-23），然后再满足下列列宾逊变分方程，得出解答，

$$\delta \pi_{p_3} = \int_{S_\sigma} \left\{ \frac{E}{1+\mu} \left[ \frac{1}{2}(u_{i,j} + u_{j,i}) n_j \right. \right.$$

$$\left. \left. + \frac{\mu}{1-2\mu} u_{k,k} n_i \right] - \overline{p}_i \right\} \delta u_i \mathrm{d}S = 0 . \qquad (4\text{-}42)$$

上述 1～3 部分的变分原理，就是三类变量（$\sigma_{ij}, e_{ij}, u_i$）、两类变量（$e_{ij}, u_i$）和单类变量（$u_i$）形式的有约束条件的极小势能原理，相应的变分极值条件都是极小值条件.

## 4.3 从有约束条件的极小势能原理导出的各类变量形式的无约束条件的广义变分原理

如第二、三章一样，各类变量形式的有约束条件的极小势能原理，可以应用拉格朗日乘子法，转化为完全无约束条件的变分原理，即广义变分原理，其极值条件均为**驻值条件**，即

$$\delta \pi_{p_i}^* = 0 , \qquad (4\text{-}43)$$

其广义变分原理（广义势能原理）的泛函 $\pi_{p_i}^*$ 有下列几种形式.

在本节中，直接引用第二章中的非线性弹性、小位移的情形下的结果：对于各向同性、线性弹性、小位移的情形，只需将有关的物理方程（4-3）等代入，便可得出各向同性、线性弹性、小位移的情形下的广义变分原理（广义势能原理）的泛函 $\pi_{p_i}^*$.

1. 三类变量（独立的基本未知函数是 $\sigma_{ij}, e_{ij}, u_i$）形式的无约束条件的广义变分原理

可以直接引用 2.4 节中，三类变量（$\sigma_{ij}, e_{ij}, u_i$）形式的无约束条件的广义变分原理（即广义势能原理）的泛函（2-51），即胡海昌-鹫津久一郎变分原理的泛函. 泛函 $\pi_{p_1}^{***} = \pi_{HW}$ 的驻值条件，包含了三类变量（$\sigma_{ij}, e_{ij}, u_i$）所应满足的全部条件.

现在，将物理方程（4-3）代入上式（2-51）的应变能密度 $A(e)$ 中，式（2-51）就成为各向同性、线性弹性、小位移的情形下三类变量形式的无约束条件的广义

变分原理的泛函,

$$\pi_{p_1}^{***} = \int_v \left\{ A(e) - \overline{F}_i u_i - \sigma_{ij} \left[ e_{ij} - \frac{1}{2}(u_{i,j} + u_{j,i}) \right] \right\} dv$$
$$- \int_{s_\sigma} \overline{p}_i u_i ds - \int_{s_u} \sigma_{ij} n_i (u_i - \overline{u}_i) ds$$
$$= \pi_{HW} . \tag{4-44}$$

其中的应变能密度 $A(e)$ 是应用物理方程（4-3）将应力用应变表示的.

2. 两类变量（$e_{ij}, u_i$）形式的无约束条件的广义变用分原理

可以直接引用 2.4 节中，两类类变量（$e_{ij}, u_i$）形式的无约束条件的广义变分原理（即广义势能原理）的泛函（2-54）,

$$\pi_{p_2}^{*} = \int_v \left\{ A(e) - \overline{F}_i u_i - \frac{\partial A(e)}{\partial e_{ij}} \left[ e_{ij} - \frac{1}{2}(u_{i,j} + u_{j,i}) \right] \right\} dv$$
$$- \int_{s_\sigma} \overline{p}_i u_i ds - \int_{s_u} \frac{\partial A(e)}{\partial e_{ij}} n_j (u_i - \overline{u}_i) ds . \tag{4-45}$$

上述泛函 $\pi_{p_2}^{*}$ 的驻值条件已包含了两类变量（$e_{ij}, u_i$）应满足的全部条件. 因此，泛函 $\pi_{p_2}^{*}$ 是两类变量（$e_{ij}, u_i$）的完全无约束条件的广义变分原理的泛函，其中的应变能密度 $A(e)$ 是应用物理方程（4-3）将应力用应变表示的.

式（4-45）中的应变能密度 $A(e)$ 中，已将物理方程（4-3）代入，并从而将式（4-10），即 $\dfrac{\partial A(e)}{\partial e_{ij}} = \dfrac{E}{1+\mu}\left(e_{ij} + \dfrac{\mu}{1-2\mu}e_{kk}\delta_{ij}\right)$ 代入式（4-45），得到

$$\pi_{p_2}^{*} = \int_V \left\{ A(e) - \overline{F}_i u_i - \left[ \frac{E}{1+\mu}\left(e_{ij} + \frac{\mu}{1-2\mu}e_{kk}\delta_{ij}\right) \right] \right.$$
$$\left. \times \left[ e_{ij} - \frac{1}{2}(u_{i,j} + u_{j,i}) \right] \right\} dV$$
$$- \int_{S_\sigma} \overline{p}_i u_i dS - \int_{S_u} \left[ \frac{E}{1+\mu}\left(e_{ij} + \frac{\mu}{1-2\mu}e_{kk}\delta_{ij}\right) n_j (u_i - \overline{u}_i) \right] dS, \tag{4-46}$$

因为 $\delta_{ij} n_j = n_i$，经整理后，得到

$$\pi_{p_2}^{*} = \int_V \left\{ A(e) - \overline{F}_i u_i - \left[ \frac{E}{1+\mu}\left(e_{ij} + \frac{\mu}{1-2\mu}e_{kk}\delta_{ij}\right) \right](e_{ij} - u_{i,j}) \right\} dV$$
$$- \int_{S_\sigma} \overline{p}_i u_i dS - \int_{S_u} \left[ \frac{E}{1+\mu}\left(e_{ij} n_j + \frac{\mu}{1-2\mu}e_{kk} n_i\right)(u_i - \overline{u}_i) \right] dS . \tag{4-47}$$

式（4-47）就成为各向同性、线性弹性、小位移的情形下两类变量（$e_{ij}, u_i$）形式

的广义变分原理的泛函.

3. 单类变量 $(u_i)$ 形式的无约束条件的广义变分原理

直接引用 2.4 节中单类变量（$u_i$）形式的无约束条件的广义变分原理（即广义势能原理）的泛函 $\pi_{p_3}^*$ [式（2-56）]，

$$\pi_{p_3}^* = \int_v \left\{ A[e(u)] - \overline{F}_i u_i \right\} \mathrm{d}v - \int_{s_\sigma} \overline{p}_i u_i \mathrm{d}S$$
$$- \int_{s_u} \frac{\partial A[e(u)]}{\partial e_{ij}} n_j \left( u_i - \overline{u}_i \right) \mathrm{d}S. \tag{4-48}$$

其中的应变能密度 $A$ 中，应将物理方程（4-3）和几何方程（4-2）代入，$\pi_{p_3}^*$ 就是单变量（$u_i$）形式的泛函.

## 4.4 极小余能原理及由此导出的各类变量形式的有约束条件的变分原理

极小余能原理，可以表示为泛函——总余能 $\pi_{c_i}$ 的极小值条件，

$$\delta \pi_{c_i} = 0, \tag{4-49}$$

且 $\delta \pi_{c_i}^2 \geq 0$. 引用 **2.6** 节的结果，将有关的物理方程代之以各向同性、线性弹性的物理方程（4-4）、式（4-12）和式（4-13），就可以得出对于各向同性、线性弹性、小位移情形下的变分法公式. 总余能 $\pi_{c_i}$ 有下面几种形式.

1. 三类变量（独立的基本未知函数是 $\sigma_{ij}, e_{ij}, u_i$）形式的泛函

引用 2.6 节的式（2-71），得

$$\pi_{c_1} = \int_v B(e,\sigma) \mathrm{d}v - \int_{s_u} \overline{u}_i \sigma_{ij} n_j \mathrm{d}s, \tag{4-50}$$

在应变余能密度 $B(e,\sigma)$ 中，用应力表示应变的物理方程（4-4）还没有给出和代入，即应变与应力之间的约束条件还没有代入，两者还是各自独立的变量. 因此，其中的 $e_{ij}$ 和 $\sigma_{ij}$ 均为独立的未知变量，且 $e_{ij} = \dfrac{\partial B(e,\sigma)}{\partial \sigma_{ij}} = e_{ij}$，是等式而不是物理方程.

泛函 $\pi_{c_1}$ 的极值条件为

$$\delta \pi_{c_1} = 0. \tag{4-51}$$

上述三类变量（$\sigma_{ij}, e_{ij}, u_i$）形式的变分原理，对变分变量预先要求满足的约束条件，是静力平衡条件——平衡微分方程（4-1）和应力边界条件（4-7）；在变分运算过程中，强制要求满足的约束条件是物理方程（4-4）和几何方程（4-2）；

而 $\pi_{c_1}$ 的极值条件（4-51）等价于位移边界条件（4-6）.

2. 两类变量（$\sigma_{ij}, u_i$）形式的泛函

引用 2.6 节的结果，由两类变量（$\sigma_{ij}, u_i$）形式的泛函（2-72），得

$$\pi_{c_2} = \int_v B(\sigma) \mathrm{d}v - \int_{s_u} \bar{u}_i \sigma_{ij} n_j \mathrm{d}s . \tag{4-52}$$

泛函 $\pi_{c_2}$ 的极值条件为

$$\delta \pi_{c_2} = 0 . \tag{4-53}$$

其中已将物理方程（4-4）代入 $B(e,\sigma)$，消去了应变 $e$，因此，$B$ 仅为应力 $\sigma_{ij}$ 的泛函，记为 $B(\sigma)$.

上述两类变量（$\sigma_{ij}, u_i$）形式的变分原理，对变分变量预先要求满足的约束条件，是静力平衡条件——平衡微分方程（4-1）和面力边界条件（4-7）；在变分运算过程中强制要求满足的约束条件，是应力和位移之间的关系式——弹性方程（4-18）；而变分方程——$\pi_{c_2}$ 的极值条件，等价于位移边界条件（4-6）.

3. 单类变量（$\sigma_{ij}$）形式的泛函

在第二章中，已经证明从应力变分方程（极小余能原理等）可导出几何方程和位移边界条件，即弹性体的全部形变协调条件，因而等价于并可以**替代全部形变协调条件——几何方程和位移边界条件**．因此，对于本章的情形，无论有无位移边界条件，同样可以**按单类变量（$\sigma_{ij}$）形式**来求解极小余能原理的问题．即

（1）取应力为基本未知函数，应力预先必须满足的约束条件是静力平衡条件——平衡微方程（4-1）和面力边界条件（4-7）.

（2）将物理方程（4-4）代入泛函（2-71），消去 $B$ 中应变变量 $e_{ij}$，用应力 $\sigma$ 表示，则 $B = B(\sigma)$，从而得到只含应力变量 $\sigma$ 的泛函，也就是 $\pi_{c_3}$，并且完全等价于 $\pi_{c_2}$，即式（4-52），

$$\pi_{c_3} = \pi_{c_2} . \tag{4-54}$$

这里同样应该说明，将物理方程（4-4）代入泛函（2-71），是进行了消元，消去了应变变量 $e_{ij}$，因而应变变量 $e_{ij}$ 及其约束条件——物理方程都从变分泛函及变分运算过程消去了．并且又说明，此泛函既可以按两类变量（$\sigma_{ij}, u_i$）形式的泛函进行求解，也可以**按单类变量（$\sigma_{ij}$）形式的泛函进行求解**．但应注意两者的约束条件是不同的，按两类变量（$\sigma_{ij}, u_i$）形式的泛函进行求解时，式（4-18）是变分运算过程中的强制约束条件，并由此约束条件带进了变量——$u_i$.

(3) 将应力试函数代入泛函 $\pi_{c_3}$，再代入变分方程（4-49），就可以求解应力变量.

上述单类变量（$\sigma_{ij}$）形式的变分原理，对变分变量预先要求满足的约束条件，是静力平衡条件——平衡微分方程（4-1）和应力边界条件（4-7）；而 $\pi_{c_3}$ 的极值条件（4-49）等价于全部形变协调条件——几何方程和位移边界条件. 其中，应用消元法，已经将物理方程（4-4）代入泛函（2-71），消去 $B$ 中应变变量 $e_{ij}$，因而应变变量 $e_{ij}$ 及其约束条件——物理方程都从变分泛函及变分运算过程消去了.

## 4.5 从有约束条件的极小余能原理导出的各类变量形式的无约束条件的广义变分原理

在 2.7 节，已经应用拉格朗日乘子法，从极小余能原理解除对于变分变量的约束条件，导出无约束条件的**广义余能原理**——广义变分原理，其极值条件均为驻值条件. 对于各向同性、线性弹性、小位移情形下，同样可以表示为

$$\delta \pi_{c_i}^* = 0, \qquad (4\text{-}55)$$

广义余能原理的泛函 $\pi_{c_i}^*$ 有下面几种形式.

1. 三类变量（独立的基本未知函数是 $\sigma_{ij}, e_{ij}, u_i$）形式的泛函

引用 2.7 节的式（2-94），同样可以表示为

$$\pi_{c_1}^{**} = \pi_{c_1}^* + \int_v \alpha[e_{ij} - e_{ij}(\sigma)]^2 \mathrm{d}v, \qquad (4\text{-}56)$$

其中

$$\pi_{c_1}^* = \int_v \left\{ B(e,\sigma) + u_i(\sigma_{ij,j} + \overline{F}_i) \right\} \mathrm{d}v$$
$$- \int_{s_u} \overline{u}_i \sigma_{ij} n_j \mathrm{d}S - \int_{s_\sigma} u_i(\sigma_{ij} n_j - \overline{p}_i) \mathrm{d}S. \qquad (4\text{-}57)$$

在余能密度 $B(e,\sigma)$ 中，物理方程（4-4）没有给出和代入，因此，其中 $e_{ij}$、$\sigma_{ij}$ 均为独立的变量，由式（4-12）只能得出 $e_{ij} = \dfrac{\partial B(e,\sigma)}{\partial \sigma_{ij}} = e_{ij}$ 的等式，其中罚函数的参数 $\alpha$ 为不等于零的且数值较大的正常数. 泛函 $\pi_{c_1}^{**}$，是三类变量（$\sigma_{ij}, e_{ij}, u_i$）形式的完全无约束条件的广义变分原理的泛函.

2. 两类变量（$\sigma_{ij}, u_i$）形式的泛函

引用 2.7 节的式（2-95），同样可以表示为

第四章 各向同性、线性弹性、小位移下弹性力学的变分法

$$\pi_{c_1}^{***} = \int_v \left\{ B(\sigma) + u_i(\sigma_{ij,j} + \overline{F}_i) \right\} dv$$
$$- \int_{s_u} \overline{u}_i \sigma_{ij} n_j dS - \int_{s_\sigma} u_i (\sigma_{ij} n_j - \overline{p}_i) dS$$
$$= \pi_{HR}. \tag{4-58}$$

在式（4-58）中，已将物理方程（4-4），代入应变余能密度 $B = B(e,\sigma)$ 中，将其中的应变 $e_{ij}$ 消去，用应力 $\sigma_{ij}$ 表示，因此，$B = B(\sigma)$，$B$ 仅为应力的泛函。

上面的泛函 $\pi_{c_1}^{***}$，就是**两类变量（$\sigma_{ij}$，$u_i$）的完全无约束条件的广义变分原理的泛函**，并且完全等同于 **Hellinger-Reissner** 变分原理的泛函，即 $\pi_{HR}$。

## 4.6 按单类应力变量求解弹性力学问题的方法

1. 弹性力学微分方程的解法

在弹性力学微分方程的解法中，对于有位移边界条件的问题，**按单类应力变量进行求解几乎是不可能的**。这是因为，如果取应力为基本未知函数，则为了考虑位移边界条件，首先必须通过物理方程将应变用应力表示；然后再将应变代入几何方程并进行积分，得出用应力表示的位移函数表达式。由于积分，位移中包含有待定的未知函数项，且由此得出的用应力表示位移的表达式十分复杂；再将它代入位移边界条件进行求解，几乎是不可能求解的。因此，**通常都不能按单类应力变量来求解一般的有位移边界条件的弹性力学问题并得出函数式解答**。

2. 按单类应力变量求解的问题

在弹性力学微分方程的解法中，只有在全部边界条件均为面力边界条件（即 $S = S_\sigma, S_u = 0$）时，才可以按单类应力变量进行求解。因为此时没有位移边界条件，所以，不必导出用应力表示位移的表达式。在这样的条件下，下面来考虑**弹性力学微分方程组的按单类应力变量求解——应力应满足下面几方面的条件：**

（1）应力必须满足平衡微分方程（4-1）。

（2）应力必须满足面力边界条件（4-7），并且此时的全部边界上均为面力边界条件。

（3）应力必须满足用应力表示的相容方程。

上面已经说明，物理方程表示应力与应变之间的物理关系，也就是在弹性体内部应力与应变之间必须满足的约束条件；几何方程表示应变与位移之间的几何关系，也就是在弹性体内部应变与位移必须满足的约束条件。这两类条件是在弹性体内部必须考虑并且满足的条件。弹性力学微分方程按应力求解时，为了考虑

并且满足这两类条件，首先必须从几何方程中消去位移，导出六个形变协调条件，即**相容方程**。采用直角坐标表示的相容方程是

$$\begin{cases} \dfrac{\partial^2 \varepsilon_y}{\partial z^2} + \dfrac{\partial^2 \varepsilon_z}{\partial y^2} = \dfrac{\partial^2 \gamma_{yz}}{\partial y \partial z}, \\ \dfrac{\partial^2 \varepsilon_z}{\partial x^2} + \dfrac{\partial^2 \varepsilon_x}{\partial z^2} = \dfrac{\partial^2 \gamma_{zx}}{\partial z \partial x}, \\ \dfrac{\partial^2 \varepsilon_x}{\partial y^2} + \dfrac{\partial^2 \varepsilon_y}{\partial x^2} = \dfrac{\partial^2 \gamma_{xy}}{\partial x \partial y}; \end{cases} \quad (4\text{-}59)$$

$$\begin{cases} \dfrac{\partial}{\partial x}\left(-\dfrac{\partial \gamma_{yz}}{\partial x} + \dfrac{\partial \gamma_{zx}}{\partial y} + \dfrac{\partial \gamma_{xy}}{\partial z}\right) = 2\dfrac{\partial^2 \varepsilon_x}{\partial y \partial z}, \\ \dfrac{\partial}{\partial y}\left(-\dfrac{\partial \gamma_{zx}}{\partial y} + \dfrac{\partial \gamma_{xy}}{\partial z} + \dfrac{\partial \gamma_{yz}}{\partial x}\right) = 2\dfrac{\partial^2 \varepsilon_y}{\partial z \partial x}, \\ \dfrac{\partial}{\partial z}\left(-\dfrac{\partial \gamma_{xy}}{\partial z} + \dfrac{\partial \gamma_{yz}}{\partial x} + \dfrac{\partial \gamma_{zx}}{\partial y}\right) = 2\dfrac{\partial^2 \varepsilon_z}{\partial x \partial y}. \end{cases} \quad (4\text{-}60)$$

上式中的形变分量 $\varepsilon_x$、$\varepsilon_y$、$\varepsilon_z$ 即 $e_{11}$、$e_{22}$、$e_{33}$；$\gamma_{xy}$、$\gamma_{yz}$、$\gamma_{zx}$ 即 $2e_{12}$、$2e_{23}$、$2e_{31}$。然后再代入物理方程，将其中的形变分量用应力分量表示，得到用应力表示的六个形变协调条件（相容方程），即**米歇尔相容方程**，即

$$\begin{cases} (1+\mu)\nabla^2 \sigma_x + \dfrac{\partial^2 \Theta}{\partial x^2} = -\dfrac{1+\mu}{1-\mu}\left[(2-\mu)\dfrac{\partial F_x}{\partial x} + \mu\dfrac{\partial F_y}{\partial y} + \mu\dfrac{\partial F_z}{\partial z}\right], \\ (1+\mu)\nabla^2 \sigma_y + \dfrac{\partial^2 \Theta}{\partial y^2} = -\dfrac{1+\mu}{1-\mu}\left[(2-\mu)\dfrac{\partial F_y}{\partial y} + \mu\dfrac{\partial F_z}{\partial z} + \mu\dfrac{\partial F_x}{\partial x}\right], \\ (1+\mu)\nabla^2 \sigma_z + \dfrac{\partial^2 \Theta}{\partial z^2} = -\dfrac{1+\mu}{1-\mu}\left[(2-\mu)\dfrac{\partial F_z}{\partial z} + \mu\dfrac{\partial F_x}{\partial x} + \mu\dfrac{\partial F_y}{\partial y}\right]; \end{cases} \quad (4\text{-}61)$$

$$\begin{cases} (1+\mu)\nabla^2 \tau_{yz} + \dfrac{\partial^2 \Theta}{\partial y \partial z} = -(1+\mu)\left(\dfrac{\partial F_z}{\partial y} + \dfrac{\partial F_y}{\partial z}\right), \\ (1+\mu)\nabla^2 \tau_{zx} + \dfrac{\partial^2 \Theta}{\partial z \partial x} = -(1+\mu)\left(\dfrac{\partial F_x}{\partial z} + \dfrac{\partial F_z}{\partial x}\right), \\ (1+\mu)\nabla^2 \tau_{xy} + \dfrac{\partial^2 \Theta}{\partial x \partial y} = -(1+\mu)\left(\dfrac{\partial F_y}{\partial x} + \dfrac{\partial F_x}{\partial y}\right)。 \end{cases} \quad (4\text{-}62)$$

其中 $\Theta$ 为体积应力，$\Theta = \sigma_x + \sigma_y + \sigma_z$；$F_x$、$F_y$、$F_z$ 为体力分量。

在弹性力学中已经证明（Love，1927）上述六个形变协调条件（相容方程）是形变对应的位移存在且连续的充分条件。

（4）对于多连体，还需考虑多连体中的位移单值条件．这是因为，由应力去求应变，进而求出位移时，必须进行积分的运算；而在多连体中往往会出现多值项．根据弹性体中的位移必须保持为单值的条件，应该排除其中的多值项．

上述（1）～（4）的条件，便是在全部边界均为面力边界条件，并按单类应力变量进行求解时，应力所应满足的全部条件．

**3. 变分法中的按单类应力变量求解**

由 2.6 节所述，极小余能原理可以等价地替代几何方程和位移边界条件．因此，无论有无位移边界条件，在变分法中均可以按单类变量——应力求解．**按应力求解的方法如下．**

（1）设定应力分量的试函数，使其预先满足平衡微分方程（4-1）和面力边界条件（4-7）．

（2）将物理方程代入泛函 $B$，消去应变 $e$，则 $B$ 成为单类应力变量的函数 $B = B(\sigma)$．

（3）将应力试函数代入泛函 $\pi_{c_3}$，再满足应力变分方程，就可求出应力分量．

## 4.7 小　　结

（1）本章中，在各向同性、线性弹性、小位移假定下，导出了各类变量形式的有约束条件的变分原理——极小势能原理和极小余能原理，以及各类变量形式的完全无约束条件的变分原理——广义变分原理（广义势能原理和广义余能原理）．

（2）上述各类变量形式的有约束条件的变分原理和完全无约束条件的变分原理，组成了一个全面的、完整的相互联系的变分原理系统（见本章附录）．

（3）在各向同性、线性弹性、小位移假定下，本章中导出的三类变量（$\sigma_{ij}, e_{ij}, u_i$）形式的无约束条件的广义变分原理［即广义势能原理，其泛函为式（**4-44**），$\pi_{p_1}^{***}$］，完全等同于胡海昌-鹫津久一郎变分原理（泛函为 $\pi_{HW}$），即 $\pi_{p_1}^{***} = \pi_{HW}$．

（4）在各向同性、线性弹性、小位移假定下，本章中导出的两类变量（$\sigma_{ij}, u_i$）形式的无约束条件的广义变分原理［广义余能原理，泛函为式（**4-58**）］，完全等同于 Hellinger-Reissner 变分原理（泛函为 $\pi_{HR}$），即 $\pi_{c_1}^{***} = \pi_{HR}$．

# 附录 基本变分原理表
## (各向同性、线性弹性、小位移假定下)

| 变分原理 | 有约束条件的变分原理<br>(极小势能、余能原理——极小值条件) | | | 对应的无约束条件的广义变分原理<br>(广义势能、余能原理——驻值条件) | |
|---|---|---|---|---|---|
| | 泛函 | 变量 | 约束条件 | 泛函 | 变量 |
| 极小势能原理 | $\pi_{P_1}$ [式(4-26)] | $\sigma_{ij}, e_{ij}, u_i$ | $S_u$ [式(2-6)],<br>物[式(4-3)],<br>几[式(4-2)] | $\pi_{P_1}^{***} = \pi_{HW}$ [式(4-44)] | $\sigma_{ij}, e_{ij}, u_i$ |
| 极小势能原理 | $\pi_{P_2}$ [式(4-32)] | $e_{ij}, u_i$ | $S_u$ [式(4-6)],<br>几[式(4-2)] | $\pi_{P_2}^{*}$ [式(4-47)] | $e_{ij}, u_i$ |
| 极小势能原理 | $\pi_{P_3}$ [式(4-38)] | $u_i$ | $S_u$ [式(4-6)] | $\pi_{P_3}^{*}$ [式(4-48)] | $u_i$ |
| 极小余能原理 | $\pi_{c_1}$ [式(4-50)] | $\sigma_{ij}, e_{ij}, u_i$ | 平[式(4-1)],<br>$S_\sigma$ [式(4-7)],<br>物[式(4-4)],<br>几[式(4-2)] | $\pi_{c_1}^{**}$ [式(4-56)] | $\sigma_{ij}, e_{ij}, u_i$ |
| 极小余能原理 | $\pi_{c_2}$ [式(4-52)] | $\sigma_{ij}, u_i$ | 平[式(4-1)],<br>$S_\sigma$ [式(4-7)],<br>$\sigma-u$ [式(4-18)] | $\pi_{c_2}^{***} = \pi_{HR}$ [式(4-58)] | $\sigma_{ij}, u_i$ |
| 极小余能原理 | $\pi_{c_3} = \pi_{c_2}$ [式(4-52)] | $\sigma_{ij}$ | 平[式(4-1)],<br>$S_\sigma$ [式(4-7)] | — | — |

注:$\pi_{HW}$ 为胡海昌-鹫津久一郎广义变分原理的泛函;$\pi_{HR}$ 为 Hellinger-Reissner 广义变分原理的泛函.

平表示"平衡微方程";几表示"几何方程";物表示"物理方程";$S_\sigma$ 表示"面力边界条件";$S_u$ 表示"位移边界条件";$\sigma-u$ [式(4-18)]表示"应力与位移之间的关系式".

# 第五章 各向同性、线性弹性、小位移下平面问题的变分法

**本章内容摘要**

本章介绍在各向同性、线性弹性、小位移假定下弹性力学平面问题的变分法. 对于一般平面问题的变分法，可以从空间问题的变分法进行简化而得到. 本章着重讨论平面问题中的极小势能原理（以位移为基本变量）和极小余能原理（以应力，或者应力函数为基本变量），以及应用这些变分原理的例题，以说明变分法的具体应用.

## 5.1 各向同性、线性弹性、小位移假定下弹性力学的平面应力问题和平面应变问题

弹性力学的空间问题，共有 15 个未知函数. 而对于平面问题，只有 8 个独立的未知函数，即 3 个平面应力分量、3 个平面应变分量和 2 个平面位移分量，且它们仅是 $x,y$ 的函数；其余的 $z$ 向的未知函数都是不独立的. 这样使得平面问题的求解相比于空间问题大为简化.

对于空间问题，其下标 $i,j,k$ 可以等于 1,2,3，分别表示 $x,y,z$ 的量. 而对于平面问题，只需用下标 1,2 来表示 $x,y$ 的量. 为了使读者更清楚地与常规的 $x,y$ 表达式相对应，以下分别用 1,2 表示 $x,y$，通常不再用文字下标 $i,j,k$ 等表示.

### 1. 平面应变问题

平面应变问题的方程和公式，都可以直接从空间问题的方程和公式简化得到，只需把文字下标 $i,j,k$ 表示为 1 和 2，并且将有关 $z$ 向的物理量代入，就可以得出. 或者说，平面应变问题是空间问题的特例，可以从空间问题的方程简化而来.

成为**平面应变问题的条件**是：①常截面的长柱体；②体力的方向平行于横截面（$xOy$ 面），且沿长度方向（$z$ 向）不变；③面力和约束作用于柱面上，其方向平行于横截面，且沿长度方向不变. 在上述的条件下，该问题中只有平面位移 $u,v$ 存在，$z$ 向的位移，$w=0$；且 $u,v$ 只是 $x,y$ 的函数. 因此，该问题又称为平面位移问题. 同时，该问题中只有平面应变分量 $e_{xx},e_{xy},e_{yy}$（即 $e_{11},e_{12},e_{22}$）存在，且只是 $x,y$ 的函数，所以此问题又称为平面应变问题. 在平面应变问题中，独立的未知函数是：$u,v$；$e_{xx},e_{xy},e_{yy}$；$\sigma_x,\tau_{xy},\sigma_y$，它们都仅是 $x,y$ 的函数. 而 $z$ 向的函数是不独立的，即

$$w=0; \quad e_{xz}=e_{yz}=0, \quad e_{zz}=0;$$
$$\tau_{xz}=\tau_{yz}=0, \quad \sigma_z=-\mu(\sigma_x+\sigma_y). \tag{5-1}$$

**平面应变问题的物理方程**（用下标 1,2 表示），应力用应变表示的表达式是

$$\begin{cases} \sigma_{11} = \dfrac{E}{(1+\mu)(1-2\mu)}\left[(1-\mu)e_{11}+\mu e_{22}\right], \\ \sigma_{12} = \dfrac{E}{1+\mu}e_{12}, \\ \sigma_{22} = \dfrac{E}{(1+\mu)(1-2\mu)}\left[(1-\mu)e_{22}+\mu e_{11}\right]. \end{cases} (R) \tag{5-2}$$

其中 $R$ 是平面域的面积；下标 1,2，分别表示 $x,y$；并应注意，在下标记号法中，切应变 $e_{12}$ 只是常规弹性力学的切应变 $\gamma_{xy}$ 的 1/2.

应变用应力表示的表达式是

$$\begin{cases} e_{11} = \dfrac{1-\mu^2}{E}\left(\sigma_{11}-\dfrac{\mu}{1-\mu}\sigma_{22}\right), \\ e_{12} = \dfrac{1+\mu}{E}\sigma_{12}, \\ e_{22} = \dfrac{1-\mu^2}{E}\left(\sigma_{22}-\dfrac{\mu}{1-\mu}\sigma_{11}\right). \end{cases} (R) \tag{5-3}$$

**2. 平面应力问题**

**成为平面应力问题的条件**是：①等厚度薄板；②体力的方向平行于中面（$xOy$ 面），且沿厚度方向（$z$ 向）不变；③面力和约束作用于板边上，其方向平行于中面，且沿厚度方向不变（注意，在薄板的板面上，没有任何面力作用）．在上述条件下，该问题只有平面应力分量 $\sigma_x, \sigma_y, \tau_{xy}$ 存在，且只是 $x, y$ 的函数．所以此问题称为平面应力问题．在平面应力问题中，独立的未知函数与平面应变问题相同，而 $z$ 向的未知函数也是不独立的，即

$$\begin{cases} e_{xz}=e_{yz}=0, \quad e_{zz}=-\dfrac{\mu}{E}(\sigma_x+\sigma_y); \\ \tau_{xz}=\tau_{yz}=0, \quad \sigma_z=0. \end{cases} \tag{5-4}$$

**平面应力问题的物理方程**（用下标 1,2 表示），应力用应变表示的表达式是

$$\begin{cases} \sigma_{11} = \dfrac{E}{1-\mu^2}(e_{11}+\mu e_{22}), \\ \sigma_{12} = \dfrac{E}{1+\mu}e_{12}, \\ \sigma_{22} = \dfrac{E}{1-\mu^2}(e_{22}+\mu e_{11}) \quad (R). \end{cases} \tag{5-5}$$

## 第五章 各向同性、线性弹性、小位移下平面问题的变分法

应变用应力表示的表达式是

$$\begin{cases} e_{11} = \dfrac{1}{E}(\sigma_{11} - \mu\sigma_{22}), & e_{12} = \dfrac{1+\mu}{E}\sigma_{12}, \\ e_{22} = \dfrac{1}{E}(\sigma_{22} - \mu\sigma_{11}) & (R). \end{cases} \qquad (5\text{-}6)$$

平面应变问题和平面应力问题的物理方程是相似的,只是其中的弹性系数有所区别;而平面应变问题和平面应力问题的其余方程和边界条件(平衡微分方程,几何方程;位移边界条件,面力边界条件)都是相同的.

如果将平面应变问题物理方程的系数进行下列代换,就可得到相应的平面应力问题的物理方程为

$$E \to E\frac{1+2\mu}{(1+\mu)^2}, \quad \mu \to \frac{\mu}{1+\mu}. \qquad (5\text{-}7)$$

如果将平面应力问题物理方程的系数进行下列代换,就可得到相应的平面应变问题的物理方程为

$$E \to E\frac{1}{1-\mu^2}, \quad \mu \to \frac{\mu}{1-\mu}. \qquad (5\text{-}8)$$

因此,对于这两类平面问题,在外力、约束和平面形状都相同的条件下,所有的方程、求解的方法,以及它们的解答,都可以互相通用,只需把有关的弹性系数进行上述的代换即可.

对于平面应变问题所有的方程、解法等,均可从一般的空间问题简化而得,只需把平面应变问题的 $z$ 向的物理量代入,并将所有独立的平面未知函数,都表示为仅是 $x,y$ 的函数. 因此,平面应变问题仅是空间问题的特例.

对于平面应力问题,不能从空间问题直接地简化而得. 因为平面应力问题的基本理论,具有某种程度的近似性. 关于这点,可参见铁摩辛柯的《弹性理论》(第三版)(铁摩辛柯,1990).

归结起来讲,所谓**平面应变问题**,就是应变中只有平面应变分量($e_{11}, e_{12}, e_{22}$)存在,且仅为 $(x,y)$ 的函数的弹性力学问题. 所谓**平面应力问题**,就是应力中只有平面应力分量($\sigma_{11}, \sigma_{12}, \sigma_{22}$)存在,且仅为 $(x,y)$ 的函数的弹性力学问题.

## 5.2 各向同性、线性弹性、小位移假定下弹性力学平面问题的几种提法

从弹性力学问题微分方程的解法,可以确定各类弹性力学问题中的基本变量及其必须满足的全部条件. **本章以下的公式及解法等,均以平面应力问题来表示**;对于平面应变问题,只需将有关的弹性常数进行相应的转换即可. 下标 1、2,分

别表示 $x,y$；并应注意，在下标记号法中，切应变 $e_{12}$ 只是常规弹性力学的切应变 $\gamma_{xy}$ 的 $1/2$。

1. 以 $\sigma_{ij}, e_{ij}, u_i$ 为基本变量（独立的基本未知函数）的三类变量问题

**它们应满足的全部条件**是：
平衡微分方程
$$\begin{cases} \sigma_{11,1}+\sigma_{12,2}+\overline{F}_1=0, \\ \sigma_{22,2}+\sigma_{12,1}+\overline{F}_2=0 \quad (R). \end{cases} \tag{5-9}$$

几何方程
$$\begin{cases} e_{11}=u_{1,1}, \quad e_{12}=\dfrac{1}{2}(u_{1,2}+u_{2,1}), \\ e_{22}=u_{2,2} \quad (R). \end{cases} \tag{5-10}$$

物理方程，在各向同性、线性弹性下，对于**平面应力问题**，应力用应变表示的表达式为
$$\begin{cases} \sigma_{11}=\dfrac{E}{1-\mu^2}(e_{11}+\mu e_{22}), \quad \sigma_{12}=\dfrac{E}{1+\mu}e_{12}, \\ \sigma_{22}=\dfrac{E}{1-\mu^2}(e_{22}+\mu e_{11}) \quad (R). \end{cases} \tag{5-11}$$

用于按位移求解。而应变用应力表示的表达式为
$$\begin{cases} e_{11}=\dfrac{1}{E}(\sigma_{11}-\mu\sigma_{22}), \quad e_{12}=\dfrac{1+\mu}{E}\sigma_{12}, \\ e_{22}=\dfrac{1}{E}(\sigma_{22}-\mu\sigma_{11}) \quad (R). \end{cases} \tag{5-12}$$

用于按应力求解。
位移边界条件
$$u_1-\overline{u}_1=0, \quad u_2-\overline{u}_2=0 \quad (S_u). \tag{5-13}$$

面力边界条件
$$\begin{cases} \sigma_{11}n_1+\sigma_{12}n_2-\overline{p}_1=0, \\ \sigma_{22}n_2+\sigma_{12}n_1-\overline{p}_2=0 \quad (S_\sigma). \end{cases} \tag{5-14}$$

式（5-9）～式（5-14）中的 $\sigma_{ij}, e_{ij}, u_i$ 分别为应力分量、应变分量和位移分量；$\overline{F}_i$ 为体力分量；$\overline{p}_i$ 为边界 $S_\sigma$ 上的面力分量；$\overline{u}_i$ 为边界 $S_u$ 上的约束位移分量；$R$ 为平面弹性体的面积；$S_\sigma$ 为给定面力的边界线；$S_u$ 为给定位移的边界线，全部边界线 $S$ 是：$S=S_u+S_\sigma$。

物体的应变能密度（单位体积的应变能）$A$ 和应变余能密度（单位体积的应

变余能）$B$ 的表达式，对于两种平面问题相同，都是

$$A(\sigma, e) = \int_e (\sigma_{11} de_{11} + 2\sigma_{12} de_{12} + \sigma_{22} de_{22}); \tag{5-15}$$

$$B(e, \sigma) = \int_\sigma (e_{11} d\sigma_{11} + 2e_{12} d\sigma_{12} + e_{22} d\sigma_{22}). \tag{5-16}$$

整个体积的应变能 $U$ 和应变余能 $U^*$ 是

$$U = \int_R A dx dy, \tag{5-17}$$

$$U^* = \int_R B dx dy. \tag{5-18}$$

弹性体的外力功 $W$ 和外力势能 $V$ 是

$$W = \int_R \left( \overline{F}_1 u_1 + \overline{F}_2 u_2 \right) dx dy$$
$$+ \int_{S_\sigma} \left( \overline{p}_1 u_1 + \overline{p}_2 u_2 \right) dS. \tag{5-19}$$

$$V = -W. \tag{5-20}$$

以下应用**代入消元法**，消去某些基本的未知函数，从而导出**较少变量**的各类弹性力学平面问题．

2. 以位移 $u_i$ 为基本变量的单类变量问题（按位移求解的解法）

将几何方程（5-10）代入物理方程，消去应变 $e_{ij}$，将应力用位移表示；再代入平面应力问题的平衡微分方程和应力边界条件，就得到用位移表示的平衡微分方程，即

$$\begin{cases} \left[ \dfrac{E}{1-\mu^2} \left( u_{1,11} + \dfrac{1-\mu}{2} u_{1,22} + \dfrac{1+\mu}{2} u_{2,12} \right) + \overline{F}_1 \right] = 0, \\ \left[ \dfrac{E}{1-\mu^2} \left( u_{2,22} + \dfrac{1-\mu}{2} u_{2,11} + \dfrac{1+\mu}{2} u_{1,12} \right) + \overline{F}_2 \right] = 0. \end{cases} \tag{5-21}$$

和应力边界条件，即

$$\begin{cases} \left\{ \dfrac{E}{1-\mu^2} \left[ n_1 (u_{1,1} + \mu u_{2,2}) + n_2 \dfrac{1-\mu}{2} (u_{1,2} + u_{2,1}) \right] - \overline{p}_1 \right\} = 0, \\ \left\{ \dfrac{E}{1-\mu^2} \left[ n_2 (u_{2,2} + \mu u_{1,1}) + n_1 \dfrac{1-\mu}{2} (u_{2,1} + u_{1,2}) \right] - \overline{p}_2 \right\} = 0. \end{cases} \tag{5-22}$$

位移应当满足的条件是平衡微分方程（**5-21**）、应力边界条件（**5-22**）和位移边界条件（**5-13**）．

3. 以应力 $\sigma_{ij}$ 为基本变量的问题（按应力求解的解法）

上面已经说明，求解弹性力学问题的函数式解答时，只有当弹性体**没有位移**

边界条件，全部均为面力边界条件时，即 $S = S_\sigma, S_u = 0$，才可以**按单类应力变量 $\sigma_{ij}$ 的问题来求解**。

按应力求解时，首先要从几何方程消去位移分量，得出形变协调条件（相容方程），即

$$e_{11,22} + e_{22,11} = 2e_{12,12}. \tag{5-23}$$

然后代入物理方程，得出用应力表示的**形变协调条件（相容方程）**，对于**平面应力问题**是

$$\nabla^2(\sigma_{11} + \sigma_{22}) = -(1+\mu)(\bar{F}_{1,1} + \bar{F}_{2,2}). \tag{5-24}$$

因此，按单类变量 $\sigma_{ij}$ 求解弹性力学的问题时，**应力分量应满足的条件是：平衡微分方程（5-9）、应力边界条件（5-14）**（考虑全部均为应力边界条件）**和相容方程（5-24）**；如果弹性体为多连体，则还需考虑和满足位移单值条件。

当平面问题的弹性体满足了下面三个条件：①**体力为常量**；②**单连体**；③**在边界上，全部为应力边界条件**，没有位移边界条件，——则从上面按应力求解的全部方程中可以得出一个结论：弹性体的**平面应力分量 $\sigma_{11}, \sigma_{22}, \sigma_{12}$ 与弹性常数无关**。因此，平面应力分量 $\sigma_{11}, \sigma_{22}, \sigma_{12}$ 与材料性质无关；两类平面问题的应力分量 $\sigma_{11}, \sigma_{22}, \sigma_{12}$ 相同，并且在**常体力情况下两类平面问题的相容方程（5-24）**都成为

$$\nabla^2(\sigma_{11} + \sigma_{22}) = 0. \tag{5-25}$$

**4. 以应力函数 $\Phi$ 为基本变量的问题（按应力函数求解的解法）**

**当体力为常量时，平面问题的平衡微分方程的解答可以表示为**

$$\sigma_{11} = \Phi_{,22} - \bar{F}_1 x, \quad \sigma_{12} = -\Phi_{,12}, \quad \sigma_{22} = \Phi_{,11} - \bar{F}_2 y. \tag{5-26}$$

其中，$\Phi$ 称为艾里应力函数。艾里证明，应力函数 $\Phi$ 是平衡微分方程的解答，并且是存在的。虽然它还是 $x,y$ 的未知函数，但是用它来表示应力分量，使未知函数从三个减少为一个。因此，按应力求解的问题，转化为按应力函数 $\Phi$ 来求解。

按应力函数 $\Phi$ 求解时，应该将用应力函数表示的应力代入相容方程和应力边界条件。对于**两类平面问题，在常体力情况下相容方程就成为**

$$\nabla^2 \nabla^2 \Phi = 0. \tag{5-27}$$

由此，**按应力函数 $\Phi$ 求解时，它应满足的条件是，相容方程（5-27）和应力边界条件**〔为了表示简单，仍用应力表示，即式（5-14）。同样，按应力函数求解函数式解答时，通常只解全部为面力边界条件的问题〕。对于**多连体**，还要考虑和满足位移单值条件。

## 5.3 极小势能原理和按位移求解的方法

以下我们直接引用第四章中的变分法公式. 对于**平面问题**，只需在上面的公式中，考虑平面问题的物理量；并将其物理方程，代之为各向同性、线性弹性的平面问题的物理方程，就得到各向同性、线性弹性、小位移情形下的平面问题变分公式.

**首先，考虑极小势能原理和按位移求解的变分法.**

1. 三类变量（独立的基本未知函数是 $\sigma_{ij}, e_{ij}, u_i$）的一般形式的泛函

引用第四章空间问题的各向同性、线性弹性、小位移情形下的三类变量的变分泛函（4-26），对于平面问题，仍然是如下的形式，即

$$\pi_{p_1} = \int_R \left[ A(\sigma,e) - \overline{F}_i u_i \right] dxdy - \int_{S_\sigma} \overline{p}_i u_i dS . \tag{5-28}$$

式（5-28）中的应变能密度 $A$，应为平面问题的式（5-15）. 其极值条件是

$$\delta \pi_{p_1} = 0 . \tag{5-29}$$

在应变能密度 $A$［式（5-15）］中，其中的 $\sigma_{ij}$ 与 $e_{ij}$ 之间的关系式——物理方程还未代入，因而 $A$ 中包含有两类独立的变量（$\sigma_{ij}, e_{ij}$），即 $A = A(\sigma,e)$. 因此，泛函（5-28）的变分方程是属于三类变量（$\sigma_{ij}, e_{ij}, u_i$）的问题.

应用分部积分和高斯公式，泛函（5-29）的极值条件又可以表达为

$$\begin{aligned} \delta \pi_{p_1} &= -\int_R (\sigma_{ij,j} + \overline{F}_i) \delta u_i dxdy \\ &\quad + \int_{S_\sigma} (\sigma_{ij} n_j - \overline{p}_i) \delta u_i dS \\ &= 0 . \end{aligned} \tag{5-30}$$

显然，变分方程（5-29）和（5-30）是等价的；且由式（5-30）可见，变分方程（5-30）等价于且可以替代平衡微分方程和应力边界条件.

**按极小势能原理进行求解时**，预先必须满足的约束条件是**位移边界条件**（5-13）；在变分运算过程中，要求强制满足的约束条件是**物理方程（5-11）**和几何方程**（5-10）**；而从泛函极值条件（5-30）可以看出，此极值条件等价于**平衡微分方程（5-9）**和应力边界条件**（5-14）**.

2. 单类变量——位移 $u_i$ 的变分法

将平面应力问题物理方程和几何方程代入泛函（5-28）中，消去应力和应变的变量，就得出用单类变量——位移 $u_i$ 表示的极小势能原理的泛函，用下标 1,2 表示为

$$\pi_{P_2} = \int_R A(u)\mathrm{d}x\mathrm{d}y - \int_R (\overline{F}_1 u_1 + \overline{F}_2 u_2)\,\mathrm{d}x\mathrm{d}y$$
$$- \int_{S_\sigma} (\overline{p}_1 u_1 + \overline{p}_2 u_2)\,\mathrm{d}S \text{。} \tag{5-31}$$

其中，对于**平面应力问题**的应变能密度 $A(u)$ 和应变能 $U$ 是

$$A(u) = \frac{E}{2(1-\mu^2)} \left[ u_{1,1}^2 + u_{2,2}^2 + 2\mu\, u_{1,1} u_{2,2} + \frac{1-\mu}{2}(u_{2,1}+u_{1,2})^2 \right], \tag{5-32}$$

$$U = \int_R A(u)\mathrm{d}x\mathrm{d}y$$
$$= \frac{E}{2(1-\mu^2)} \int_R \left[ u_{1,1}^2 + u_{2,2}^2 + 2\mu\, u_{1,1} u_{2,2} + \frac{1-\mu}{2}(u_{2,1}+u_{1,2})^2 \right]\mathrm{d}x\mathrm{d}y. \tag{5-33}$$

此时，变分的宗量——自变量只有位移分量 $u_1, u_2$，因此，泛函（5-31）的极值条件（5-29）可以表示为

$$\begin{cases} \int_R \dfrac{\partial A}{\partial u_1}\delta u_1 \mathrm{d}x\mathrm{d}y = \int_R \overline{F}_1 \delta u_1 \mathrm{d}x\mathrm{d}y + \int_{S_\sigma} \overline{p}_1 \delta u_1 \mathrm{d}S, \\ \int_R \dfrac{\partial A}{\partial u_2}\delta u_2 \mathrm{d}x\mathrm{d}y = \int_R \overline{F}_2 \delta u_2 \mathrm{d}x\mathrm{d}y + \int_{S_\sigma} \overline{p}_2 \delta u_2 \mathrm{d}S. \end{cases} \tag{5-34}$$

或者将**平面应力问题**物理方程和几何方程代入另一泛函极值条件（5-30）中，消去应力和应变的变量，就得出用单变量——位移 $u_i$ 表示的泛函极值条件，即

$$\begin{cases} \int_R \left[ \dfrac{E}{1-\mu^2}\left(u_{1,11}+\dfrac{1-\mu}{2}u_{1,22}+\dfrac{1+\mu}{2}u_{2,12}\right)+\overline{F}_1 \right]\delta u_1 \mathrm{d}x\mathrm{d}y + \\ \int_{S_\sigma} \left\{ \dfrac{E}{1-\mu^2}\left[n_1(u_{1,1}+\mu u_{2,2})+n_2\dfrac{1-\mu}{2}(u_{1,2}+u_{2,1})\right]-\overline{p}_1 \right\}\delta u_1 \mathrm{d}S = 0; \\ \int_R \left[ \dfrac{E}{1-\mu^2}\left(u_{2,22}+\dfrac{1-\mu}{2}u_{2,11}+\dfrac{1+\mu}{2}u_{1,12}\right)+\overline{F}_2 \right]\delta u_2 \mathrm{d}x\mathrm{d}y + \\ \int_{S_\sigma} \left\{ \dfrac{E}{1-\mu^2}\left[n_2(u_{2,2}+\mu u_{1,1})+n_1\dfrac{1-\mu}{2}(u_{1,2}+u_{2,1})\right]-\overline{p}_2 \right\}\delta u_2 \mathrm{d}S = 0. \end{cases} \tag{5-35}$$

式（5-34）和式（5-35）是完全等价的泛函极值条件.

按单类变量——位移求解时，位移预先必须满足的约束条件是位移边界条件式（**5-13**）；然后再满足变分方程式（**5-34**）或式（**5-35**），便可以求出未知的位移函数. 而由式（5-35）可见，变分方程式（5-35）或式（5-34）等价于用位移表示的平衡微分方程和应力边界条件.

3. 按位移求解的具体方法

首先设定位移分量为下列形式，即

## 第五章 各向同性、线性弹性、小位移下平面问题的变分法

$$\begin{cases} u_1 = u_{10} + \sum_m A_{1m} u_{1m}, \\ u_2 = u_{20} + \sum_m A_{2m} u_{2m}. \end{cases} \tag{5-36}$$

其中，$u_{10}$、$u_{20}$ 是设定的 $x,y$ 的函数，在约束边界上等于给定的约束位移；$u_{1m}$、$u_{2m}$ 是设定的 $x,y$ 的函数，在约束边界上等于零；$A_{1m}$、$A_{2m}$ 是变分的参数，用以反映位移的变分．这样，上述设定的位移已经完全满足了位移边界条件．

对于设定位移的变分是

$$\begin{cases} \delta u_1 = \sum_m u_{1m} \delta A_{1m}, \\ \delta u_2 = \sum_m u_{2m} \delta A_{2m}. \end{cases} \tag{5-37}$$

**将式（5-36）和式（5-37）代入变分方程（5-34），这时，变分的宗量——自变量，已经由位移分量转化为变分的参数 $A_{1m}$、$A_{2m}$．由于变分的参数 $A_{1m}$、$A_{2m}$ 均为独立的变量，变分方程（5-34）用应变能 $U$ 表示成为**

$$\begin{cases} \dfrac{\partial U}{\partial A_{1m}} = \int_R \overline{F}_1 u_{1m} \mathrm{d}x\mathrm{d}y + \int_{S_\sigma} \overline{p}_1 u_{1m} \mathrm{d}S, \\ \dfrac{\partial U}{\partial A_{2m}} = \int_R \overline{F}_2 u_{2m} \mathrm{d}x\mathrm{d}y + \int_{S_\sigma} \overline{p}_2 u_{2m} \mathrm{d}S . \\ \quad (m=1,\ 2,\ \cdots) \end{cases} \tag{5-38}$$

其中，平面应力问题的应变能 $U$ 是式（5-33）．

也可以应用变分方程（5-35）进行求解，将式（5-36）和式（5-37）代入变分方程（5-35），得

$$\begin{cases} \int_R \left[ \dfrac{E}{1-\mu^2}\left( u_{1,11} + \dfrac{1-\mu}{2}u_{1,22} + \dfrac{1+\mu}{2}u_{2,12} \right) + \overline{F}_1 \right] u_{1m}\mathrm{d}x\mathrm{d}y = 0, \\ \int_{S_\sigma} \left\{ \dfrac{E}{1-\mu^2}\left[ n_1\left(u_{1,1}+\mu u_{2,2}\right) + n_2 \dfrac{1-\mu}{2}\left(u_{1,2}+u_{2,1}\right) \right] - \overline{p}_1 \right\} u_{1m}\mathrm{d}S = 0; \\ \int_R \left[ \dfrac{E}{1-\mu^2}\left( u_{2,22} + \dfrac{1-\mu}{2}u_{2,11} + \dfrac{1+\mu}{2}u_{1,12} \right) + \overline{F}_2 \right] u_{2m}\mathrm{d}x\mathrm{d}y, \\ \int_{S_\sigma} \left\{ \dfrac{E}{1-\mu^2}\left[ n_2\left(u_{2,2}+\mu u_{1,1}\right) + n_1 \dfrac{1-\mu}{2}\left(u_{1,2}+u_{2,1}\right) \right] - \overline{p}_2 \right\} u_{2m}\mathrm{d}S = 0. \\ \quad (m=1,2,\cdots) \end{cases} \tag{5-39}$$

然后可以用下面的方法求解：

（1）**里茨法**——将设定的位移试函数（5-36）代入变分方程（5-38）或（5-39），从变分方程求解出变分的参数 $A_{1m}$、$A_{2m}$；然后再代入设定位移的表达式（5-36），得出位移.

（2）**伽辽金法**——使设定的位移试函数（5-36），不仅满足位移边界条件（5-13），也满足应力边界条件（5-22）；再将位移试函数代入伽辽金变分方程，即

$$\begin{cases} \int_R \left[ \dfrac{E}{1-\mu^2}\left( u_{1,11} + \dfrac{1-\mu}{2} u_{1,22} + \dfrac{1+\mu}{2} u_{2,12} \right) + \overline{F}_1 \right] u_{1m} \mathrm{d}x\mathrm{d}y = 0, \\ \int_R \left[ \dfrac{E}{1-\mu^2}\left( u_{2,22} + \dfrac{1-\mu}{2} u_{2,11} + \dfrac{1+\mu}{2} u_{1,12} \right) + \overline{F}_2 \right] u_{2m} \mathrm{d}x\mathrm{d}y = 0, \\ \qquad\qquad\qquad\qquad\qquad (m=1,2,\cdots) \end{cases} \quad (5\text{-}40)$$

从变分方程求解出变分的参数 $A_{1m}$、$A_{2m}$；然后再代入设定的位移表达式（5-36），得出位移.

（3）**列宾逊法**——使设定的位移试函数（5-36），不仅满足位移边界条件（5-13），也满足平衡微分方程（5-21）；再将位移试函数代入列宾逊变分方程，

$$\begin{cases} \int_{S_\sigma} \left\{ \dfrac{E}{1-\mu^2}\left[ n_1(u_{1,1}+\mu u_{2,2}) + n_2\dfrac{1-\mu}{2}(u_{1,2}+u_{2,1}) \right] - \overline{p}_1 \right\} u_{1m} \mathrm{d}S = 0; \\ \int_{S_\sigma} \left\{ \dfrac{E}{1-\mu^2}\left[ n_2(u_{2,2}+\mu u_{1,1}) + n_1\dfrac{1-\mu}{2}(u_{1,2}+u_{2,1}) \right] - \overline{p}_2 \right\} u_{2m} \mathrm{d}S = 0. \\ \qquad\qquad\qquad\qquad\qquad (m=1,2,\cdots) \end{cases} \quad (5\text{-}41)$$

从变分方程求解出变分的参数 $A_{1m}$、$A_{2m}$；然后再代入设定的位移表达式（5-36），得出位移.

## 5.4 应用极小势能原理的例题

现在应用极小势能原理，按照单类位移变量来求解例题.

**例 5-1**  设有宽度为 $a$ 而高度为 $b$ 的薄板（平面应力问题）（图 5-1），在左边和下边受有法向的连杆支撑，右边及上边分别受有法向的均布压力 $q_1$、$q_2$，不计体力，试用位移变分法求解薄板的位移.

**分析**：本题中的位移边界条件为

$$(u_1)_{x=0} = 0, \quad (u_2)_{y=0} = 0.$$

按照图示的坐标系，可以设定位移的表达式为

$$\begin{cases} u_1 = x(A_1 + A_2 x + A_3 y + \cdots), \\ u_2 = y(B_1 + B_2 x + B_3 y + \cdots). \end{cases} \quad (\text{a})$$

式（a）的位移函数，都已满足了左边和下边的两个位移边界条件；由于在边界上没有非零的约束位移，取 $u_{10}$、$u_{20}$ 为零．

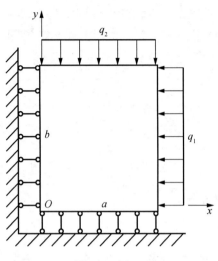

图 5-1　例 5-1

本题中只有上面的两个位移边界条件，其他的左边和下边的另一个边界条件，以及上边和右边的边界条件，都是应力边界条件．当应用里茨变分法时，只要求设定的位移满足位移边界条件即可．现在，在位移试函数（a）中只取 $m=1$ 的 $A_1$ 和 $B_1$ 两项，即

$$u_1 = A_{11}u_{11} = A_1 x, \quad u_2 = A_{21}u_{21} = B_1 y, \tag{b}$$

亦即

$$A_{11}=A_1, \quad u_{11}=x, \quad A_{21}=B_1, \quad u_{21}=y.$$

将位移代入形变势能 $U$ [式（5-33）]，得到

$$U = \frac{E}{2(1-\mu^2)} \int_0^a \int_0^b \left( A_1^2 + B_1^2 + 2\mu A_1 B_1 \right) dxdy.$$

进行积分以后，得到

$$U = \frac{Eab}{2(1-\mu^2)} \left( A_1^2 + B_1^2 + 2\mu A_1 B_1 \right). \tag{c}$$

在本题中，体力为零，变分方程（5-38）成为

$$\begin{cases} \dfrac{\partial U}{\partial A_{11}} = \int_{S_\sigma} \bar{p}_1 u_{11} dS, \\ \dfrac{\partial U}{\partial A_{21}} = \int_{S_\sigma} \bar{p}_2 u_{21} dS. \end{cases} \tag{d}$$

在面力边界条件中，只有在下列边界上，面力不为零：

右边界，边界方程是　　$x=a$，$dS=dy$，$\bar{p}_1=-q_1$，
上边界，边界方程是　　$y=b$，$dS=dx$，$\bar{p}_2=-q_2$. 　　　　　　　(e)

对于面力为零处，式（d）右边的积分为零.

将式（c）和式（e）代入式（d），得到求解变分参数的方程，

$$\frac{Eab}{2(1-\mu^2)}(2A_1+2\mu B_1)=-q_1ab,$$

$$\frac{Eab}{2(1-\mu^2)}(2B_1+2\mu A_1)=-q_2ab.$$

求解变分参数为

$$A_1=-\frac{q_1-\mu q_2}{E},\quad B_1=-\frac{q_2-\mu q_1}{E}.$$

由此得到位移分量的解答为

$$u_1=-\frac{q_1-\mu q_2}{E}x,\quad u_2=-\frac{q_2-\mu q_1}{E}y. \tag{f}$$

在本题的解答中，虽然只取各一个变分参数，但是得出的位移解答恰巧是位移分量的精确解. 读者可以试证，上述位移解答满足了位移边界条件，由位移求出的应力分量，也完全满足了平衡微分方程和应力边界条件.

**例 5-2** 设有宽度为 $2a$ 而高度为 $b$ 的矩形薄板（平面应力问题）（图 5-2），薄板的左右两边及下边均被完全固定，边界上的 $x$ 向和 $y$ 向的位移均为零；而上边的位移给定为

$$u_1=0,\quad u_2=-\eta\left(1-\frac{x^2}{a^2}\right). \tag{g}$$

不计体力，试求薄板的位移和应力.

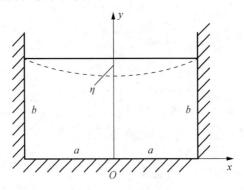

图 5-2　例 5-2

**分析**：在图示的坐标系下，将位移分量设定为

$$\begin{cases} u_1 = u_{10} + A_1 u_{11} = A_1 u_{11} = A_1\left(1 - \dfrac{x^2}{a^2}\right)\dfrac{x}{a}\dfrac{y}{b}\left(1 - \dfrac{y}{b}\right), \\ u_2 = u_{20} + B_1 u_{21} = -\eta\left(1 - \dfrac{x^2}{a^2}\right)\dfrac{y}{b} + B_1\left(1 - \dfrac{x^2}{a^2}\right)\dfrac{y}{b}\left(1 - \dfrac{y}{b}\right). \end{cases} \quad \text{(h)}$$

上述位移表达式（h）中，已经取 $u_{10}$ 等于零，而取 $u_{20}$ 如上式（h）中所示；其余的项只取 $m=1$。设定的位移可以完全满足所有的位移边界条件，即

$$(u_1)_{x=\pm a} = 0, \quad (u_1)_{y=0} = 0, \quad (u_1)_{y=b} = 0;$$

$$(u_2)_{x=\pm a} = 0, \quad (u_2)_{y=0} = 0, \quad (u_2)_{y=b} = -\eta\left(1 - \dfrac{x^2}{a^2}\right).$$

此外，按照本题的边界条件，具有对称性，因此，$u_1$ 应是 $x$ 的奇函数，而 $u_2$ 应是 $x$ 的偶函数，上述的表达式也满足了这些对称条件。

在这个问题中，没有应力边界条件，而设定的位移已经满足了全部位移边界条件。因此，本题可以应用伽辽金法进行求解。

由于体力为零，而 $m=1$，伽辽金变分方程（5-40）成为

$$\begin{cases} \int_R \left(u_{1,11} + \dfrac{1-\mu}{2} u_{1,22} + \dfrac{1+\mu}{2} u_{2,12}\right) u_{11} \mathrm{d}x\mathrm{d}y = 0, \\ \int_R \left(u_{2,22} + \dfrac{1-\mu}{2} u_{2,11} + \dfrac{1+\mu}{2} u_{1,12}\right) u_{21} \mathrm{d}x\mathrm{d}y = 0. \end{cases} \quad \text{(i)}$$

按照位移表达式，位移分量中的各项是

$$\begin{cases} u_{10} = 0, \quad u_{20} = -\eta\left(1 - \dfrac{x^2}{a^2}\right). \\ u_{11} = \left(1 - \dfrac{x^2}{a^2}\right)\dfrac{x}{a}\dfrac{y}{b}\left(1 - \dfrac{y}{b}\right), \\ u_{21} = \left(1 - \dfrac{x^2}{a^2}\right)\dfrac{y}{b}\left(1 - \dfrac{y}{b}\right). \end{cases} \quad \text{(j)}$$

将上述的位移分量（j），代入变分方程（i），进行积分以后，得到关于 $A_1$ 和 $B_1$ 两个线性方程，从而求得

$$A_1 = \dfrac{35(1+\mu)\eta}{42\dfrac{b}{a} + 20(1-\mu)\dfrac{a}{b}}, \quad B_1 = \dfrac{5(1-\mu)\eta}{16\dfrac{a^2}{b^2} + 2(1-\mu)}.$$

代入位移表达式（h），得到位移分量的解答，

$$\begin{cases} u_1 = \dfrac{35(1+\mu)\eta}{42\dfrac{b}{a}+20(1-\mu)\dfrac{a}{b}}\left(1-\dfrac{x^2}{a^2}\right)\dfrac{x}{a}\dfrac{y}{b}\left(1-\dfrac{y}{b}\right), \\ u_2 = -\eta\left(1-\dfrac{x^2}{a^2}\right)\dfrac{y}{b} + \dfrac{5(1-\mu)\eta}{16\dfrac{a^2}{b^2}+2(1-\mu)}\left(1-\dfrac{x^2}{a^2}\right)\dfrac{y}{b}\left(1-\dfrac{y}{b}\right). \end{cases} \quad (k)$$

当 $b=a$ 而泊松系数 $\mu = 0.2$ 时，上述的位移解答简化为

$$\begin{cases} u_1 = 0.724\eta\left(\dfrac{x}{a}-\dfrac{x^3}{a^3}\right)\left(\dfrac{y}{a}-\dfrac{y^2}{a^2}\right), \\ u_2 = -\eta\left(1-\dfrac{x^2}{a^2}\right)\left(0.773\dfrac{y}{a}+0.227\dfrac{y^2}{a^2}\right). \end{cases} \quad (l)$$

应用几何方程和物理方程，可由式 (1) 求得应力分量为

$$\begin{cases} \sigma_{11} = \dfrac{E}{1-\mu^2}(u_{1,1}+\mu u_{2,2}) \\ \qquad = -\dfrac{E\eta}{a}\left[\left(1-\dfrac{x^2}{a^2}\right)\left(0.161-0.095\dfrac{y}{a}\right)\right. \\ \qquad\qquad \left. -0.754\left(1-3\dfrac{x^2}{a^2}\right)\left(\dfrac{y}{a}-\dfrac{y^2}{a^2}\right)\right], \\ \sigma_{22} = \dfrac{E}{1-\mu^2}(u_{2,2}+\mu u_{1,1}) \\ \qquad = -\dfrac{E\eta}{a}\left[\left(1-\dfrac{x^2}{a^2}\right)\left(0.805+0.473\dfrac{y}{a}\right)\right. \\ \qquad\qquad \left. -0.302\left(1-3\dfrac{x^2}{a^2}\right)\left(\dfrac{y}{a}-\dfrac{y^2}{a^2}\right)\right], \\ \sigma_{21} = \dfrac{E}{2(1+\mu)}(u_{2,1}+u_{1,2}) \\ \qquad = \dfrac{E\eta}{a}\left[\dfrac{x}{a}\left(0.644\dfrac{y}{a}+0.189\dfrac{y^2}{a^2}\right)\right. \\ \qquad\qquad \left. +0.302\left(\dfrac{x}{a}-\dfrac{x^3}{a^3}\right)\left(1-2\dfrac{y}{a}\right)\right]. \end{cases} \quad (m)$$

当 $a=b$，在 $y=b=a$ 处，相应的边界面力为

$$\begin{cases} \bar{p}_2 = (\sigma_{22})_{y=a} = -1.278\dfrac{E\eta}{a}\left(1-\dfrac{x^2}{a^2}\right), \\ \bar{p}_1 = (\sigma_{12})_{y=a} = \dfrac{E\eta}{a}\left(0.531\dfrac{x}{a}+0.302\dfrac{x^3}{a^3}\right). \end{cases} \quad (\text{n})$$

这些面力表示，为了维持薄板边界上给定的强迫位移，需要在该边界上，施加如式（n）表达的面力．

## 5.5 极小余能原理和按应力求解的方法

**平面问题的极小余能原理**，可以引用第四章的结果，只需将有关平面问题的物理量及物理方程代入，就可以得出各向同性、线性弹性、小位移情形下平面问题的变分法公式．

1. 三类变量（独立的基本未知函数是 $\sigma_{ij},e_{ij},u_i$）形式的泛函

$$\pi_{c_1} = \int_R B(e,\sigma)\mathrm{d}x\mathrm{d}y - \int_{s_u} \bar{u}_i \sigma_{ij} n_j \mathrm{d}s , \quad (5\text{-}42)$$

式（5-42）的应变余能密度 $B(e,\sigma)$ 中，用应力表示应变的物理方程（5-12）还没有代入，因而 $e_{ij}$、$\sigma_{ij}$ 均为独立的未知变量，且 $e_{ij} = \dfrac{\partial B(e,\sigma)}{\partial \sigma_{ij}} = e_{ij}$，是等式而不是物理方程．因此，式（5-42）是三类变量形式的泛函．

泛函 $\pi_{c_1}(\sigma_{ij},e_{ij},u_i)$ ［式（5-42）］的极值条件为

$$\delta\pi_{c_1}\left(\sigma_{ij},e_{ij},u\right)_i = 0 . \quad (5\text{-}43)$$

上述三类变量（$\sigma_{ij},e_{ij},u_i$）形式的变分原理，对变分变量预先要求满足的约束条件，是静力平衡条件——平衡微分方程（5-9）和应力边界条件（5-14）；在变分过程中，强制要求满足的约束条件是，物理方程（5-12）和几何方程（5-10），而 $\pi_{c_1}$ 的极值条件（5-43）等价于位移边界条件（5-13）．

2. 单类变量（$\sigma_{ij}$）形式的泛函

在第二章中已经证明了从应力变分方程可导出几何方程和位移边界条件，即弹性体的全部形变协调条件（实质上，是用能量形式表示的全部形变协调条件），因而可以**替代全部形变协调条件**——几何方程和位移边界条件．因此，无论有无位移边界条件，可以**按单类变量（$\sigma_{ij}$）形式的极小余能原理来求解问题**．此时，变分的宗量——自变量是应力分量．**具体的求解方法如下**．

（1）取应力——$\sigma_{11},\sigma_{22},\sigma_{12}$ 为基本未知函数，应力预先必须满足的约束条件是静力平衡条件——平衡微分方程（5-9）和应力边界条件（5-14）.

（2）其次将物理方程（5-12）代入泛函（5-42），消去 $B$ 中应变变量 $e_{ij}$，用应力 $\sigma$ 表示，则 $B=B(\sigma)$，从而得到只含应力变量 $\sigma$ 的泛函. 对于平面应力问题，有

$$\sigma_{13}=\sigma_{23}=0, \quad \sigma_{33}=0,$$

代入泛函 $\pi_{c_1}(\sigma_{ij},e_{ij},u_i)$ [式（5-42）]，得出平面应力问题的单类变量（$\sigma_{ij}$）形式的泛函，

$$\pi_{c_3}(\sigma_{ij}) = \frac{1}{2E}\int_R \left[ \sigma_{11}^2 + \sigma_{22}^2 - 2\mu\sigma_{11}\sigma_{22} + 2(1+\mu)\sigma_{12}^2 \right] dxdy$$

$$-\int_{S_u}\left[ \bar{u}_1(\sigma_{11}n_1+\sigma_{12}n_2) + \bar{u}_2(\sigma_{22}n_2+\sigma_{12}n_1) \right]dS. \quad (5\text{-}44)$$

泛函（5-44）的极值条件为

$$\delta\pi_{c_3}(\sigma_{ij})=0. \quad (5\text{-}45)$$

（3）设定应力分量的试函数，代入泛函 $\pi_{c_3}$ [式（5-44）]，再代入变分方程（5-45），就可以求解应力变量.

上述单类应力变量（$\sigma_{ij}$）形式的变分原理，对变分变量（$\sigma_{ij}$）预先要求满足的约束条件，是静力平衡条件——平衡微分方程（5-9）和应力边界条件（5-14）；而 $\pi_{c_3}(\sigma_{ij})$ 的极值条件（5-45）等价于全部形变协调条件——几何方程和位移边界条件. 其中，由于应用了物理方程进行消元，应变变量 $e_{ij}$ 及其约束条件——物理方程（5-12）都消去了.

**3. 以应力函数 $\Phi$ 为变量的泛函表达式及求解方法**

在平面问题的常体力情形下，存在着应力函数，可以将平面应力均用一个应力函数 $\Phi$ 来表示，即式（5-26）. 将上述用应力函数 $\Phi$ 表示的应力代入泛函的表达式（5-44），就得到用应力函数表示的泛函 $\pi_{c_4}(\Phi)$，即

$$\pi_{c_4}(\Phi) = \frac{1}{2E}\int_R \left[ \left(\Phi_{,22}-\bar{F}_1 x\right)^2 + \left(\Phi_{,11}-\bar{F}_2 y\right)^2 \right.$$

$$\left. -2\mu\left(\Phi_{,22}-\bar{F}_1 x\right)\left(\Phi_{,11}-\bar{F}_2 y\right) + 2(1+\mu)\left(\Phi_{,12}\right)^2 \right]dxdy$$

$$-\int_{S_u}\left\{ \bar{u}_1\left[(\Phi_{,22}-\bar{F}_1 x)n_1 - \Phi_{,12}n_2\right] + \bar{u}_2\left[(\Phi_{,11}-\bar{F}_2 y)n_2 - \Phi_{,12}n_1\right] \right\}dS. \quad (5\text{-}46)$$

泛函 $\pi_{c_4}(\Phi)$ [式（5-46）]的极值条件为

$$\delta\pi_{c_4}(\Phi)=0. \quad (5\text{-}47)$$

具体的求解方法是，首先设定应力函数 $\Phi$ 的表达式，

$$\Phi = \Phi_0 + \sum_m A_m \Phi_m, \tag{5-48}$$

其中，$\Phi_0$ 是设定的 $(x,y)$ 函数，并且使 $\Phi_0$ 给出的应力满足 $S_\sigma$ 上的应力边界条件（用 $\Phi$ 表示的应力，必然满足平衡微分方程）；$\Phi_m$ 是设定的 $(x,y)$ 函数，并且使 $\Phi_m$ 给出的应力满足 $S_\sigma$ 上的无面力的应力边界条件；$A_m$ 是互不依赖的 $m$ 个变分参数，用以反映应力的变分.

应力函数 $\Phi$ 的变分是

$$\delta\Phi = \sum_m \Phi_m \delta A_m. \tag{5-49}$$

然后将设定的应力函数 $\Phi$ 及其变分代入泛函 $\pi_{c_4}(\Phi)$ [式（5-46）] 和变分方程（5-47），求出变分参数 $A_m$，便可以求出应力函数和应力.

## 5.6 应用极小余能原理求解的例题

下面应用应力函数 $\Phi$ 表示的极小余能原理来求解一些问题，以说明应力变分法的求解过程.

为了简化，考虑弹性体为单连体，体力为常量，并且全部边界都属于应力边界条件的问题. 前面已经讲过，当弹性体满足下面三个条件：①体力为常量；②单连体；③在边界上没有位移边界条件，全部为应力边界条件时（$S_u = 0$），则应力分量 $\sigma_{11}$、$\sigma_{22}$、$\sigma_{12}$ 与弹性常数无关. 在这样的条件下，泛函（5-44）的表达式简化为

$$\pi_{c_3}(\sigma_{ij}) = \frac{1}{2E} \int_R \left(\sigma_{11}^2 + \sigma_{22}^2 + 2\sigma_{12}^2\right) \mathrm{d}x\mathrm{d}y. \tag{5-50}$$

将用应力函数 $\Phi$ 表示的应力 [式（5-26）] 代入式（5-50），得出 $\pi_{c_4}$，即

$$\pi_{c_4}(\Phi) = \frac{1}{2E} \int_R \left[\left(\Phi_{,22} - \overline{F}_1 x\right)^2 + \left(\Phi_{,11} - \overline{F}_2 y\right)^2 + 2\left(\Phi_{,12}\right)^2\right] \mathrm{d}x\mathrm{d}y. \tag{5-51}$$

其泛函极值条件是 [式（5-47）].

当采用 5.5 节设定的应力函数试函数（5-48），并考虑全部边界均为应力边界条件，$S_u = 0$，则泛函（5-51）的极值条件成为

$$\int_R \left[\left(\Phi_{,22} - \overline{F}_1 x\right)\frac{\partial}{\partial A_m}\left(\Phi_{,22}\right) + \left(\Phi_{,11} - \overline{F}_2 y\right)\frac{\partial}{\partial A_m}\left(\Phi_{,11}\right) + 2\left(\Phi_{,12}\right)\frac{\partial}{\partial A_m}\left(\Phi_{,12}\right)\right] \mathrm{d}x\mathrm{d}y = 0.$$

$$(m=1, 2, \cdots) \tag{5-52}$$

从上述极值条件可以求解变分参数 $A_m$，然后再代入应力函数（5-48），并得出应力解答.

**例 5-3** 设有矩形薄板（平面应力问题），体力不计，在两对边上受有按抛物

线分布的拉力, 其最大集度为 $q$(图 5-3), 应力边界条件是

$$(\sigma_{11})_{x=\pm a} = q\left(1-\frac{y^2}{b^2}\right), \quad (\sigma_{12})_{x=\pm a} = 0;$$

$$(\sigma_{22})_{y=\pm b} = 0, \quad (\sigma_{12})_{y=\pm b} = 0.$$

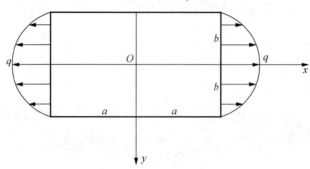

图 5-3  例 5-3

**分析**: 应力函数中的 $\Phi_0$, 可以取为下列表达式

$$\Phi_0 = \frac{q}{2}y^2\left(1-\frac{y^2}{6b^2}\right), \tag{a}$$

相应的应力是

$$(\sigma_{11})_0 = \Phi_{0,22} = q\left(1-\frac{y^2}{b^2}\right), \quad (\sigma_{22})_0 = \Phi_{0,11} = 0,$$

$$(\sigma_{12})_0 = -\Phi_{0,12} = 0.$$

可以满足各边界上的应力边界条件.

对于其余的几项 $\Phi_m$, 所对应的应力应当满足无面力的边界条件. 为此, 取 $\Phi_m$ 具有因子 $\left(1-\frac{x^2}{a^2}\right)^2\left(1-\frac{y^2}{b^2}\right)^2$, 以使 $\Phi_m$ 对 $y$ 的二阶导数在 $x=\pm a$ 的两对边上成为零, $\Phi_m$ 对 $x$ 的二阶导数在 $y=\pm b$ 的两对边上成为零, $\Phi_m$ 对 $x$ 及 $y$ 各一阶的二阶导数在所有四边上成为零, 因而 $\Phi_m$ 对应的应力分量 $\sigma_{11}$ 在 $x=\pm a$ 的两边成为零, 应力分量 $\sigma_{22}$ 在 $y=\pm b$ 的两对边上成为零, 以及切应力分量 $\sigma_{12}$ 在所有边界上均为零. 取应力函数为

$$\Phi = \Phi_0 + \sum_m A_m \Phi_m$$

$$= \frac{q}{2}y^2\left(1-\frac{y^2}{6b^2}\right) + qb^2\left(1-\frac{x^2}{a^2}\right)^2\left(1-\frac{y^2}{b^2}\right)^2$$

$$\times \left[A_1 + A_2\frac{x^2}{a^2} + A_3\frac{y^2}{b^2} + A_4\frac{x^4}{a^4} + A_5\frac{x^2y^2}{a^2b^2} + A_6\frac{y^4}{b^4} + \cdots\right]. \tag{b}$$

在式（b）中，已经考虑了应力的对称性：应力分布应当对称于 $x$ 轴及 $y$ 轴，应力函数应当是 $x$ 和 $y$ 的偶函数，在级数中只取 $x$ 和 $y$ 的偶函数。为了使式中的系数成为无量纲的，所以采用了以上的分数表达式。

首先，只在应力函数中取一个待定系数，即

$$\Phi = \frac{q}{2}y^2\left(1 - \frac{y^2}{6b^2}\right) + A_1 qb^2\left(1 - \frac{x^2}{a^2}\right)^2\left(1 - \frac{y^2}{b^2}\right)^2. \tag{c}$$

由于体力为零，泛函的极值条件（5-52）成为

$$4\int_0^a\int_0^b\left[\Phi_{,22}\frac{\partial}{\partial A_1}(\Phi_{,22}) + \Phi_{,11}\frac{\partial}{\partial A_1}(\Phi_{,11}) + 2\Phi_{,12}\frac{\partial}{\partial A_1}(\Phi_{,12})\right]\mathrm{d}x\mathrm{d}y = 0. \tag{d}$$

将式（c）代入式（d）进行积分，简化以后，得

$$\left(\frac{64}{7} + \frac{256}{49}\frac{b^2}{a^2} + \frac{64}{7}\frac{b^4}{a^4}\right)A_1 = 1.$$

对于正方形薄板，命 $\dfrac{b}{a} = 1$，得到

$$A_1 = 0.0425.$$

再代入式（c），命 $a=b$，再求应力分量，得出

$$\sigma_{11} = \Phi_{,22} = q\left(1 - \frac{y^2}{a^2}\right) - 0.170q\left(1 - \frac{x^2}{a^2}\right)^2\left(1 - \frac{3y^2}{a^2}\right),$$

$$\sigma_{22} = \Phi_{,11} = -0.170q\left(1 - \frac{3x^2}{a^2}\right)\left(1 - \frac{y^2}{a^2}\right)^2,$$

$$\sigma_{12} = -\Phi_{,12} = -0.681q\left(1 - \frac{x^2}{a^2}\right)\left(1 - \frac{y^2}{a^2}\right)\frac{xy}{a^2}.$$

在薄板的中心，$x=y=0$，得到

$$\sigma_{11} = 0.830q.$$

为了求得较精确的应力数值，在式（b）中取三个系数，应力函数表达式为

$$\Phi = \frac{q}{2}y^2\left(1 - \frac{y^2}{6b^2}\right) + qb^2\left(1 - \frac{x^2}{a^2}\right)^2\left(1 - \frac{y^2}{b^2}\right)^2\left(A_1 + A_2\frac{x^2}{a^2} + A_3\frac{y^2}{b^2}\right). \tag{e}$$

进行与以上相同的运算，得

$$\begin{cases}\left(\dfrac{64}{7} + \dfrac{256}{49}\dfrac{b^2}{a^2} + \dfrac{64}{7}\dfrac{b^4}{a^4}\right)A_1 + \left(\dfrac{64}{77} + \dfrac{64}{49}\dfrac{b^4}{a^4}\right)A_2 + \left(\dfrac{64}{49} + \dfrac{64}{77}\dfrac{b^4}{a^4}\right)A_3 = 1, \\[2mm] \left(\dfrac{64}{11} + \dfrac{64}{7}\dfrac{b^4}{a^4}\right)A_1 + \left(\dfrac{192}{143} + \dfrac{256}{77}\dfrac{b^2}{a^2} + \dfrac{192}{7}\dfrac{b^4}{a^4}\right)A_2 + \left(\dfrac{64}{77} + \dfrac{64}{77}\dfrac{b^4}{a^4}\right)A_3 = 1, \\[2mm] \left(\dfrac{64}{7} + \dfrac{64}{11}\dfrac{b^4}{a^4}\right)A_1 + \left(\dfrac{64}{77} + \dfrac{64}{77}\dfrac{b^4}{a^4}\right)A_2 + \left(\dfrac{192}{7} + \dfrac{256}{77}\dfrac{b^2}{a^2} + \dfrac{192}{143}\dfrac{b^4}{a^4}\right)A_3 = 1.\end{cases} \tag{f}$$

对于正方形薄板，$a=b$，由上述方程（f）得变分的参数，

$$A_1 = 0.040\,405,\ A_2 = A_3 = 0.011\,716.$$

由此得 $x=0$ 截面上的应力为

$$(\sigma_{11})_{x=0} = q\left(0.862 - 0.796\frac{y^2}{a^2} + 0.352\frac{y^4}{a^4}\right).$$

在薄板的中心，$y=0$，得到

$$\sigma_{11} = 0.0862q.$$

现在来比较：在应力函数的表达式中，不取待定参数、取一个待定参数（c）、取三个待定参数（e）时，在薄板中心的应力 $\sigma_{11}$ 分别为 $1.000q$、$0.830q$、$0.862q$. 这反映了随着参数数目的增加，应力精度逐渐在提高，估计精确的应力数值在 $0.860q$ 左右．

**例 5-4** 现在来考虑矩形薄板，受对称于 $y$ 轴而反对称于 $x$ 轴的荷载，如图 5-4 所示．由于作用于左右两端的面力，相应的边界条件是

$$(\sigma_{11})_{x=\pm a} = Qy^3,$$

而在其余边界上的面力都为零．显然，在此荷载作用下，应力将反对称于 $x$ 轴，而对称于 $y$ 轴．因此，应力函数可取为如下的形式为

$$\Phi = \frac{1}{20}Qy^5 + (x^2-a^2)^2(y^2-b^2)^2\left(A_1 y + A_2 y x^2 + A_3 y^3 + A_4 x^2 y^3 + \cdots\right).$$

应力函数中的第一项能满足面力边界条件；而其余几项在边界上都给出对应于零的面力值．这样，应力函数对应的应力满足了全部应力边界条件，并且应力函数也满足了上述的对称性和反对称性的要求．应力函数中包含了四个待定的变分参数，将上述应力函数代入泛函（5-51）和极值条件（5-52），求解出四个系数，就得到应力函数的解答．

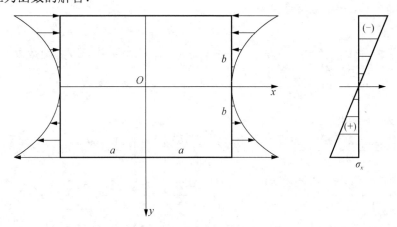

图 5-4 例 5-4

对于正方形板，$a=b$，得出的应力解答是

$$\sigma_{11} = 2Qa^3 \left\{ \frac{1}{2}\eta^3 - \left(1-\xi^2\right)^2 \left[0.083\,92\left(5\eta^3 - 3\eta\right)\right.\right.$$
$$\left.+0.004\,108\left(21\eta^5 - 20\eta^3 + 3\eta\right)\right] - \xi^2\left(1-\xi^2\right)^2\left[0.073\,08\left(5\eta^3 - 3\eta\right)\right.$$
$$\left.\left.+0.041\,79\left(21\eta^5 - 20\eta^3 + 3\eta\right)\right]\right\},$$

其中，$\xi = \dfrac{x}{a}$，$\eta = \dfrac{y}{b}$．在中间截面上，$x=0$，$\sigma_{11}$ 应力的分布成曲线形，与直线相差不远，如图 5-4 右所示．

# 第六章 各向同性、线性弹性、小位移下扭转问题的变分法

**本章内容摘要**

本章介绍各向同性、线性弹性、小位移假定下等截面直杆的扭转问题. 首先, 介绍扭转问题微分方程的解法, 即按应力求解的方法和按位移求解的方法. 其次, 根据极小势能原理, 介绍按位移求解的变分法, 以及根据极小余能原理, 介绍按应力求解的变分法. 并介绍一些例题, 以说明变分法的具体求解过程.

## 6.1 扭转问题的基本理论

设有等截面直杆, 其杆的长度远大于截面的尺寸. 不计体力, $\bar{F}_1 = \bar{F}_2 = \bar{F}_3 = 0$; 在两端的平面内受有大小相等而转向相反的扭矩 $M$ [图 6-1 (a)、(b)]; 在杆的侧面上, 没有受任何面力的作用. 取坐标系如下: 设 $z$ 轴沿着杆的纵向, 而杆的横截面为 $xy$ 面. 本题属于**等截面直杆的扭转问题**.

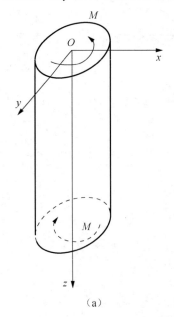
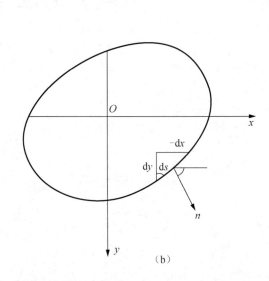

图 6-1 扭转问题

# 第六章 各向同性、线性弹性、小位移下扭转问题的变分法

扭转问题是空间问题的一个特例. 因此, 应该从空间问题的基本理论和解法出发, 根据扭转问题的特征, 对空间问题进行简化, 从而导出扭转问题的基本方程. 对于扭转问题, 可以采用按应力求解的方法, 也可以采用按位移求解的方法.

**扭转问题的按应力求解**——首先, **取应力分量为基本未知函数**, 应力分量应当满足的全部条件是**平衡微分方程、相容方程和应力边界条件**(在扭转问题中, 一般假设没有位移边界条件, 全部边界上都为应力边界条件). 若为多连体, 则必须考虑位移单值条件; 对于单连体, 位移单值条件是自然满足的.

现在采用半逆解法求解. 根据材料力学关于圆截面杆的解答, 提出对于应力分量的假设: 除了横截面($z$ 坐标面)上的切应力(即扭应力)$\sigma_{31}$, $\sigma_{32}$ 之外, 其余的应力分量都设定为零, 

$$\sigma_{11} = \sigma_{22} = \sigma_{33} = \sigma_{12} = 0 . \tag{6-1}$$

在本章中, 下标 1,2,3 分别表示 $x,y,z$.

**应力分量应该满足空间问题的三个平衡微分方程**. 将式(6-1)代入平衡微分方程(4-1), 注意体力均为零, 于是平衡微分方程成为下面三式, 即

$$\sigma_{31,3} = 0, \quad \sigma_{32,3} = 0, \quad \sigma_{31,1} + \sigma_{32,2} = 0 . \tag{6-2}$$

由前两个方程可见, 扭应力 $\sigma_{31}$, $\sigma_{32}$ 应当只是 $x$ 和 $y$ 的函数, 不随 $z$ 而变化, 而第三式可以改写为

$$\sigma_{31,1} = -\sigma_{32,2} . \tag{6-3}$$

根据微分方程理论, 由偏导数的相容性, 即

$$(\Phi_{,2})_{,1} = (\Phi_{,1})_{,2} , \tag{6-4}$$

于是由式(6-3)可见, 一定存在着一个函数 $\Phi(x,y)$, 扭应力 $\sigma_{31}$, $\sigma_{32}$ 可以表示为

$$\sigma_{31} = \Phi_{,2} , \quad \sigma_{32} = -\Phi_{,1} . \tag{6-5}$$

函数 $\Phi(x,y)$, 称为扭转问题的普朗特应力函数.

其次, 考虑应力分量应当满足空间问题的 **6** 个相容方程. 将上述应力分量(6-1)和(6-5)代入米歇尔相容方程——4.6 节的式(4-61)和式(4-62), 其中的前三式及最后一式均能自然满足, 而其余两式要求

$$\nabla^2 \sigma_{32} = 0 , \quad \nabla^2 \sigma_{31} = 0 . \tag{6-6}$$

将扭应力 $\sigma_{32}$、$\sigma_{31}$ 的表达式(6-5)代入式(6-6), 得

$$(\nabla^2 \Phi)_{,1} = 0 , \quad (\nabla^2 \Phi)_{,2} = 0 .$$

这就是说, $\nabla^2 \Phi$ 应当是常量, 即

$$\nabla^2 \Phi = C . \tag{6-7}$$

然后考核全部的应力边界条件. 在杆的侧面上, $n_3 = 0$, 所有的面力均为零, $\bar{p}_1 = \bar{p}_2 = \bar{p}_3 = 0$, 可见应力边界条件(**4-7**)的前两式总能满足, 而第三式要求

$$n_1 (\sigma_{31})_S + n_2 (\sigma_{32})_S = 0 . \tag{6-8}$$

将扭应力 $\sigma_{31}$、$\sigma_{32}$ 的表达式（6-5）代入式（6-8），得

$$n_1(\Phi_{,2})_S - n_2(\Phi_{,1})_S = 0 . \tag{6-9}$$

在侧面边界［图6-1（b）］上有，

$$n_1 = \frac{\mathrm{d}y}{\mathrm{d}S}, \quad n_2 = -\frac{\mathrm{d}x}{\mathrm{d}S}, \tag{6-10}$$

因此，边界条件要求

$$(\Phi_{,2})_S \frac{\mathrm{d}y}{\mathrm{d}S} + (\Phi_{,1})_S \frac{\mathrm{d}x}{\mathrm{d}S} = \frac{\mathrm{d}\Phi}{\mathrm{d}S} = 0 . \tag{6-11}$$

这就是说，在杆的侧面上（即在横截面的边界曲线上），应力函数的边界值应当是常量。由扭应力 $\sigma_{31}$、$\sigma_{32}$ 的表达式（6-5）可见，在应力函数中增加或减少一个常数是不影响应力的．因此，在单连体（实心杆）的情形下，可取应力函数的边界值为零，即

$$\Phi_S = 0 . \tag{6-12}$$

对于多连体，每一个边界上的应力函数值都是常量，但各个常量一般并不相同．这时，可取其中的一个边界上的 $\Phi_S$ 为零，其他边界上的 $\Phi_S$ 值则必须根据多连体的位移单值条件来确定．

现在来考虑杆件的上、下端面的应力边界条件．在杆的上端面，$n_1 = n_2 = 0$，$n_3 = -1$，由于法向应力是零，$\sigma_{33} = 0$，应力边界条件（4-7）的第三式自然满足，而前两式成为

$$-\sigma_{31} = \overline{p}_1, \quad -\sigma_{32} = \overline{p}_2 . \tag{6-13}$$

式（6-13）的边界条件很难精确满足．由于这两个端面与侧面相比是小边界，可以应用圣维南原理来处理这两个小边界的条件：用主矢量和主矩的条件，来代替精确的应力边界条件（6-13）．因为在端面上，只有力矩 $M$ 的作用，其面力 $\overline{p}_1$、$\overline{p}_2$ 合成的主矢量应该是零，而合成的力矩就应等于扭矩 $M$．因此，应用圣维南原理时，要求扭应力 $\sigma_{31}$、$\sigma_{32}$ 满足下面的三个积分条件，

$$-\int_R \sigma_{31} \mathrm{d}x \mathrm{d}y = \int_R \overline{P}_1 \mathrm{d}x \mathrm{d}y = 0 , \tag{6-14}$$

$$-\int_R \sigma_{32} \mathrm{d}x \mathrm{d}y = \int_R \overline{P}_2 \mathrm{d}x \mathrm{d}y = 0 , \tag{6-15}$$

$$\int_R (x\sigma_{32} - y\sigma_{31}) \mathrm{d}x \mathrm{d}y = \int_R (y\overline{p}_1 - x\overline{p}_2) \mathrm{d}x \mathrm{d}y = M , \tag{6-16}$$

其中，$R$ 为横截面的面积．将式（6-5）和式（6-12）代入，则式（6-14）和式（6-15）成为

$$\begin{cases} -\int_R \sigma_{31} \mathrm{d}x \mathrm{d}y = -\int_R \Phi_{,2} \mathrm{d}x \mathrm{d}y = -\int_S \Phi n_2 \mathrm{d}S = 0, \\ -\int_R \sigma_{32} \mathrm{d}x \mathrm{d}y = \int_R \Phi_{,1} \mathrm{d}x \mathrm{d}y = \int_S \Phi n_1 \mathrm{d}S = 0 . \end{cases} \tag{6-17}$$

由于式（6-12），$\Phi$ 的边界值均为零，式（6-14）和式（6-15），即式（6-17）是满

足的，而对式（6-16），应用分部积分和格林公式，得出

$$\int_R (x\sigma_{32} - y\sigma_{31})\mathrm{d}x\mathrm{d}y = -\int_R (x\Phi_{,1} + y\Phi_{,2})\mathrm{d}x\mathrm{d}y$$
$$= -\int_S (x\Phi n_1 + y\Phi n_2)\mathrm{d}S + 2\int_R (\Phi)\mathrm{d}x\mathrm{d}y$$
$$= M, \tag{6-18}$$

注意到 $\Phi$ 的边界值均为零，因此得

$$2\int_R \Phi \mathrm{d}x\mathrm{d}y = M. \tag{6-19}$$

在上述的平衡微分方程和上端面的应力边界条件都满足的条件下，下端面的应力边界条件（考虑主矢量和主矩的条件）是自然满足的．

归纳起来说，上述的应力分量式（6-1）和式（6-5）已经满足了对于单连体必须考虑的全部条件：空间问题的三个平衡微分方程、六个用应力表示的相容方程，以及侧面和两端面的应力边界条件．需要求解的是未知的应力函数 $\Phi$．**应力函数 $\Phi$ 应当满足的条件是**：平面域 $R$ 内的**微分方程（6-7）**、侧面边界上的**应力边界条件式（6-12）**和上下端的应力边界条件式（6-19）．由上面这些条件求解出应力函数，然后就可以从式（6-5）求出应力分量．对于多连体，当然还必须考虑位移的单值条件．

现在来求出与上述应力分量对应的**位移分量**．将应力分量的表达式（6-1）和式（6-5）代入物理方程（4-4），得形变分量为

$$\begin{cases} e_{11} = 0, \ e_{22} = 0, \ e_{33} = 0; \\ e_{32} = -\dfrac{1}{2G}\Phi_{,1}, \ e_{31} = \dfrac{1}{2G}\Phi_{,2}, \ e_{12} = 0. \end{cases} \tag{6-20}$$

式（6-20）中 $G = \dfrac{E}{2(1+\mu)}$ 是切变模量．再将这些形变分量代入几何方程（4-2），得

$$\begin{cases} u_{1,1} = 0, \ u_{2,2} = 0, \ u_{3,3} = 0; \\ u_{3,2} + u_{2,3} = -\dfrac{1}{G}\Phi_{,1}, \ u_{1,3} + u_{3,1} = \dfrac{1}{G}\Phi_{,2}, \ u_{1,2} + u_{2,1} = 0. \end{cases} \tag{6-21}$$

通过积分运算，可以得出位移分量，即

$$u_1 = u_{10} + \omega_2 z - \omega_3 y - Kyz, \quad u_2 = u_{20} + \omega_3 x - \omega_1 z + Kxz. \tag{6-22}$$

其中的常数 $u_{10}$、$u_{20}$、$\omega_1$、$\omega_2$、$\omega_3$ 是刚体位移分量；$K$ 是积分常数．不计刚体位移，只保留与形变有关的位移，则

$$u_1 = -Kyz, \quad u_2 = Kxz. \tag{6-23}$$

应用圆柱坐标表示位移，得

$$u_\rho = 0, \quad u_\varphi = K\rho z. \tag{6-24}$$

由式（6-24）可见，每一个横截面在 $xy$ 面上的投影不改变形状，而只转动了一个角度 $\alpha = Kz$．并且又可见，杆的单位长度内的扭角是 $\dfrac{d\alpha}{dz} = K$．

将式（6-23）代入式（6-21）的第五、第四式，得到

$$u_{3,1} = \frac{1}{G}\Phi_{,2} + Ky, \quad u_{3,2} = -\frac{1}{G}\Phi_{,1} - Kx, \tag{6-25}$$

可以用来求出 $z$ 方向的位移分量 $u_3$，即横截面的翘曲位移．将式（6-25）分别对 $y$ 和 $x$ 求导，然后相减，即得

$$\nabla^2 \Phi = -2GK. \tag{6-26}$$

由此可见，方程（6-7）中的常数 $C$，是与扭角 $K$ 有关的量，即

$$C = -2GK. \tag{6-27}$$

**扭转问题也可以按位移求解**——采用半逆解法．圣维南认为，扭杆的形变包括两部分，即截面的转动和截面的翘曲．首先，参照材料力学圆截面杆的扭转位移，设定**位移分量 $u_1$，$u_2$ 表示截面的转动**，

$$u_1 = -\theta yz, \quad u_2 = \theta xz. \tag{6-28}$$

其中，$\theta z$ 是距原点为 $z$ 的截面的扭转；$\theta$ 是杆的单位长度内的扭角，即式（6-23）中的 $K$．

又假定 $z$ 方向的位移为下列形式

$$u_3 = w(x, y), \tag{6-29}$$

其中，$w(x, y)$ 表示横截面的翘曲，与 $z$ 无关，即所有截面的翘曲都相同．

**按位移求解时**，从按位移求解空间问题的基本方程出发，上述设定的位移分量必须满足的全部条件是用位移表示的**平衡微分方程和应力边界条件**（假定全部边界上，均为应力边界条件）．

由上述式（6-28）和式（6-29）的位移分量，求出与位移相应的形变分量和应力分量为

$$e_{11} = e_{22} = e_{33} = e_{12} = 0, \tag{6-30}$$

$$e_{31} = \frac{1}{2}(w_{,1} - \theta y), \quad e_{32} = \frac{1}{2}(w_{,2} + \theta x). \tag{6-31}$$

$$\sigma_{11} = \sigma_{22} = \sigma_{33} = \sigma_{12} = 0, \tag{6-32}$$

$$\sigma_{31} = G(w_{,1} - \theta y), \quad \sigma_{32} = G(w_{,2} + \theta x). \tag{6-33}$$

首先，考虑应力分量应满足三个**平衡微分方程**，将应力分量式（6-32）和式（6-33）代入式（4-1），前两个方程自然满足，而第三个方程成为

$$\nabla^2 w(x, y) = 0. \tag{6-34}$$

其次，考虑侧面和上下端面的应力边界条件．在侧面，$n_3 = 0$，将应力分量式（6-32）

和式（6-33）代入应力边界条件式（4-7），则前两式总能满足，而第三式成为式（6-8）. 将应力分量（6-33）代入式（6-8），得侧面的边界条件，

$$[n_1(w_{,1}-\theta y)+n_2(w_{,2}+\theta x)]_S=0 \quad (S). \tag{6-35}$$

在上下端面上，应力分量难以精确地满足应力边界条件（6-13）. 根据圣维南原理，可以代替为积分的应力边界条件式（6-14）～式（6-16）. 将应力分量式（6-33）代入式（6-14），即

$$\int_R \sigma_{31}\mathrm{d}x\mathrm{d}y=0, \tag{6-36}$$

因为

$$\begin{aligned}\int_R \sigma_{31}\mathrm{d}x\mathrm{d}y &= G\int_R (w_{,1}-\theta y)\mathrm{d}x\mathrm{d}y \\ &= G\int_R \left\{\left[x(w_{,1}-\theta y)\right]_{,1}+\left[x(w_{,2}+\theta x)\right]_{,2}\right\}\mathrm{d}x\mathrm{d}y \\ &= G\int_S x\left[(w_{,1}-\theta y)n_1+(w_{,2}+\theta x)n_2\right]\mathrm{d}S+\int_R x\nabla^2 w\mathrm{d}x\mathrm{d}y \\ &= 0. \end{aligned} \tag{6-37}$$

将方程（6-34）、应力边界条件式（6-35）代入式（6-37），则式（6-37）能完全地满足.

同样，对于式（6-15），即

$$\int_R \sigma_{32}\mathrm{d}x\mathrm{d}y=0, \tag{6-38}$$

也能完全地满足，而由式（6-16），

$$\int_R (x\sigma_{32}-y\sigma_{31})\mathrm{d}x\mathrm{d}y=M, \tag{6-39}$$

得出上下端面的边界条件，

$$G\int_R \left[xw_{,2}-yw_{,1}+\theta(x^2+y^2)\right]\mathrm{d}x\mathrm{d}y=M. \tag{6-40}$$

最后得出，**扭转函数 $w(x,y)$ 和扭角 $\theta$ 应当满足的条件是：域内的方程（6-34）、扭杆侧面的应力边界条件式（6-35）和扭杆上下端面的应力边界条件式（6-40）**.

如果将 $z$ 向的位移 $u_3$ 表示为下列形式为

$$u_3=\theta\varphi(x,y), \tag{6-41}$$

$\varphi(x,y)$ 称为**翘曲函数**. 将式（6-41）代入上面几式，则式（6-34）、式（6-35）和式（6-40）成为更简单的形式. 由此得出，**翘曲函数 $\varphi(x,y)$ 应满足的条件**是

$$\nabla^2\varphi(x,y)=0, \tag{6-42}$$

$$\left[n_1(\varphi_{,1}-y)+n_2(\varphi_{,2}+x)\right]_S=0 \quad (S). \tag{6-43}$$

$$G\theta\int_R \left[x\varphi_{,2}-y\varphi_{,1}+(x^2+y^2)\right]\mathrm{d}x\mathrm{d}y=M. \tag{6-44}$$

按位移求解扭转问题，不如按应力求解扭转问题简单．因为按位移求解时的边界条件式（6-43）和式（6-44）比较复杂；而按应力求解时的边界条件式（6-12）和式（6-19）比较简单．

## 6.2　扭转问题的位移变分法

在 6.1 节中，已经导出了**按位移求解扭转问题的方法**，最后归结为：**扭转函数 $w(x,y)$ 和扭角 $\theta$，应当满足的条件是：域内的方程（6-34）、扭杆侧面的应力边界条件式（6-35）和扭杆上下端面的应力边界条件式（6-40）**．

扭转问题的**位移变分法**，是取位移分量为基本未知函数，并应用极小势能原理来求解的．在 6.1 节中，已将扭转问题的位移分量表达为式（6-28）和式（6-29），即用扭转函数 $w(x,y)$ 和扭角 $\theta$ 来表示位移分量；相应的形变分量和应力分量如式（6-30）和式（6-31）及式（6-32）和式（6-33）所示．

对于扭转问题，只有两个扭应力 $\tau_{zx} = \sigma_{31}$ 和 $\tau_{zy} = \sigma_{32}$ 存在，并注意 $\gamma_{zx} = 2e_{31}$ 和 $\gamma_{zy} = 2e_{32}$，因此，单位长度扭杆的形变势能是

$$\begin{aligned} U &= \int_R (\sigma_{31} e_{31} + \sigma_{32} e_{32}) \mathrm{d}x\mathrm{d}y \\ &= 2G \int_R \left(e_{31}^2 + e_{32}^2\right) \mathrm{d}x\mathrm{d}y \\ &= \frac{G}{2} \int_R \left[ \left(w_{,1} - \theta y\right)^2 + \left(w_{,2} + \theta x\right)^2 \right] \mathrm{d}x\mathrm{d}y . \end{aligned} \quad (6\text{-}45)$$

扭杆又只受扭矩 $M$ 的作用，其单位长度扭杆的外力势能 $V$ 是外力功 $W$ 的负值，即

$$V = -W = -M\theta . \quad (6\text{-}46)$$

这样得到单位长度扭杆的总势能为

$$\pi_p = \frac{G}{2} \int_R \left[ \left(w_{,1} - \theta y\right)^2 + \left(w_{,2} + \theta x\right)^2 \right] \mathrm{d}x\mathrm{d}y - M\theta . \quad (6\text{-}47)$$

相应的变分方程——泛函极值条件是

$$\delta\pi_p = 0 . \quad (6\text{-}48)$$

由于采用了位移的表达式（6-28）和式（6-29），总势能泛函的宗量——自变量，已经从位移转化为扭转函数 $w(x,y)$ 和单位长度的扭角 $\theta$．总势能对 $w(x,y)$ 和 $\theta$ 变分是

$$\begin{aligned} \delta\pi_p = G \int_R &\left[ (w_{,1} - \theta y)(\delta w_{,1} - y\delta\theta) \right. \\ &\left. + (w_{,2} + \theta x)(\delta w_{,2} + x\delta\theta) \right] \mathrm{d}x\mathrm{d}y - M\delta\theta \\ = 0 . & \end{aligned} \quad (6\text{-}49)$$

经过整理后得

$$\left\{ G\int_R \left[ (w_{,1}-\theta y)(-y)+(w_{,2}+\theta x)x \right] \mathrm{d}x\mathrm{d}y - M \right\} \delta\theta$$
$$+ G\int_R \left[ (w_{,1}-\theta y)\ (\delta w_{,1}) + (w_{,2}+\theta x)\delta w_{,2} \right] \mathrm{d}x\mathrm{d}y = 0 . \qquad (6\text{-}50)$$

式（6-50）的第二个积分项中，

$$G\int_R \left[ (w_{,1}-\theta y)\delta w_{,1} \right] \mathrm{d}x\mathrm{d}y$$
$$= G\int_S \left[ (w_{,1}-\theta y)n_1 \delta w \right] \mathrm{d}S - G\int_R \left[ w_{,11}\delta w \right] \mathrm{d}x\mathrm{d}y ;$$
$$G\int_R \left[ (w_{,2}+\theta x)\ (\delta w_{,2}) \right] \mathrm{d}x\mathrm{d}y$$
$$= G\int_S \left[ (w_{,2}+\theta x)n_2 \delta w \right] \mathrm{d}S - G\int_R \left[ w_{,22}\delta w \right] \mathrm{d}x\mathrm{d}y . \qquad (6\text{-}51)$$

将式（6-51）代入式（6-50），于是得出伽辽金变分方程的形式，

$$\left\{ G\int_R \left[ xw_{,2}-yw_{,1}+\theta(x^2+y^2) \right] \mathrm{d}x\mathrm{d}y - M \right\} \delta\theta$$
$$+ G\int_S \left[ n_1(w_{,1}-\theta y)+n_2(w_{,2}+\theta x) \right] \delta w \mathrm{d}S$$
$$- G\int_R \left[ \nabla^2 w(x,y) \right] \delta w \mathrm{d}x\mathrm{d}y = 0 . \qquad (6\text{-}52)$$

由于扭转函数 $w(x,y)$ 和单位长度的扭角 $\theta$ 都是独立的变量，从上述变分方程式（6-52）得出以下的欧拉方程，

$$\nabla^2 w(x,y) = 0 . \qquad (6\text{-}34)$$
$$\left[ n_1(w_{,1}-\theta y)+n_2(w_{,2}+\theta x) \right]_S = 0 \qquad (\text{S}) . \qquad (6\text{-}35)$$
$$G\int_R \left[ xw_{,2}-yw_{,1}+\theta(x^2+y^2) \right] \mathrm{d}x\mathrm{d}y = M . \qquad (6\text{-}40)$$

由此可见，上述**变分方程式（6-48）**或式（**6-52**）等价于微分方程式（**6-34**）、式（**6-35**）和式（**6-40**），或者说，可以替代微分方程式（6-34）、式（6-35）和式（6-40）。

在 6.1 节中，按位移求解扭转问题的微分方程时，已经证明，**扭转函数 $w(x,y)$ 和单位长度的扭角 $\theta$ 应该满足的条件就是式（6-34）、式（6-35）和式（6-40）**。因此，按位移变分法求解时，可以设定扭转函数 $w(x,y)$ 的试函数，由变分方程（6-48）或式（6-52）去求出扭转函数 $w(x,y)$ 和单位长度的扭角 $\theta$。也可以将微分方程式（6-34）、式（6-35）和式（6-40）中的某些条件，作为预先设定试函数 $w(x,y)$ 时的约束条件，使之预先满足；或者作为变分运算过程中约束条件，在运算过程中令其满足。然后再应用变分方程进行求解。

## 6.3 扭转问题的应力变分法

在 6.1 节中已经介绍了按应力求解扭转问题微分方程的方法：扭应力 $\sigma_{31}$、$\sigma_{32}$ 可以用应力函数 $\Phi$ 表示为式(6-5)，**应力函数 $\Phi$ 应满足的条件是域内的方程(6-7)、侧面的应力边界条件式（6-12）和上下端面的应力边界条件式（6-19）**.

现在来考虑**扭转问题的应力变分法**，即取应力分量——应力函数为基本未知函数，应用极小余能原理来进行求解．首先，引用 6.1 节中用应力函数表示扭应力的表达式，即

$$\sigma_{31} = \Phi_{,2}, \quad \sigma_{32} = -\Phi_{,1}. \tag{6-5}$$

将应变余能 $U^*$ 用应力函数来表示．单位长度扭杆的应变余能是

$$U^* = \int_R (e_{31}\sigma_{31} + e_{32}\sigma_{32}) \mathrm{d}x\mathrm{d}y$$

$$= \frac{1}{2G}\int_R (\sigma_{31}^2 + \sigma_{32}^2) \mathrm{d}x\mathrm{d}y$$

$$= \frac{1}{2G}\int_R (\Phi_{,1}^2 + \Phi_{,2}^2) \mathrm{d}x\mathrm{d}y, \tag{6-53}$$

单位长度扭杆的外力余能 $V^*$ 是外力余功 $W^*$ 的负值，由于单位长度的扭角是 $K$，则

$$V^* = -W^* = -MK = -2K\int_R \Phi \mathrm{d}x\mathrm{d}y, \tag{6-54}$$

**单位长度扭杆的总余能**是

$$\pi_c = \frac{1}{2G}\int_R (\Phi_{,1}^2 + \Phi_{,2}^2) \mathrm{d}x\mathrm{d}y - 2K\int_R \Phi \mathrm{d}x\mathrm{d}y. \tag{6-55}$$

泛函式（6-55）的极值条件是

$$\delta\pi_c = 0. \tag{6-56}$$

因为泛函 $\pi_c$ 的变分变量，已经从应力分量转化为用应力函数 $\Phi$ 和单位长度的扭角 $K$ 来表示．因此，泛函 $\pi_c$［式（6-55）］的极值条件式（6-56）成为

$$\delta\pi_c = \frac{1}{G}\int_R (\Phi_{,1}\delta\Phi_{,1} + \Phi_{,2}\delta\Phi_{,2}) \mathrm{d}x\mathrm{d}y - 2K\int_R \delta\Phi \mathrm{d}x\mathrm{d}y = 0, \tag{6-57}$$

其中

$$\begin{cases} \int_R (\Phi_{,1}\delta\Phi_{,1}) \mathrm{d}x\mathrm{d}y = \int_S (\Phi_{,1}\delta\Phi n_1) \mathrm{d}S - \int_R (\Phi_{,11}\delta\Phi) \mathrm{d}x\mathrm{d}y, \\ \int_R (\Phi_{,2}\delta\Phi_{,2}) \mathrm{d}x\mathrm{d}y = \int_S (\Phi_{,2}\delta\Phi n_2) \mathrm{d}S - \int_R (\Phi_{,22}\delta\Phi) \mathrm{d}x\mathrm{d}y, \end{cases} \tag{6-58}$$

代入式（6-57），得到

$$\delta\pi_c = \frac{1}{G}\int_S (\Phi_{,1}n_1 + \Phi_{,2}n_2)\delta\Phi \mathrm{d}S - \frac{1}{G}\int_R (\nabla^2\Phi + 2GK)\delta\Phi \mathrm{d}x\mathrm{d}y = 0. \tag{6-59}$$

注意在边界上 $\Phi_S = 0$，因此，在边界 $S$ 上 $\Phi_{,1} = 0$ 和 $\Phi_{,2} = 0$，所以变分方程成为

$$\delta \pi_c = -\frac{1}{G} \int_R (\nabla^2 \Phi + 2GK) \delta \Phi \mathrm{d}x\mathrm{d}y = 0 . \tag{6-60}$$

由于应力函数 $\Phi$ 是独立的变分变量，变分方程得出等价的欧拉方程，即

$$\nabla^2 \Phi = -2GK . \tag{6-26}$$

归结起来讲，应用极小余能原理的变分法，是取应力函数 $\Phi$ 和单位长度的扭角 $K$ 为变分变量。变分变量 $\Phi$ 和 $K$ 应满足的约束条件如下。

（1）侧面的应力边界条件，

$$\Phi_S = 0 , \tag{6-12}$$

（2）上下端面的应力边界条件，

$$2\int_R \Phi \mathrm{d}x\mathrm{d}y = M . \tag{6-19}$$

（3）$\Phi$ 应该满足变分方程式（6-57）或式（6-60），变分方程等价于欧拉方程，即式（6-26）。

按应力变分法求解时，具体的步骤如下。

（1）设定应力函数 $\Phi$ 的试函数，

$$\Phi = \sum_m A_m \Phi_m , \tag{6-61}$$

其中，$\Phi_m$ 是设定的 $(x,y)$ 的函数，在侧面边界上满足条件 $(\Phi_m)_S = 0$，使应力函数 $\Phi$ 预先满足侧面的应力边界条件式（6-12）；$A_m$ 是设定的变分参数，以反映应力函数的变分。由式（6-61），得出应力函数 $\Phi$ 的变分为

$$\delta \Phi = \sum_m \Phi_m \delta A_m . \tag{6-62}$$

（2）将应力函数 $\Phi$ 代入变分方程（6-57），得

$$\int_R \left[ \Phi_{,1} \frac{\partial}{\partial A_m}(\Phi_{,1}) + \Phi_{,2} \frac{\partial}{\partial A_m}(\Phi_{,2}) - 2GK \frac{\partial \Phi}{\partial A_m} \right] \mathrm{d}x\mathrm{d}y = 0, \tag{6-63}$$

$$(m = 1, 2, \cdots)$$

由此求出变分参数 $A_m$，再代入式（6-61），求出应力函数 $\Phi$ 和应力分量。

（3）将应力函数 $\Phi$ 代入上下端面的边界条件式（6-19），求出单位长度的**扭角 $K$**。

## 6.4 扭转问题的应力变分法例题

**例 6-1** 设有矩形截面的扭杆，受力矩 $M$ 的作用（图 6-2），其边界线的方程是

$$x \pm \frac{a}{2} = 0, \quad y \pm \frac{b}{2} = 0.$$

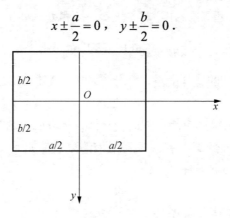

图 6-2　例 6-1

**分析**：为了满足边界条件，取应力函数为

$$\Phi = \left(x^2 - \frac{a^2}{4}\right)\left(y^2 - \frac{b^2}{4}\right)\sum_{mn} A_{mn} x^m y^n. \tag{a}$$

由于对称性，应力函数应为 $x$ 及 $y$ 的偶函数，式（a）中的 $m$ 及 $n$ 都取为偶数.

对于正方形截面的扭杆，$a=b$，在式（a）中只取一项，则有

$$\Phi = A_{00}\left(x^2 - \frac{a^2}{4}\right)\left(y^2 - \frac{a^2}{4}\right). \tag{b}$$

代入变分方程（6-63），就得到

$$\int_{-\frac{a}{2}}^{\frac{a}{2}}\int_{-\frac{a}{2}}^{\frac{a}{2}}\left[A_{00} 2x\left(y^2 - \frac{a^2}{4}\right)2x\left(y^2 - \frac{a^2}{4}\right) + A_{00} 2y\left(x^2 - \frac{a^2}{4}\right)2y\left(x^2 - \frac{a^2}{4}\right)\right.$$
$$\left. - 2Gk\left(x^2 - \frac{a^2}{4}\right)\left(y^2 - \frac{a^2}{4}\right)\right]\mathrm{d}x\mathrm{d}y = 0. \tag{c}$$

运算以后，求出变分参数，即 $A_{00} = \dfrac{5GK}{2a^2}$，从而得到应力函数的解答，即

$$\Phi = \frac{5GK}{2a^2}\left(x^2 - \frac{a^2}{4}\right)\left(y^2 - \frac{a^2}{4}\right). \tag{d}$$

再将应力函数代入式（6-19），有

$$M = 2\int_{-\frac{a}{2}}^{\frac{a}{2}}\int_{-\frac{a}{2}}^{\frac{a}{2}}\Phi \mathrm{d}x\mathrm{d}y = \frac{5}{36}GKa^4, \tag{e}$$

由此得出单位长度的扭角，即

$$K = \frac{36M}{5Ga^4}. \tag{f}$$

这个问题的精确解是

$$K = \frac{M}{\beta a b^3 G}, \quad \tau_{max} = \frac{M}{\beta_1 a b^2}, \tag{g}$$

当 $a=b$ 时，$\beta = 0.141$，$\beta_1 = 0.208$。

参照式（g），本题解答的系数 $\beta = \dfrac{5}{36} = 0.139$，比精确值 0.141 小了 1.4%。将求出的值代入应力函数，然后求出应力分量，得出最大的扭应力为

$$\tau_{max} = \frac{9M}{2a^3}. \tag{h}$$

参照式（g），本题解答的系数为 $\beta_1 = \dfrac{2}{9} = 0.222$，比精确值 0.208 大出 6.8%。

如果在应力函数的表达式中取三项，则有

$$\Phi = \left(x^2 - \frac{a^2}{4}\right)\left(y^2 - \frac{b^2}{4}\right)\left(A_{00} + A_{20}x^2 + A_{02}y^2\right). \tag{i}$$

进行与以上相同的运算，得到

$$A_{00} = \frac{1295 GK}{554 a^2}, \quad A_{20} = A_{02} = \frac{525 GK}{277 a^4}. \tag{j}$$

由此算出的扭角比精确值只小了 0.14%；最大扭应力比精确值只大出 4%。

**例 6-2** 假设矩形截面的扭杆，受扭矩 $M$ 的作用（图 6-3），边界的方程是

$$x = \pm a, \quad y = \pm b.$$

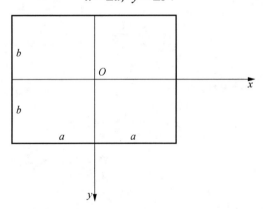

图 6-3 例 6-2

**分析**：为了满足边界条件，也可以取应力函数为三角级数的形式，

$$\Phi = \sum_{m=1,3,5,\cdots} \sum_{n=1,3,5,\cdots} A_{mn} \cos\frac{m\pi x}{2a} \cos\frac{n\pi y}{2b}, \tag{k}$$

同样可以满足侧面 $S$ 上的应力边界条件和对称性条件。

将应力函数代入应力变分方程（6-63），进行运算后成为

$$\frac{\pi^2 ab}{4} A_{mn}\left(\frac{m^2}{a^2}+\frac{n^2}{b^2}\right)-2GK\frac{16ab}{mn\pi^2}(-1)^{\frac{m+n}{2}-1}=0, \quad (1)$$

由此得出变分系数 $A_{mn}$，

$$A_{mn}=\frac{128GKb^2(-1)^{\frac{m+n}{2}-1}}{\pi^4 mn\left(m^2\alpha^2+n^2\right)}. \quad (m)$$

其中 $\alpha=\dfrac{b}{a}$. 然后代入式（k），得应力函数的解答，

$$\Phi=\sum_{m=1,3,5,\cdots}\sum_{n=1,3,5,\cdots}\frac{128GKb^2(-1)^{\frac{m+n}{2}-1}}{\pi^4 mn\left(m^2\alpha^2+n^2\right)}\cos\frac{m\pi x}{2a}\cos\frac{n\pi y}{2b}. \quad (n)$$

再代入扭矩的表达式（6-19），得出扭角为

$$K=\frac{M}{\displaystyle\sum_{m=1,3,5,\cdots}\sum_{n=1,3,5,\cdots}\frac{128Gb^2}{\pi^4 mn\left(m^2\alpha^2+n^2\right)}\frac{32ab}{mn\pi^2}}. \quad (o)$$

# 第七章　各向同性、线性弹性、小位移下薄板弯曲问题的变分法

**本章内容摘要**

小挠度薄板的弯曲问题是工程上最常见的力学问题. 本章首先介绍各向同性、线性弹性、小位移假定下薄板弯曲问题的基本理论, 即小挠度薄板的弯曲理论; 介绍两种基本解法, 即纳维解法和莱维解法. 然后介绍用位移变分法求解小挠度薄板的弯曲问题, 并给出应用里茨变分法和伽辽金变分法的一些例题, 以说明变分法的求解过程.

## 7.1　小挠度薄板弯曲问题的基本方程

薄板是由两个接近的平行面和垂直于这两个平行面的柱面所围成的物体, 如图 7-1 所示. 薄板的厚度为 $h$, $h$ 远小于薄板的横向尺寸 $b$. 例如, 厚度 $h$ 小于 $\dfrac{b}{8}$ 或者 $\dfrac{b}{5}$, 这个平板就成为薄板. 平分薄板厚度的中间平面, 称为中面. 取薄板的中面为 $xy$ 面, 而取 $z$ 坐标垂直于中面, 向下.

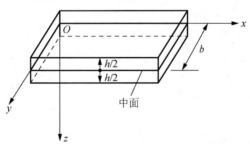

图 7-1　薄板

在薄板的弯曲问题中, 如同梁的弯曲问题一样, 考虑的是垂直于中面的横向荷载, 这个荷载将引起薄板的弯曲. 在本章中, 只考虑小变形的情形, 即薄板虽然很薄, 但仍具有相当的抗弯刚度, 因而它的挠度远小于它的厚度. 这样的问题属于小挠度薄板的弯曲问题.

薄板的小挠度弯曲理论是以三个计算假定为基础的. 这些假定反映了小挠度薄板弯曲变形的主要特征, 并被试验所证实. 薄板的弯曲问题, 也是空间问题的

一个特例，它应用三个计算假定，来简化空间问题的基本方程，从而建立了小挠度薄板的弯曲理论.

**小挠度薄板的三个计算假定如下.**

（1）垂直于中面方向的正应变 $e_{33}$ 可以不计，

$$e_{33} = 0. \tag{7-1}$$

（2）应力分量 $\sigma_{31}$、$\sigma_{32}$ 和 $\sigma_{33}$ 远小于其他三个应力分量，因而是次要的，它们所引起的形变可以不计（但是它们本身是维持平衡所必需的，不能不计）.

（3）薄板中面内的各点都没有平行于中面的位移（这说明中面虽然弯曲成曲面，但各部分在 $x$、$y$ 面上的投影保持不变），即

$$(u_1)_{z=0} = 0, \quad (u_2)_{z=0} = 0. \tag{7-2}$$

下面应用这三个计算假定，对空间问题的基本方程进行简化，导出小挠度薄板的基本方程.

（1）**求横向位移** $u_3$——由几何方程（4-2）的第三式和假定（1），$e_{33} = u_{3,3} = 0$，从而得出

$$u_3 = w(x, y). \tag{7-3}$$

这就是说，在中面的任一根法线上，各点都具有相同的 $z$ 向位移 $w(x, y)$. $w(x, y)$ 称为薄板的挠度. 薄板弯曲问题，是按位移求解的，实际上是取挠度 $w(x, y)$ 为基本未知函数来进行求解的.

（2）**求纵向位移** $u_1, u_2$——根据几何方程和假定（2），

$$\begin{cases} e_{31} = 0, & \text{即} \quad u_{1,3} + u_{3,1} = 0, \\ e_{32} = 0, & \text{即} \quad u_{2,3} + u_{3,2} = 0. \end{cases} \tag{7-4}$$

代入式（7-3），并对 $z$ 进行积分，

$$u_1 = -zw_{,1} + f_1(x, y), \quad u_2 = -zw_{,2} + f_2(x, y). \tag{7-5}$$

其中的 $f_1(x, y)$ 和 $f_2(x, y)$ 是任意函数，应用式（7-2），即得 $f_1(x, y) = f_2(x, y) = 0$. 于是纵向位移分量 $u_1$、$u_2$ 可用 $w$ 表示为

$$u_1 = -zw_{,1}, \quad u_2 = -zw_{,2}. \tag{7-6}$$

（3）**求主要形变分量** $e_{11}$、$e_{22}$ 和 $e_{12}$——三个次要的形变分量，已经根据假定略去，即 $e_{33} = e_{31} = e_{32} = 0$. 为求出主要形变分量 $e_{11}$、$e_{22}$ 和 $e_{12}$，将位移分量式（7-3）和式（7-6）代入其余三个几何方程，得

$$e_{11} = -zw_{,11}, \quad e_{22} = -zw_{,22}, \quad e_{12} = -zw_{,12}. \tag{7-7}$$

（4）**求主要应力分量** $\sigma_{11}$、$\sigma_{22}$ 和 $\sigma_{12}$——如同梁一样，在薄板中，弯应力 $\sigma_{11}$、$\sigma_{22}$ 和扭应力 $\sigma_{12}$ 是主要应力，数值最大，与 $\dfrac{b^2}{h^2}q$ 为同阶大小；横向剪应力 $\sigma_{31}$、$\sigma_{32}$ 是次要应力，与 $\dfrac{b}{h}q$ 为同阶大小；而挤压应力 $\sigma_{33}$ 更小，与 $q$ 为同阶大小.

根据假定（1）、（2），$e_{33}=0$，$e_{31}=0$，$e_{32}=0$，相应的物理方程也都略去了．因此，只余下三个物理方程为

$$\begin{cases} \sigma_{11} = \dfrac{E}{1-\mu^2}(e_{11}+\mu e_{22}), \\ \sigma_{22} = \dfrac{E}{1-\mu^2}(e_{22}+\mu e_{11}), \\ \sigma_{12} = \dfrac{E}{1+\mu} e_{12}. \end{cases} \tag{7-8}$$

这三个物理方程，与平面应力问题的物理方程相同．但应注意，平面应力问题的应力分量$\sigma_{11}$、$\sigma_{22}$和$\sigma_{12}$沿板厚为均匀分布，而薄板弯曲问题的应力$\sigma_{11}$、$\sigma_{22}$和$\sigma_{12}$沿板厚为直线分布，且在中面为零．再代入形变分量$e_{11}$、$e_{22}$和$e_{12}$，即式（7-7）便得出用$w$表示的三个主要应力分量，

$$\begin{cases} \sigma_{11} = -\dfrac{Ez}{1-\mu^2}(w_{,11}+\mu w_{,22}), \\ \sigma_{22} = -\dfrac{Ez}{1-\mu^2}(w_{,22}+\mu w_{,11}), \\ \sigma_{12} = -\dfrac{Ez}{1+\mu} w_{,12}. \end{cases} \tag{7-9}$$

（5）**求次要应力分量$\sigma_{31}$、$\sigma_{32}$**——在薄板弯曲问题中，只考虑横向荷载，因此，不存在纵向荷载，$x$、$y$向的体力和面力均为零．又由于$\sigma_{31}$、$\sigma_{32}$对应的形变已经假定不计，其物理方程也已略去，只能应用平衡微分方程的前两式来求解$\sigma_{31}$、$\sigma_{32}$，即

$$\sigma_{31,3} = -\sigma_{11,1}-\sigma_{12,2}, \quad \sigma_{32,3} = -\sigma_{22,2}-\sigma_{12,1}. \tag{7-10}$$

将式（7-9）代入，得

$$\begin{cases} \sigma_{31,3} = \dfrac{Ez}{1-\mu^2}(w_{,111}+w_{,122}) = \dfrac{Ez}{1-\mu^2}(\nabla^2 w)_{,1}, \\ \sigma_{32,3} = \dfrac{Ez}{1-\mu^2}(w_{,222}+w_{,211}) = \dfrac{Ez}{1-\mu^2}(\nabla^2 w)_{,2}. \end{cases} \tag{7-11}$$

将式（7-11）对$z$进行积分的，得

$$\begin{cases} \sigma_{31} = \dfrac{Ez^2}{2(1-\mu^2)}(\nabla^2 w)_{,1} + F_1(x,y), \\ \sigma_{32} = \dfrac{Ez^2}{2(1-\mu^2)}(\nabla^2 w)_{,2} + F_2(x,y). \end{cases} \tag{7-12}$$

其中，$F_1$、$F_2$是任意函数．根据薄板上板面和下板面的应力边界条件，

$$(\sigma_{31})_{z=\pm h/2}=0, \quad (\sigma_{32})_{z=\pm h/2}=0, \tag{7-13}$$

由此求出 $F_1$、$F_2$，即得**次要应力** $\sigma_{31}$、$\sigma_{32}$ 用 $w$ 表示的式子，

$$\begin{cases}\sigma_{31}=\dfrac{E}{2(1-\mu^2)}\left(z^2-\dfrac{h^2}{4}\right)(\nabla^2 w)_{,1},\\ \sigma_{32}=\dfrac{E}{2(1-\mu^2)}\left(z^2-\dfrac{h^2}{4}\right)(\nabla^2 w)_{,2}.\end{cases} \tag{7-14}$$

（6）**求更次要应力分量** $\sigma_{33}$——最后将应力分量 $\sigma_{33}$ 也用 $w$ 来表示．设 $z$ 向的体力分量为零（如果存在 $z$ 向体力分量，则把它化为作用于薄板上面的横向荷载 $q$，其产生的误差，仅影响应力分量 $\sigma_{33}$．这与材料力学中对梁的处理相同）．由空间问题平衡微分方程（4-1）的第三式，

$$\sigma_{33,3}=-\sigma_{31,1}-\sigma_{32,2}. \tag{7-15}$$

代入应力分量 $\sigma_{31}$、$\sigma_{32}$ 的式（7-14），得

$$\sigma_{33,3}=\dfrac{E}{2(1-\mu^2)}\left(\dfrac{h^2}{4}-z^2\right)\nabla^4 w. \tag{7-16}$$

对 $z$ 进行积分，得到

$$\sigma_{33}=\dfrac{E}{2(1-\mu^2)}\left(\dfrac{h^2}{4}z-\dfrac{z^3}{3}\right)\nabla^4 w+F_3(x,y), \tag{7-17}$$

其中的 $F_3(x,y)$ 是任意函数．再由薄板下板面的应力边界条件，

$$(\sigma_{33})_{z=\frac{h}{2}}=0, \tag{7-18}$$

将式（7-17）代入式（7-18），求出 $F_3$；再代回式（7-17），即得应力分量 $\sigma_{33}$ 的表达式，

$$\sigma_{33}=-\dfrac{Eh^3}{6(1-\mu^2)}\left(\dfrac{1}{2}-\dfrac{z}{h}\right)^2\left(1+\dfrac{z}{h}\right)\nabla^4 w. \tag{7-19}$$

（7）最后，根据薄板上板面的应力边界条件，

$$(\sigma_{33})_{z=-\frac{h}{2}}=-q, \tag{7-20}$$

将式（7-19）代入式（7-20），即得

$$\dfrac{Eh^3}{12(1-\mu^2)}\nabla^4 w=q, \tag{7-21}$$

或

$$D\nabla^4 w=q, \tag{7-22}$$

其中

$$D = \frac{Eh^3}{12(1-\mu^2)}, \tag{7-23}$$

称为薄板的弯曲刚度. 弯曲后的薄板中面, 称为弹性曲面. 方程（7-22）称为**薄板的弹性曲面微分方程**.

归结起来讲, 上面应用了薄板的三个计算假定, 对空间问题的基本方程进行了简化, 其中已经考虑了空间问题的几何方程、物理方程和平衡微分方程, 并且又考虑了上下板面（是薄板的大边界）的精确的应力边界条件, 最后导出了薄板的弹性曲面微分方程. 现在只有板边（侧面）的边界条件尚未考虑. 由于板边与板面相比是小边界, 可以应用圣维南原理来处理板边的边界条件.

## 7.2 薄板横截面上的内力及板边的边界条件

现在先来求出**薄板横截面上的内力**, 这就是在薄板侧面（板边）的宽度为1、高度为 $h$ 的横截面上, 应力分量合成的主矢量和主矩. 求内力的目的: 一是由于薄板是按内力进行设计的; 二是因为板边的应力边界条件, 通常都无法精确地满足; 而板边是小边界, 可以应用圣维南原理, 用主矢量和主矩的条件, 来代替精确的应力边界条件.

从薄板内取出一个平行六面体, 它的三边长度分别为 dx、dy 和 $h$, 如图 7-2 所示（图 7-2 中表示了常规符号的弯矩 $M_x$, 扭矩 $M_{xy}$, 横向总剪力 $F_{Sx}$ 等）. 在 $x$ 为常量的横截面上, 将作用在宽度为 1、高度为 $h$ 的 $x$ 面上的应力分量 $\sigma_{11}$、$\sigma_{12}$ 和 $\sigma_{13}$, 合成为主矢量和主矩, 并应用式（7-9）和式（7-14）, 进一步用挠度 $w$ 表示. 即

弯矩

$$M_{11} = \int_{-\frac{h}{2}}^{\frac{h}{2}} z\sigma_{11} 1 \times \mathrm{d}z = -D(w_{,11} + \mu w_{,22}),$$

扭矩

$$M_{12} = \int_{-\frac{h}{2}}^{\frac{h}{2}} z\sigma_{12} 1 \times \mathrm{d}z = -D(1-\mu)w_{,12},$$

横向剪力

$$Q_1 = \int_{-\frac{h}{2}}^{\frac{h}{2}} \sigma_{13} 1 \times \mathrm{d}z = -D(\nabla^2 w)_{,1}. \tag{7-24}$$

同样在 $y$ 为常量的横截面上, 应力分量 $\sigma_{22}$、$\sigma_{21}$ 和 $\sigma_{23}$ 合成的主矢量和主矩为

弯矩

$$M_{22} = -D(w_{,22} + \mu w_{,11}),$$

扭矩
$$M_{21} = M_{12} = -D(1-\mu)w_{,12},$$
横向剪力
$$Q_2 = -D(\nabla^2 w)_{,2}. \tag{7-25}$$

现在来考虑**薄板板边（侧面）的边界条件**. 因为板边是小边界，可以应用圣维南原理来近似地处理边界条件. 实质上，应用圣维南原理，是将板边的边界条件都向中面简化，用中面的位移和中面的内力条件来代替.

以**矩形薄板**为例，假定矩形薄板的 $OA$ 边是固定边，$OC$ 边是简支边，$AB$ 边和 $BC$ 边是自由边（图 7-3），相应的边界条件是

固定边（$x=0$），$\quad (w)_{x=0} = 0,\ (w_{,1})_{x=0} = 0.$ \quad (7-26)

简支边（$y=0$），$\quad (w)_{y=0} = 0,\ (M_{22})_{y=0} = 0.$ \quad (7-27)

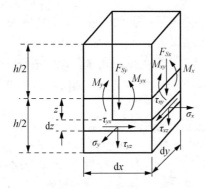
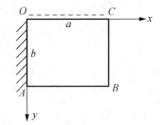

图 7-2 薄板横截面上的内力 \quad 图 7-3 薄板的边界条件

应用式（7-25），得
$$(w)_{y=0} = 0,\ (w_{,22} + \mu w_{,11})_{y=0} = 0. \tag{7-28}$$
如果式（7-27）的前一式得到满足，即挠度 $w$ 在边界 $y=0$ 上均为零，则 $w_{,11}=0$. 因此，简支边的条件可简化为
$$(w)_{y=0} = 0,\ (w_{,22})_{y=0} = 0. \tag{7-29}$$

**自由边** $AB$（$y=b$），自由边上有三个内力，它们都应该等于零，即
$$(M_{22})_{y=b} = 0,\ (M_{21})_{y=b} = 0,\ (Q_2)_{y=b} = 0. \tag{7-30}$$

但是三个边界条件与四阶的薄板挠曲微分方程不相适应. 经过分析，薄板横截面（$y$ 面）上的扭矩 $M_{21}$ 可以转化为等效的横向剪力，其值为 $M_{21,1}$. 因为在 $AB$ 面上，每一微分长度 $\mathrm{d}x$ 上的总扭矩 $M_{21}\mathrm{d}x$，可以变换为方向相反的两个力（图 7-4）；相邻微分段的交界处，这些力除抵消外，尚余有 $M_{21,1}\mathrm{d}x$；再将它化为微分段上的分

布横向剪力，就得到$M_{21,1}$. 此外，在自由边 $AB$ 的两端部，还有两个未被抵消的集中力，即$(M_{21})_A$, $(M_{21})_B$. 因此，自由边的边界条件变成弯矩为零，和总的横向分布剪力——$(Q_2 + M_{21,1})$ 为零，即

$$(M_{22})_{y=b} = 0, \quad (Q_2 + M_{21,1})_{y=b} = 0. \tag{7-31}$$

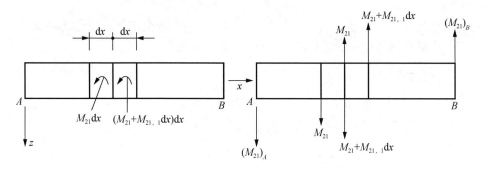

图 7-4 扭矩的等效剪力

再引用式（7-25），将内力用挠度表示，则侧面（$y$ 面）的**自由边 $AB$ 的条件式 (7-31)**，成为

$$(w_{,22} + \mu w_{,11})_{y=b} = 0, \quad [w_{,222} + (2-\mu)w_{,112}]_{y=b} = 0. \tag{7-32}$$

同样，**$x$ 面的自由边 $BC$**（$x=a$）的条件是

$$(w_{,11} + \mu w_{,22})_{x=a} = 0, \quad [w_{,111} + (2-\mu)w_{,221}]_{x=a} = 0. \tag{7-33}$$

当扭矩转化为等效的横向剪力时，在每条自由边的两端，例如 $AB$，还有未被抵消的两个集中剪力，即

$$F_A = (M_{21})_A, \quad F_B = (M_{21})_B. \tag{7-34}$$

因此，**在两自由边 $AB$、$BC$ 相交的角点**，即 $B$ 点，可以从 $AB$、$BC$ 两边得出两个集中剪力的合力，

$$F_B = (M_{21})_B + (M_{12})_B = 2(M_{12})_B. \tag{7-35}$$

代入式（7-25），即得

$$F_B = -2D(1-\mu)(w_{,12})_B. \tag{7-36}$$

对于**自由边的交点**，还需考虑所谓**角点条件**. 如果在角点有柱子支撑，则角点的挠度应等于零，即

$$w_B = (w)_{x=a, y=b} = 0. \tag{7-37}$$

而角点的集中反力可由式（7-36）求出. 如果在角点没有任何支撑，则角点的集中反力应为零，角点条件成为

$$(F)_B = 0, \tag{7-38}$$

代入式（7-36），式（7-38）成为

$$(w_{,12})_{x=a,y=b}=0. \tag{7-39}$$

## 7.3 小挠度薄板弯曲问题的两种基本解法

薄板弯曲问题的基本理论建立之后，出现了两种著名的解法．这两种解法，几乎可以解决所有的矩形薄板弯曲问题．

1. 纳维解法

此解法适用于**四边简支的薄板**．设有矩形薄板，四边简支，受任意的荷载 $q(x,y)$．按照简支边的边界条件，可以写为

$$\begin{cases} (w, w_{,11})_{x=0}=0, (w, w_{,11})_{x=a}=0; \\ (w, w_{,22})_{y=0}=0, (w, w_{,22})_{y=b}=0. \end{cases} \tag{7-40}$$

为了满足各简支边的条件，纳维把挠度取为重三角级数的形式，

$$w=\sum_{m=1,2,\cdots}\sum_{n=1,2,\cdots}A_{mn}\sin\frac{m\pi x}{a}\sin\frac{n\pi y}{b}, \tag{7-41}$$

其中 $m$ 和 $n$ 都是正整数，显然此挠度满足了所有的简支边边界条件．将式（7-41）代入弹性曲面的微分方程（7-22），得到

$$\pi^4 D\sum_{m=1,2\cdots}\sum_{n=1,2\cdots}\left(\frac{m^2}{a^2}+\frac{n^2}{b^2}\right)^2 A_{mn}\sin\frac{m\pi x}{a}\sin\frac{n\pi y}{b}=q. \tag{7-42}$$

为了求出系数 $A_{mn}$，必须将式（7-42）右边的 $q$ 展开为同样的重三角级数，

$$q=\sum_{m=1,2,\cdots}\sum_{n=1,2,\cdots}C_{mn}\sin\frac{m\pi x}{a}\sin\frac{n\pi y}{b}. \tag{7-43}$$

按照傅里叶级数的展开公式，式（7-43）的系数 $C_{mn}$ 是

$$C_{mn}=\frac{4}{ab}\int_0^a\int_0^b q\sin\frac{m\pi x}{a}\sin\frac{n\pi y}{b}\mathrm{d}x\mathrm{d}y. \tag{7-44}$$

将式（7-43）代入式（7-42），并对比式（7-42）两边 $m$、$n$ 相同的项，即得系数 $A_{mn}$ 为

$$A_{mn}=\frac{4\int_0^a\int_0^b q\sin\frac{m\pi x}{a}\sin\frac{n\pi y}{b}\mathrm{d}x\mathrm{d}y}{\pi^4 abD\left(\frac{m^2}{a^2}+\frac{n^2}{b^2}\right)^2}. \tag{7-45}$$

将式（7-45）代入式（7-41），就得到薄板的挠度；再代入式（7-24）和式（7-25），即得出薄板的内力．这就是**纳维解答**．

**例 7-1** 四边简支的矩形薄板，受有均布荷载的作用，$q=q_0$，如图 7-5 所示．试求薄板的挠度．

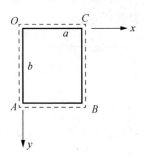

图 7-5 四边简支的矩形板

**分析**：由于 $q$ 为常量，式（7-45）的 $A_{mn}$ 中的积分是

$$\int_0^a \int_0^b q_0 \sin\frac{m\pi x}{a} \sin\frac{n\pi y}{b} dxdy = \frac{q_0 ab}{\pi^2 mn}(1-\cos m\pi)(1-\cos n\pi).$$

于是由式（7-45），得到

$$A_{mn} = \frac{4q_0(1-\cos m\pi)(1-\cos n\pi)}{\pi^6 Dmn\left(\frac{m^2}{a^2}+\frac{n^2}{b^2}\right)^2} = \frac{16q_0}{\pi^6 Dmn\left(\frac{m^2}{a^2}+\frac{n^2}{b^2}\right)^2} \quad (m=1,3,5,\cdots;n=1,3,5,\cdots).$$

代入式（7-41），即得挠度的表达式为

$$w = \frac{16q_0}{\pi^6 D} \sum_{m=1,3,5,\cdots} \sum_{n=1,3,5,\cdots} \frac{\sin\frac{m\pi x}{a}\sin\frac{n\pi y}{b}}{mn\left(\frac{m^2}{a^2}+\frac{n^2}{b^2}\right)^2}.$$

由此，可以由式（7-24）和式（7-25）求得内力.

**例 7-2** 四边简支的薄板，在一点 $(\xi,\eta)$ 受集中荷载 $F$，如图 7-5 所示．试求薄板的挠度．

**分析**：作用于一点 $(\xi,\eta)$ 的集中荷载 $F$，可以用微分面积 $dxdy$ 上的均布荷载 $\frac{F}{dxdy}$ 来代替分布荷载 $q$. 于是，式（7-45）中的 $q$ 除了在 $(\xi,\eta)$ 处的微分面积上等于 $\frac{F}{dxdy}$ 以外，在其余各处的荷载都为零．因此，式（7-45）成为

$$A_{mn} = \frac{4}{\pi^4 abD\left(\frac{m^2}{a^2}+\frac{n^2}{b^2}\right)^2} \frac{F}{dxdy} \sin\frac{m\pi\xi}{a} \sin\frac{n\pi\eta}{b} dxdy$$

$$= \frac{4F}{\pi^4 abD\left(\frac{m^2}{a^2}+\frac{n^2}{b^2}\right)^2} \sin\frac{m\pi\xi}{a} \sin\frac{n\pi\eta}{b}.$$

代入式（7-41），即得挠度的表达式为

$$w = \frac{4F}{\pi^4 abD} \sum_{m=1,2,\cdots} \sum_{n=1,2,\cdots} \frac{1}{\left(\dfrac{m^2}{a^2} + \dfrac{n^2}{b^2}\right)^2} \sin\frac{m\pi\xi}{a} \sin\frac{n\pi\eta}{b} \sin\frac{m\pi x}{a} \sin\frac{n\pi y}{b}.$$

然后可以由式（7-24）和式（7-25）求得内力.

**例 7-3** 四边简支的薄板，受有分布荷载，$q = q_0 \sin\dfrac{\pi x}{a} \sin\dfrac{\pi y}{b}$，如图 7-5 所示. 试求薄板的挠度和内力.

**分析**：对应于分布荷载，$q = q_0 \sin\dfrac{\pi x}{a} \sin\dfrac{\pi y}{b}$，只需取挠度表达式（7-41）中的一项，即

$$w = A_{11} \sin\frac{\pi x}{a} \sin\frac{\pi y}{b},$$

$w$ 已满足了所有的边界条件. 代入式（7-45），就可以得出系数，

$$A_{11} = \frac{q_0}{\pi^4 D \left(\dfrac{1}{a^2} + \dfrac{1}{b^2}\right)^2}.$$

因此，挠度解答就是

$$w = \frac{q_0}{\pi^4 D \left(\dfrac{1}{a^2} + \dfrac{1}{b^2}\right)^2} \sin\frac{\pi x}{a} \sin\frac{\pi y}{b}.$$

由式（7-24）和式（7-25），求得的内力是

$$M_{11} = \frac{q_0}{\pi^2 \left(\dfrac{1}{a^2} + \dfrac{1}{b^2}\right)^2} \left(\frac{1}{a^2} + \frac{\mu}{b^2}\right) \sin\frac{\pi x}{a} \sin\frac{\pi y}{b},$$

$$M_{22} = \frac{q_0}{\pi^2 \left(\dfrac{1}{a^2} + \dfrac{1}{b^2}\right)^2} \left(\frac{\mu}{a^2} + \frac{1}{b^2}\right) \sin\frac{\pi x}{a} \sin\frac{\pi y}{b},$$

$$M_{12} = -\frac{q_0(1-\mu)}{\pi^2 ab \left(\dfrac{1}{a^2} + \dfrac{1}{b^2}\right)^2} \cos\frac{\pi x}{a} \cos\frac{\pi y}{b};$$

$$Q_1 = \frac{q_0}{\pi a \left(\dfrac{1}{a^2} + \dfrac{1}{b^2}\right)} \cos\frac{\pi x}{a} \sin\frac{\pi y}{b}, \quad Q_2 = \frac{q_0}{\pi b \left(\dfrac{1}{a^2} + \dfrac{1}{b^2}\right)} \sin\frac{\pi x}{a} \cos\frac{\pi y}{b}.$$

最大的挠度和最大的弯矩发生在板的中心，$x = \dfrac{a}{2}, y = \dfrac{b}{2}$，其值为

$$w_{\max} = \frac{q_0}{\pi^4 D \left(\frac{1}{a^2} + \frac{1}{b^2}\right)^2};$$

$$(M_{11})_{\max} = \frac{q_0}{\pi^2 \left(\frac{1}{a^2} + \frac{1}{b^2}\right)^2} \left(\frac{1}{a^2} + \frac{\mu}{b^2}\right), \quad (M_{22})_{\max} = \frac{q_0}{\pi^2 \left(\frac{1}{a^2} + \frac{1}{b^2}\right)^2} \left(\frac{\mu}{a^2} + \frac{1}{b^2}\right).$$

2. 莱维解法

设薄板的两对边 $x=0$，$x=a$ 为简支，而其余的两边 $y=\pm\dfrac{b}{2}$ 为任意边界，承受任意荷载 $q(x,y)$，如图 7-6 所示。莱维将挠度设定为如下的单三角级数，

$$w = \sum_{m=1,2,\cdots} Y_m(y) \sin \frac{m\pi x}{a}, \tag{7-46}$$

其中 $Y_m(y)$ 是 $y$ 的任意函数，$m$ 为正整数。显然，级数能满足两对边 $x=0$，$x=a$ 的简支边条件。

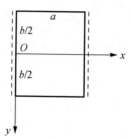

图 7-6 两对边简支的矩形板

因此，只需选择函数 $Y_m(y)$，满足弹性曲面的微分方程和其余 $y=\pm\dfrac{b}{2}$ 两边的边界条件。将式 (7-46) 代入微分方程 (7-22)，得

$$\sum_{m=1,2,\cdots} \left[ Y_{m,2222} - 2\left(\frac{m\pi}{a}\right)^2 Y_{m,22} + \left(\frac{m\pi}{a}\right)^4 Y_m \right] \sin \frac{m\pi x}{a} = \frac{q}{D}. \tag{7-47}$$

为了满足方程，必须将右边的 $\dfrac{q}{D}$ 也展开为 $\sin\dfrac{m\pi x}{a}$ 的单三角级数。按照傅里叶级数展开的方法，得

$$\frac{q}{D} = \frac{2}{a} \sum_{m=1,2,\cdots} \left[ \int_0^a \frac{q}{D} \sin \frac{m\pi x}{a} \mathrm{d}x \right] \sin \frac{m\pi x}{a}.$$

代入式 (7-47)，两边对比 $m$ 相同的项，得出

$$Y_{m,2222} - 2\left(\frac{m\pi}{a}\right)^2 Y_{m,22} + \left(\frac{m\pi}{a}\right)^4 Y_m = \frac{2}{aD}\int_0^a q\sin\frac{m\pi x}{a}\mathrm{d}x. \tag{7-48}$$

这是一个常微分方程，其解答可以表示为

$$Y_m(y) = A_m\cosh\frac{m\pi y}{a} + B_m\frac{m\pi y}{a}\sinh\frac{m\pi y}{a}$$
$$+ C_m\sinh\frac{m\pi y}{a} + D_m\frac{m\pi y}{a}\cosh\frac{m\pi y}{a} + f_m(y). \tag{7-49}$$

其中 $f_m(y)$ 是方程（7-48）的任意的一个特解，可以根据式（7-48）右边积分以后的结果来选择解答；$A_m$、$B_m$、$C_m$、$D_m$ 是待定的常数，取决于 $y = \pm\frac{b}{2}$ 两边的边界条件．将式（7-49）代入式（7-46），即得挠度的表达式为

$$W = \sum_{m=1,2,\cdots}\left[A_m\cosh\frac{m\pi y}{a} + B_m\frac{m\pi y}{a}\sinh\frac{m\pi y}{a}\right.$$
$$\left. + C_m\sinh\frac{m\pi y}{a} + D_m\frac{m\pi y}{a}\cosh\frac{m\pi y}{a} + f_m(y)\right]\sin\frac{m\pi x}{a}. \tag{7-50}$$

这就是**莱维解答**，相应的内力可以由式（7-24）和式（7-25）求出．

莱维解法，不仅适用于两对边简支的情况，应用叠加法，还可以解决各种边界条件的问题，这在许多书中都已有介绍（徐芝纶，2006）．因此，矩形板的问题，从理论上讲，都已得到解决．

**例 7-4**　设矩形薄板，四边简支，受有均布荷载 $q = q_0$ 的作用，如图 7-6 所示．试求薄板的挠度和内力．

**分析**：这时，微分方程（7-48）的右边成为

$$\frac{2q_0}{aD}\int_0^a \sin\frac{m\pi x}{a}\mathrm{d}x = \frac{2q_0}{\pi Dm}(1-\cos m\pi). \tag{a}$$

于是微分方程（7-48）的特解，可以取为

$$f_m(y) = \left(\frac{a}{m\pi}\right)^4\frac{2q_0}{\pi Dm}(1-\cos m\pi) = \frac{2q_0 a^4}{\pi^5 Dm^5}(1-\cos m\pi). \tag{b}$$

代入式（7-50），并注意薄板的挠度应当对称于 $x$ 轴，是 $y$ 的偶函数，因而有 $C_m = D_m = 0$，即得

$$W = \sum_{m=1,2,\cdots}\left[A_m\cosh\frac{m\pi y}{a} + B_m\frac{m\pi y}{a}\sinh\frac{m\pi y}{a} + \frac{2q_0 a^4}{\pi^5 Dm^5}(1-\cos m\pi)\right]\sin\frac{m\pi x}{a}. \tag{c}$$

应用边界条件，

$$(w)_{y=\pm\frac{b}{2}} = 0, \quad (w_{,22})_{y=\pm\frac{b}{2}} = 0, \tag{d}$$

将式（c）代入式（d），得出决定 $A_m$、$B_m$ 的联立方程，即

$$\begin{cases} \cosh\alpha_m A_m + \alpha_m \sinh\alpha_m B_m + \dfrac{4q_0 a^4}{\pi^5 Dm^5} = 0, \\ \cosh\alpha_m (A_m + 2B_m) + \alpha_m \sinh\alpha_m B_m = 0; \end{cases} \quad (m=1,\ 3,\ 5,\ \cdots). \tag{e}$$

以及

$$\begin{cases} \cosh\alpha_m A_m + \alpha_m \sinh\alpha_m B_m = 0, \\ \cosh\alpha_m (A_m + 2B_m) + \alpha_m \sinh\alpha_m B_m = 0, \end{cases} \quad (m=2,\ 4,\ 6,\ \cdots). \tag{f}$$

其中 $\alpha_m = \dfrac{m\pi b}{2a}$。求得 $A_m$ 及 $B_m$，得出

$$\begin{cases} A_m = -\dfrac{2(2+\alpha_m \tanh\alpha_m)q_0 a^4}{\pi^5 Dm^5 \cosh\alpha_m},\ B_m = \dfrac{2q_0 a^4}{\pi^5 Dm^5 \cosh\alpha_m} \quad (m=1,\ 3,\ 5,\cdots); \\ A_m = 0,\ B_m = 0 \quad (m=2,4,6,\cdots). \end{cases} \tag{g}$$

将求出的系数代入式（c），得出挠度的表达式

$$W = \frac{4q_0 a^4}{\pi^5 D} \sum_{m=1,3,5,\cdots} \frac{1}{m^5} \left[ 1 - \frac{2+\alpha_m \tanh\alpha_m}{2\cosh\alpha_m} \cosh\frac{2\alpha_m y}{b} \right. \\ \left. + \frac{1}{2\cosh\alpha_m} \frac{2\alpha_m y}{b} \sinh\frac{2\alpha_m y}{b} \right] \sin\frac{m\pi x}{a}, \tag{h}$$

从而可以求出内力的表达式。

最大挠度发生在薄板的中心，即 $x=\dfrac{a}{2}$，$y=0$，代入式（h），即得

$$W = \frac{4q_0 a^4}{\pi^5 D} \sum_{m=1,3,5,\cdots} \frac{(-1)^{\frac{m-1}{2}}}{m^5} \left(1 - \frac{2+\alpha_m \tanh\alpha_m}{2\cosh\alpha_m}\right). \tag{i}$$

单三角级数的收敛性比重三角级数快得多，对于正方形薄板，$a=b$，$\alpha_m = \dfrac{m\pi}{2}$，在级数中取两项，得出

$$W = 0.00406 \frac{q_0 a^4}{D}.$$

**例 7-5** 设有矩形薄板，两对边 $x=0$，$a$ 为简支边，而另两对边 $y=\pm\dfrac{b}{2}$ 为固定边，受均布荷载 $q_0$ 的作用，如图 7-7 所示。试求其挠度。

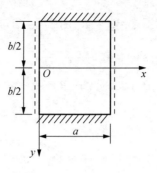

图 7-7  例 7-5

**分析**:应用莱维法求解:取挠度为式(7-50),则两对边的简支边条件已经满足. 代入方程(7-48),其特解应与例 7-4 相同. 由于本题具有对称性,挠度应为 $y$ 的偶函数, $C_m = D_m = 0$,且 $m$ 应取奇数,挠度的解答也可以表为式(c)的形式,即

$$W = \sum_{m=1,3,5,\cdots} \left[ A_m \cosh \frac{m\pi y}{a} + B_m \frac{m\pi y}{a} \sinh \frac{m\pi y}{a} + \frac{4q_0 a^4}{\pi^5 D m^5} \right] \sin \frac{m\pi x}{a}. \quad (7\text{-}51)$$

将式(7-51)代入 $y = \pm \dfrac{b}{2}$ 的固定边边界条件,

$$(w)_{y=\pm\frac{b}{2}} = 0, \quad (w_{,2})_{y=\pm\frac{b}{2}} = 0.$$

则得

$$A_m \cosh \alpha_m + B_m \alpha_m \sinh \alpha_m + \frac{4q_0 a^4}{\pi^5 D m^5} = 0,$$

$$A_m \sinh \alpha_m + B_m (\alpha_m \cosh \alpha_m + \sinh \alpha_m) = 0.$$

其中 $\alpha_m = \dfrac{m\pi b}{2a}$. 求得 $A_m$ 及 $B_m$,得出

$$A_m = -\frac{4q_0 a^4}{\pi^5 D m^5} \frac{\alpha_m \cosh \alpha_m + \sinh \alpha_m}{\cosh \alpha_m (\alpha_m \cosh \alpha_m + \sinh \alpha_m) - \alpha_m \sinh^2 \alpha_m},$$

$$B_m = -\frac{4q_0 a^4}{\pi^5 D m^5} \frac{\sinh \alpha_m}{\cosh \alpha_m (\alpha_m \cosh \alpha_m + \sinh \alpha_m) - \alpha_m \sinh^2 \alpha_m}.$$

代入式(7-51),得到挠度的解答,

$$W = \frac{4q_0 a^4}{\pi^5 D} \sum_{m=1,3,5,\cdots} \frac{1}{m^5} \left[ 1 - \frac{\alpha_m \cosh \alpha_m + \sinh \alpha_m}{\cosh \alpha_m (\alpha_m \cosh \alpha_m + \sinh \alpha_m) - \alpha_m \sinh^2 \alpha_m} \cosh \frac{2\alpha_m y}{b} \right.$$

$$\left. + \frac{\sinh \alpha_m}{\cosh \alpha_m (\alpha_m \cosh \alpha_m + \sinh \alpha_m) - \alpha_m \sinh^2 \alpha_m} \frac{2\alpha_m y}{b} \sinh \frac{2\alpha_m y}{b} \right] \sin \frac{m\pi x}{a}.$$

最大挠度发生在薄板的中心，即 $x=\dfrac{a}{2}$，$y=0$，代入上式，即得

$$w_{\max}=\frac{4q_0a^4}{\pi^5 D}\sum_{m=1,3,5,\cdots}\frac{1}{m^5}\left[1-\frac{\alpha_m\cosh\alpha_m+\sinh\alpha_m}{\cosh\alpha_m(\alpha_m\cosh\alpha_m+\sinh\alpha_m)-\alpha_m\sinh^2\alpha_m}\right]\sin\frac{m\pi}{2}.$$

对于正方板，$a=b$，仅取 $m=1$ 项，就可以达到满意的精度，即得

$$w_{\max}=0.001\,92\,\frac{q_0a^4}{D}.$$

## 7.4　小挠度薄板弯曲问题的位移变分法

在微分方程的解法中，小挠度薄板的弯曲问题一般是按位移求解的，其中取挠度为基本未知函数。挠度 $w$ 应满足的全部条件是：挠曲微分方程（7-22）和薄板的板边边界条件式（7-26）、式（7-29）、式（7-32）、式（7-33）。

现在来考虑按位移求解的变分法，也取挠度 $w$ 为基本未知函数，并根据极小势能原理来进行求解。

首先，导出**薄板的形变势能和外力势能**。

在薄板的形变势能 $U$ 中，由于三项次要的形变，$e_{33}$、$e_{31}$、$e_{32}$ 已经假定略去不计，只剩下以下的三项，即

$$U=\int_R\int_{-\frac{h}{2}}^{\frac{h}{2}}\frac{1}{2}(\sigma_{11}e_{11}+\sigma_{22}e_{22}+2\sigma_{12}e_{12})\mathrm{d}z\mathrm{d}x\mathrm{d}y. \tag{7-52}$$

代入薄板的应力分量（7-9）和形变分量（7-7），对 $z$ 积分。假设薄板是等厚度的，则 $D$ 为常量，就得到

$$U=\frac{D}{2}\int_R\left[(\nabla^2 w)^2-2(1-\mu)(w_{,11}w_{,22}-w_{,12}w_{,12})\right]\mathrm{d}x\mathrm{d}y. \tag{7-53}$$

薄板的外力势能 $V$ 是外力功 $W$ 的负值，即

$$V=-W=-\int_R qw\mathrm{d}x\mathrm{d}y. \tag{7-54}$$

因此，**薄板的总势能是**

$$\pi_p=U-W$$
$$=\frac{D}{2}\int_R\left[(\nabla^2 w)^2-2(1-\mu)(w_{,11}w_{,22}-w_{,12}w_{,12})\right]\mathrm{d}x\mathrm{d}y-\int_R qw\mathrm{d}x\mathrm{d}y. \tag{7-55}$$

其次，根据极小势能原理，**薄板总势能的极值条件**是

$$\delta\pi_p=0. \tag{7-56}$$

代入形变势能和外力势能并进行变分运算，得

$$\delta\pi_p = D\int_R \left[ \nabla^2 w \delta \nabla^2 w - (1-\mu)\left( w_{,11}\delta w_{,22} + w_{,22}\delta w_{,11} - 2w_{,12}\delta w_{,12} \right) \right] \mathrm{d}x\mathrm{d}y$$
$$- \int_R q\delta w \mathrm{d}x\mathrm{d}y . \tag{7-57}$$

下面应用分部积分和格林公式，对式（7-57）的各项进行计算，即

$$\begin{cases}
\int_R \nabla^2 w \delta w_{,11} \mathrm{d}x\mathrm{d}y = \int_S \left( \nabla^2 w \delta w_{,1} - \nabla^2 w_{,1} \delta w \right) n_1 \mathrm{d}S + \int_R \nabla^2 w_{,11} \delta w \mathrm{d}x\mathrm{d}y, \\
\int_R \nabla^2 w \delta w_{,22} \mathrm{d}x\mathrm{d}y = \int_S \left( \nabla^2 w \delta w_{,2} - \nabla^2 w_{,2} \delta w \right) n_2 \mathrm{d}S + \int_R \nabla^2 w_{,22} \delta w \mathrm{d}x\mathrm{d}y; \\
\int_R w_{,11} \delta w_{,22} \mathrm{d}x\mathrm{d}y = \int_S \left( w_{,11} \delta w_{,2} - w_{,112} \delta w \right) n_2 \mathrm{d}S + \int_R w_{,1122} \delta w \mathrm{d}x\mathrm{d}y, \\
\int_R w_{,22} \delta w_{,11} \mathrm{d}x\mathrm{d}y = \int_S \left( w_{,22} \delta w_{,1} - w_{,122} \delta w \right) n_1 \mathrm{d}S + \int_R w_{,1122} \delta w \mathrm{d}x\mathrm{d}y; \\
\int_R w_{,12} \delta w_{,12} \mathrm{d}x\mathrm{d}y = \int_S \left( w_{,12} \delta w_{,2} n_1 - w_{,112} \delta w n_2 \right) \mathrm{d}S + \int_R w_{,1122} \delta w \mathrm{d}x\mathrm{d}y, \\
\int_R w_{,12} \delta w_{,12} \mathrm{d}x\mathrm{d}y = \int_S \left( w_{,12} \delta \delta w_{,1} n_2 - w_{,122} \delta w n_1 \right) \mathrm{d}S + \int_R w_{,1122} \delta w \mathrm{d}x\mathrm{d}y.
\end{cases} \tag{7-58}$$

将式（7-58）代入式（7-57），经过整理后，得

$$\delta\pi_p = \int_R \left( D\nabla^4 w - q \right) \delta w \mathrm{d}x\mathrm{d}y$$
$$+ D\int_S \left[ \left( w_{,11} + \mu w_{,22} \right) \delta w_{,1} + (1-\mu) w_{,12} \delta w_{,2} - \left( \nabla^2 w_{,1} \right) \delta w \right] n_1 \mathrm{d}S$$
$$+ D\int_S \left[ \left( w_{,22} + \mu w_{,11} \right) \delta w_{,2} + (1-\mu) w_{,12} \delta w_{,1} - \left( \nabla^2 w_{,2} \right) \delta w \right] n_2 \mathrm{d}S$$
$$= 0. \tag{7-59}$$

再将薄板的内力公式（7-24）和式（7-25）代入式（7-59），得

$$\delta\pi_p = \int_R \left( D\nabla^4 w - q \right) \delta w \mathrm{d}x\mathrm{d}y$$
$$- \int_S \left( M_{11}\delta w_{,1} + M_{12}\delta w_{,2} - Q_1\delta w \right) n_1 \mathrm{d}S$$
$$- \int_S \left( M_{22}\delta w_{,2} + M_{12}\delta w_{,1} - Q_2\delta w \right) n_2 \mathrm{d}S = 0. \tag{7-60}$$

从图 7-8 中可以得出薄板边界上外法线的方向余弦，

$$n_1 = \cos(n, x) = \frac{\mathrm{d}y}{\mathrm{d}S} , \quad n_2 = \cos(n, y) = -\frac{\mathrm{d}x}{\mathrm{d}S} .$$

然后，$\delta\pi_p$ 中的两项可以变换为

$$\begin{cases} -\int_S (M_{12}\delta w_{,2})n_1 \mathrm{d}S = -\int_S (M_{12}\delta w)_{,2}\,\mathrm{d}y + \int_S (M_{12,2}\delta w)n_1 \mathrm{d}S \\ \qquad\qquad = -[M_{12}\delta w]_{y_a}^{y_b} + \int_S (M_{12,2}\delta w)n_1 \mathrm{d}S, \\ -\int_S (M_{21}\delta w_{,1})n_2 \mathrm{d}S = \int_S (M_{21}\delta w)_{,1}\,\mathrm{d}x + \int_S (M_{21,1}\delta w)n_2 \mathrm{d}S \\ \qquad\qquad = [M_{21}\delta w]_{x_c}^{x_d} + \int_S (M_{21,1}\delta w)n_2 \mathrm{d}S. \end{cases}$$
（7-61）

代入 $\delta\pi_p$，得出

$$\begin{aligned}\delta\pi_p = &\int_R (D\nabla^4 w - q)\delta w \mathrm{d}x\mathrm{d}y \\ &- \int_S \left[M_{11}\delta w_{,1} - (Q_1 + M_{12,2})\delta w\right]n_1 \mathrm{d}S - [M_{12}\delta w]_{y_a}^{y_b} \\ &- \int_S \left[M_{22}\delta w_{,2} - (Q_2 + M_{21,1})\delta w\right]n_2 \mathrm{d}S + [M_{21}\delta w]_{x_c}^{x_d} \\ =& 0.\end{aligned}$$
（7-62）

从式（7-62）变分方程可以得出等价的方程和边界条件：在域内，有

$$[D\nabla^4 w - q] = 0\,; \qquad (R)$$
（7-63）

在边界上，对所有各段都应该考虑并满足相应的条件.

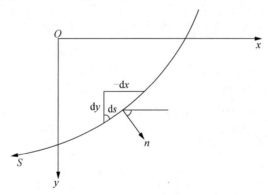

图 7-8　薄板边界上的外法线方向余弦

对于**边界为 $x$ 面**时，$n_1 = 1$、$n_2 = 0$，则有边界条件为

$$M_{11}\delta w_{,1} = 0\,, \quad (Q_1 + M_{12,2})\delta w = 0\,,$$

自由边的端点为

$$[M_{12}\delta w]_{y_a} = 0\,, \quad [M_{12}\delta w]_{y_b} = 0.$$
（7-64）

对于**边界为 $y$ 面**时，$n_1 = 0$、$n_2 = 1$，则有边界条件为

$$M_{22}\delta w_{,2} = 0\,, \quad (Q_2 + M_{21,1})\delta w = 0\,,$$

自由边的端点为

$$[M_{21}\delta w]_{x_c} = 0, \quad [M_{21}\delta w]_{x_d} = 0. \tag{7-65}$$

对于**边界为斜面**时，若法线方向用 $n$ 表示，沿边界的切线方向用 $t$ 表示．则对于这种斜边界的边界条件，可以从式（7-62）简单地导出：令 $x$ 轴转向法线 $n$ 方向，则 $y$ 轴成为切线 $t$ 方向，此时，

$$n_1 = 1, \quad n_2 = 0. \quad \mathrm{d}y = \mathrm{d}S;$$
$$M_{11} = M_{nn}, \quad M_{22} = M_{tt}, \quad M_{12} = M_{nt};$$
$$Q_1 = Q_n, \quad Q_2 = Q_t.$$

则斜边界的边界条件为

$$M_{nn}\delta\frac{\partial w}{\partial n} = 0, \quad \left(Q_n + \frac{\partial M_{nt}}{\partial t}\right)\delta w = 0,$$

自由边的端点为

$$[M_{nt}\delta w]_A = 0, \quad [M_{nt}\delta w]_B = 0. \tag{7-66}$$

上述的几种边界条件式（7-64）～式（7-66）中，$w$；$w_{,1}$，$w_{,2}$，…表示薄板边界上的广义位移（挠度、转角）．$M_{11}$、$M_{22}$；$(Q_1 + M_{12,2})$，$(Q_2 + M_{21,1})$ 表示边界上的广义力（弯矩，总横向剪力）．如果已经给定了边界上的某些广义位移或者广义力，则它们成为必须满足的约束条件．在设定挠度的试函数时，应该预先满足这些约束条件；或者应用变分方程式（7-56）或式（7-62）来代替这些约束条件，使上述的这些边界条件得到满足．在自由边两旁的端点上，各存在有一个由扭矩转化来的、未被抵消的集中剪力．因此，应该考虑相应的自由边的端点条件，如式（7-64）～式（7-66）所示．但对于有支撑的边界，在满足挠度为零的边界条件下，则端点的挠度变分 $\delta w = 0$，自由边的端点条件也就自然满足了．只有在两个自由边的交点，需要考虑角点的条件，并予以满足．

**具体的求解方法如下．**

（1）里茨变分法——设定挠度的函数为

$$w = \sum_m A_m w_m(x, y), \tag{7-67}$$

其中 $w_m(x, y)$ 为设定的 $(x, y)$ 函数，并在边界上**满足广义位移的边界条件**（即约束条件）．在薄板弯曲问题中，边界上的挠度和转角，属于广义位移边界条件；而边界上的弯矩和总横向分布剪力的条件，属于内力边界条件．$A_m$ 为反映挠度变分的参数．由式（7-67）得出挠度的变分，

$$\delta w = \sum_m w_m(x, y)\delta A_m. \tag{7-68}$$

这样，变分的自变量已经从挠度 $w$ 转化为 $A_m$．再代入变分方程**（7-56）**，即得

$$\frac{\partial U}{\partial A_m} = \int_R q w_m \mathrm{d}x\mathrm{d}y \quad (m=1, 2, \cdots). \tag{7-69}$$

从上述变分方程可以求出 $A_m$，然后再代入挠度的表达式，**得出挠度，从而可求出薄板的内力**。

（2）**伽辽金变分法**——如果设定的挠度满足了所有的板边边界条件，包括位移边界条件和内力边界条件，则从变分方程（7-62）可以看出，其中涉及边界条件的几项都已经得到满足。因此，**变分方程成为伽辽金变分方程的形式**，即

$$\int_R \left(D\nabla^4 w - q\right)\delta w \mathrm{d}x\mathrm{d}y = 0 . \tag{7-70}$$

将 $\delta w$ 代入式（7-70）**变分方程进行求解**，即

$$\int_R \left(D\nabla^4 w - q\right)w_m \mathrm{d}x\mathrm{d}y = 0 \quad (m=1, 2, \cdots) . \tag{7-71}$$

## 7.5 位移变分法的应用例题

**里茨变分法**，是先设定位移 $w$ 的试函数，使其满足广义位移（挠度和转角）的边界条件，然后再代入里茨变分方程（7-69）进行求解。里茨变分方程等价于微分方程（7-22）和广义内力（弯矩和总横向分布剪力）的边界条件，因而可以替代这两个条件，从而求得解答。

**例 7-6** 设有矩形薄板，边长为 $a$ 及 $b$，如图 7-9 所示，薄板的上下两边为简支边，左边为固定边，右边为自由边。受有均布荷载 $q_0$ 的作用。试求其挠度。

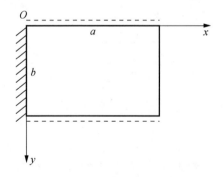

图 7-9 例 7-6

**分析**：取坐标轴如图 7-9 所示，薄板的位移边界条件为

$$(w, w_{,1})_{x=0} = 0 ,$$
$$(w)_{y=0,b} = 0 .$$

其余的边界条件都属于广义内力（弯矩和总横向分布剪力）的边界条件。

里茨法只要求挠度 $w$ 预先满足位移边界条件，因此，可取挠度的表达式为

$$w = A_1 w_1 = A_1 \left(\frac{x}{a}\right)^2 \sin\frac{\pi y}{b} .$$

显然，挠度已经满足了上述的位移边界条件．在薄板的上下两边，上式的位移表达式也顺便地满足了弯矩等于零的条件．在薄板的右边，应该满足的条件是，弯矩等于零和总的横向分布剪力等于零，这两个广义内力的边界条件可以由里茨变分方程来代替．

下面应按里茨变分方程（7-69）进行求解．将位移代入形变势能的公式，并进行积分得到

$$U = \frac{D}{2} \int_0^a \int_0^b \left[ \left( \frac{2}{a^2} A_1 \sin \frac{\pi y}{b} - \frac{\pi^2}{a^2 b^2} A_1 x^2 \sin \frac{\pi y}{b} \right)^2 \right.$$

$$\left. -2(1-\mu) \left( -\frac{2\pi^2}{a^4 b^2} A_1^2 x^2 \sin^2 \frac{\pi y}{b} - \frac{4\pi^2}{a^4 b^2} A_1^2 x^2 \cos^2 \frac{\pi y}{b} \right) \right] dxdy$$

$$= \frac{DA_1^2}{2} \left[ 2 + \left( \frac{4}{3} - 2\mu \right) \left( \frac{\pi a}{b} \right)^2 + \frac{1}{10} \left( \frac{\pi a}{b} \right)^4 \right] \frac{b}{a^3} .$$

另一方面，外力功为

$$W = \int_0^a \int_0^b q w_1 dxdy = \int_0^a \int_0^b q_0 \left( \frac{x}{a} \right)^2 \sin \frac{\pi y}{b} dxdy = \frac{2}{3\pi} q_0 ab .$$

将上面形变势能和外力功代入变分方程，求出系数，再代入挠度的表达式，即得

$$w = \frac{2 q_0 a^2 x^2 \sin \frac{\pi y}{b}}{3\pi D \left[ 2 + \left( \frac{4}{3} - 2\mu \right) \left( \frac{\pi a}{b} \right)^2 + \frac{1}{10} \left( \frac{\pi a}{b} \right)^4 \right]} .$$

当薄板为正方形，即 $a=b$，挠度的表达式成为

$$w = \frac{2 q_0 a^2 x^2 \sin \frac{\pi y}{b}}{3\pi D \left[ 2 + \left( \frac{4}{3} - 2\mu \right) (\pi)^2 + \frac{1}{10} (\pi)^4 \right]} .$$

若 $\mu = 0.3$ 时，则自由边的中点（$x=a$，$y=b/2$）的挠度为

$$w = 0.0112 \frac{q_0 a^4}{D} .$$

与精确解相比，其误差只有 1%．

如果该薄板所受的荷载，是一个作用在一点 $(\xi,\eta)$ 的集中力 $F$，则应将此集中力在该点挠度上所做的功，即外力功，来代替上面的积分 $\int_R q w_1 dxdy$．这个功的数值为

$$W = F(w_1)_{x=\xi,\ y=\eta} = F\left(\frac{\xi}{a}\right)^2 \sin\frac{\pi\eta}{b}.$$

将它代入变分方程，求出系数 $A_1$，再代入挠度表达式，即得

$$w = \frac{F\xi^2 x^2 \sin\dfrac{\pi\eta}{b}\sin\dfrac{\pi y}{b}}{abD\left[2+\left(\dfrac{4}{3}-2\mu\right)\left(\dfrac{\pi a}{b}\right)^2+\dfrac{1}{10}\left(\dfrac{\pi a}{b}\right)^4\right]}.$$

下面应用**伽辽金法**来求解问题．伽辽金法，是使设定的位移，满足全部的广义位移边界条件和广义内力边界条件，因而，只需再满足等价于微分方程的伽辽金变分方程，即式（7-71），就可以了．

**例 7-7** 设有等厚度的矩形薄板，边长为 $2a$ 和 $2b$，四边均为固定边，如图 7-10 所示．受均布荷载 $q_0$ 的作用，试求其挠度．

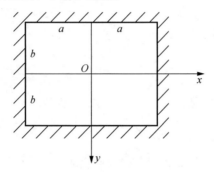

图 7-10 例 7-7

**分析**：取坐标轴如图 7-10 所示，薄板的边界条件是

$$(w,\ w_{,1})_{x=\pm a} = 0,$$
$$(w,\ w_{,2})_{y=\pm b} = 0.$$

由于本题全部都是位移边界条件，满足了上述的位移边界条件，也就满足了全部的边界条件，可以应用伽辽金法进行求解．

考虑问题的对称性，取挠度的表达式为

$$w = \sum_m A_m w_m = (x^2-a^2)^2 (y^2-b^2)^2 (A_1 + A_2 x^2 + A_3 y^2 + \cdots),$$

这个挠度已经满足了全部边界条件．

若取一个系数，则挠度表达式为

$$w = A_1 w_1 = A_1 (x^2-a^2)^2 (y^2-b^2)^2.$$

挠度应该满足下列伽辽金变分方程，

$$\int_R \left[D\nabla^4 w - q\right] w_1 \mathrm{d}x \mathrm{d}y = 0.$$

将挠度代入，由于对称，只需要取 $\frac{1}{4}$ 部分进行积分，

$$4D\int_0^a\int_0^b 8\left[3(y^2-b^2)^2+3(x^2-a^2)^2+4(3x^2-a^2)(3y^2-b^2)\right]$$
$$\times(x^2-a^2)^2(y^2-b^2)^2 A_1\mathrm{d}x\mathrm{d}y = 4q_0\int_0^a\int_0^b(x^2-a^2)^2(y^2-b^2)^2\mathrm{d}x\mathrm{d}y.$$

积分后，求出系数 $A_1$，再代入挠度表达式，得

$$w=\frac{7q_0(x^2-a^2)^2(y^2-b^2)^2}{128\left(a^4+b^4+\frac{4}{7}a^2b^2\right)D}.$$

对于正方形薄板，即 $a=b$，得到

$$w=\frac{49q_0a^4}{2304D}\left(1-\frac{x^2}{a^2}\right)^2\left(1-\frac{y^2}{a^2}\right)^2.$$

最大挠度为

$$w_{\max}=w_{x=y=0}=\frac{49q_0a^4}{2304D}=0.0213\frac{q_0a^4}{D},$$

它比精确值 $0.0202\frac{q_0a^4}{D}$ 大出 5%。

本题也可采用三角级数的表达式，把挠度设定为

$$w=\sum_{m=1,3,5,\cdots}\sum_{n=1,3,5,\cdots}A_{mn}\left(1+\cos\frac{m\pi x}{a}\right)\left(1+\cos\frac{n\pi y}{b}\right),$$

这个挠度也满足了全部边界条件以及对称性条件．

若取一个系数，挠度表达式为

$$w=A_{11}\left(1+\cos\frac{\pi x}{a}\right)\left(1+\cos\frac{\pi y}{b}\right),$$

进行与上相同的运算，得到的挠度为

$$w=\frac{4q_0a^4\left(1+\cos\frac{\pi x}{a}\right)\left(1+\cos\frac{\pi y}{b}\right)}{\pi^4 D\left(3+2\frac{a^2}{b^2}+3\frac{a^4}{b^4}\right)}.$$

对于正方形薄板，即 $a=b$，得到

$$w=\frac{q_0a^4}{2\pi^4 D}\left(1+\cos\frac{\pi x}{a}\right)\left(1+\cos\frac{\pi y}{b}\right).$$

最大挠度为

$$w_{\max}=w_{x=y=0}=\frac{2q_0a^4}{\pi^4 D}=0.0205\frac{q_0a^4}{D},$$

比精确值 $0.0202\frac{q_0a^4}{D}$ 只大出 1.5%。

# 第八章 变分法在有限单元法中的应用

**本章内容摘要**

本章以按位移求解弹性力学的平面问题为例，介绍有限单元法的基本概念——将连续体变换为离散化结构，然后应用结构力学的方法导出有限单元法的公式，以及应用变分法导出有限单元法的公式.

有限单元法是 20 世纪发展起来的一种数值解法，具有极大的适用性和可解性，可以解决各种复杂的结构、荷载和工况下的力学问题. 因此，有限单元法在工程上得到广泛的应用和发展. 有限单元法的公式，大多数是从变分原理导出的. 因此，变分法促进了有限单元法的应用，也促进了变分法理论的发展.

## 8.1 有限单元法的基本概念

有限单元法，是 20 世纪 40 年代发展起来的弹性力学数值解法. 1943 年柯朗（Courant）首先提出与有限单元法概念相似的近似方法. 1945~1955 年，结构力学的矩阵解法得到广泛的应用，为有限单元法提供了矩阵解法的基础. 1956 年特纳（Turner）等在论文中提出了有限单元法的概念和应用. 在 20 世纪 50 年代，平面问题的有限单元法已经建立，并应用于航空结构的分析. 直到 1960 年，克劳夫（Clough）才提出了有限单元法的名称——Finite Element Method（FEM）. 此后，有限单元法得到了快速的发展，不仅广泛地应用于各种力学问题和非力学问题的分析，并且已经发展成为一种有效的数学方法.

在弹性力学等学科中，研究的对象是连续体，需要求解微分方程才能得出用连续函数表示的解答. 由于许多实际结构的形状、荷载和工况等的复杂性，使微分方程的求解遇到了难以克服的困难. 而有限单元法在解决连续体问题的分析时，显示了极大的适用性和可解性；并且引用了计算机的工具，使庞大的计算工作能迅速地完成. 因此，有限单元法在工程上得到了广泛的应用.

有限单元法的内容如下.

（1）将连续体变换为离散化结构.

（2）对离散化结构，采用结构力学的方法进行求解，或者采用变分法进行求解.

因此，有限单元法使求解的对象，从连续体变换为离散化结构；求解的变量，从连续函数变换为结点函数值；求解微分方程的问题，变换为求解代数方程的问题.

本书将以按位移求解弹性力学平面问题为例,来介绍有限单元法的基本概念.

首先,**将连续体变换为离散化结构**——在结构力学中,研究的对象是一种"离散化结构",如图 8-1(a)中的桁架.所谓"离散化结构",是指由有限多个、有限大小的单元所组成的、只在一些单元的结点上相互连接起来的一种结构.这些单元之间,除了结点之外,相互之间没有其他的联系.因此,这种结构被称为"离散化结构".图 8-1(a)的桁架,就是由许多杆件单元组成的,除了在结点(即杆件单元的端点)用铰连在一起外,单元之间并没有其他的联系,所以它就是一种离散化结构.

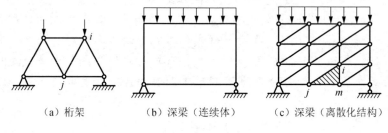

(a)桁架　　　(b)深梁(连续体)　　　(c)深梁(离散化结构)

图 8-1　离散化结构

在弹性力学中,研究的对象大都是连续体,需要求解微分方程,才能得出其连续函数的解答;而微分方程往往是难以求解的.为了应用有限单元法,来求解弹性力学的问题,首先必须将连续体改造成为**离散化结构**:将连续体划分为有限多个、有限大小的单元,并使这些单元仅在单元的一些结点用铰连接起来,构成所谓"离散化结构".例如,将图 8-1(b)中的深梁,划分为许多三角形单元,取三角形单元的角点作为结点,并使这些三角形单元仅在角点(结点)用铰连接起来;而三角形单元之间不再有其他的联系,由此变换成为离散化结构,如图 8-1(c)所示.将图 8-1(a)与(c)相比,两者都是离散化结构,因此也可以按照结构力学的方法,来求解图 8-1(c)的深梁问题.当划分的单元足够多时,离散化结构就能充分地接近于原结构——深梁,因此,可以用离散化结构来代替原结构——深梁进行求解.

现在来比较结构力学中的离散化结构[图 8-1(a)]和弹性力学的离散化结构[图 8-1(c)].相同的是,两者都是由单元组成的离散化结构,单元之间都仅在结点处联结起来;两者的基本未知变量都是结点位移值.不同的是,结构力学中的单元是杆件,因此,杆件上的位移、形变、应力、结点力和结点位移之间的关系非常简单.而弹性力学中的单元,是三角形块体单元,单元本身仍然是连续体.因此,在单元内部的位移、形变、应力、结点力和结点位移之间的关系,应当按照连续体的情形来考虑,也就是按弹性力学的方程来导出.这也是结构力学单元和弹性力学单元的重大区别.

其次,**对离散化结构进行求解**——一种是应用**结构力学方法**,即相似于结构力学中桁架的位移法来求解；另一种是应用**变分法**，即应用总势能的极值条件来进行求解．

**应用结构力学方法来导出有限单元法**——可以参考结构力学的位移法，对离散化结构进行求解．其中的主要步骤如下．

（1）取各结点位移，$u_i, v_i (i=1, 2, \cdots)$为基本未知变量．

（2）在单元中，应用插值公式，将单元内的位移函数用结点位移来表示．这种表示单元内位移分布形式的插值函数，称为位移模式．

（3）在单元中，应用几何方程，由位移函数求出单元中的形变分量，从而将形变分量用结点位移来表示．

（4）在单元中，应用物理方程，由形变分量求出单元中的应力分量，从而将应力分量用结点位移来表示．

（5）在单元中，应用虚功方程，由应力分量求出单元上的结点力，即$F_i(i=1, 2, \cdots)$，从而将结点力用结点位移来表示．

（6）在单元中，应用虚功方程，将单元上的外荷载等效变换为单元的结点荷载，即$F_{Li}(i=1, 2, \cdots)$．

（1）～（6）部分的工作，都局限在每一个单元内，通常称为"**单元分析**"．通过以上的工作，将单元中的内力（应力），向结点简化为结点力，并且使这些结点力都用基本未知变量——结点位移来表示．另外，将单元上的各种荷载，也向结点简化，等效变换为结点荷载．

（7）下面进一步考虑各结点的力的平衡条件：假想将结点从单元中切开，并建立每个结点的平衡条件．再将所有的结点平衡条件列出，就得出整个结构的结点平衡方程组，即

$$\sum_e F_i = \sum_e F_{Li} \qquad (i=1, 2, \cdots), \qquad (8\text{-}1)$$

其中 $e$ 表示围绕该结点的所有单元之和．这些结点平衡方程都是代数方程式，左边包含了未知的结点位移，右边是已知的结点荷载．通过求解这些代数方程，就得出各结点位移的解答，并进而可以求出各单元的位移、应力等．这部分的分析工作，涉及整个结构的所有结点和每个结点周围的各个单元，因而这部分的分析工作称为"**整体分析**"．

**应用变分法来导出有限单元法**——经典的变分法中，研究的对象是连续体，其基本未知变量是连续函数．现在已经将连续体变换为离散化结构．因此，必须将经典变分法应用于这种"**离散化结构**"．具体的求解步骤如下：

（1）同样，取各结点位移为基本未知变量，引用上述结构力学解法中的（2）～（4）的步骤，将单元中的位移函数、单元中的形变分量和应力分量都用结点位移来表示．

（2）在结构离散化的条件下，将整个结构的形变势能，用每个单元的分片形变势能之和来表示；将整个结构的外力势能，用每个单元的分片外力势能之和来表示，即

$$U = \sum_e U^e, \quad V = \sum_e V^e. \tag{8-2}$$

（3）将上面的形变势能和外力势能代入总势能，建立总势能的极值条件，并求解出各未知的结点位移。其中，已经将基本未知变量从整体的连续位移函数变换为各结点的位移值。因此，总势能对位移函数的极值条件变换为总势能对于各结点位移的极值条件。这就是说，原来经典变分法中总势能对于位移函数的极值条件，已经替代为对于各结点位移的极值条件，即用许多离散结点的极值条件来代替整体的极值条件。由此得出的有限单元法基本方程与结构力学方法导出的有限单元法基本方程——结点平衡方程组，完全相同。因此，同样可以根据这样导出的有限单元法方程，求解出各结点位移，从而求得各单元的位移和应力。

除此之外，还可以应用伽辽金法、加权余量法、罚函数法等导出有限单元法的公式。

## 8.2 基本量和基本方程的矩阵表示

在本章中，以按位移求解平面问题为例，来说明应用结构力学的方法和应用变分法来导出有限单元法的基本方程。本章中所采用的是三结点三角形平面单元（以三角形单元的三个角点作为结点），并考虑为**平面应力问题**。对于平面应变问题，只需把有关的弹性常数作如下的变换：$E \to \dfrac{E}{1-\mu^2}$，$\mu \to \dfrac{\mu}{1-\mu}$ 即可。为了便于表达，有关的物理量、方程和有限单元法的公式，均采用徐芝纶教授编著的《弹性力学简明教程》（第四版，第六章）中的有关符号。

对于**平面问题**中，物体的体力，用**体力列阵**表示为

$$\boldsymbol{f} = \begin{pmatrix} f_x & f_y \end{pmatrix}^{\mathrm{T}}. \tag{8-3}$$

物体的面力，用**面力列阵**表示为

$$\overline{\boldsymbol{f}} = \begin{pmatrix} \overline{f}_x & \overline{f}_y \end{pmatrix}^{\mathrm{T}}. \tag{8-4}$$

平面问题的三个应力分量，用**应力列阵**表示为

$$\boldsymbol{\sigma} = \begin{pmatrix} \sigma_x & \sigma_y & \tau_{xy} \end{pmatrix}^{\mathrm{T}}. \tag{8-5}$$

平面问题的三个形变分量（这里用一般弹性力学的符号表示，$\varepsilon_x = e_{11}$，$\gamma_{xy} = 2e_{12}$，$\varepsilon_y = e_{22}$），用**应变列阵**表示为

$$\boldsymbol{\varepsilon} = \begin{pmatrix} \varepsilon_x & \varepsilon_y & \gamma_{xy} \end{pmatrix}^{\mathrm{T}}. \tag{8-6}$$

单元中的两个位移函数分量，用 $u$、$v$ 分别表示 $x$、$y$ 方向的位移，写成位移列阵为

$$\boldsymbol{d} = \begin{bmatrix} u(x,y) & v(x,y) \end{bmatrix}^{\mathrm{T}}. \tag{8-7}$$

对于三结点三角形单元，取单元的结点位移为基本未知变量，**单元的结点位移列阵为**

$$\boldsymbol{\delta}^e = \begin{pmatrix} \boldsymbol{\delta}_i & \boldsymbol{\delta}_j & \boldsymbol{\delta}_m \end{pmatrix}^{\mathrm{T}} = \begin{pmatrix} u_i & v_i & u_j & v_j & u_m & v_m \end{pmatrix}^{\mathrm{T}}. \tag{8-8}$$

单元的结点力列阵是

$$\boldsymbol{F}^e = \begin{pmatrix} \boldsymbol{F}_i & \boldsymbol{F}_j & \boldsymbol{F}_m \end{pmatrix}^{\mathrm{T}} = \begin{pmatrix} F_{ix} & F_{iy} & F_{jx} & F_{jy} & F_{mx} & F_{my} \end{pmatrix}^{\mathrm{T}}. \tag{8-9}$$

单元的结点荷载列阵是

$$\boldsymbol{F}_L^e = \begin{pmatrix} \boldsymbol{F}_{Li} & \boldsymbol{F}_{Lj} & \boldsymbol{F}_{Lm} \end{pmatrix}^{\mathrm{T}} = \begin{pmatrix} F_{Lix} & F_{Liy} & F_{Ljx} & F_{Ljy} & F_{Lmx} & F_{Lmy} \end{pmatrix}^{\mathrm{T}}. \tag{8-10}$$

在有限单元法中，要用到的几个基本方程，均必须用矩阵表示．几何方程是

$$\boldsymbol{\varepsilon} = \begin{pmatrix} \dfrac{\partial u}{\partial x} & \dfrac{\partial v}{\partial y} & \dfrac{\partial v}{\partial x}+\dfrac{\partial u}{\partial y} \end{pmatrix}^{\mathrm{T}}. \tag{8-11}$$

物理方程是

$$\begin{pmatrix} \sigma_x \\ \sigma_y \\ \gamma_{xy} \end{pmatrix} = \dfrac{E}{1-\mu^2} \begin{pmatrix} 1 & \mu & 0 \\ \mu & 1 & 0 \\ 0 & 0 & \dfrac{1-\mu}{2} \end{pmatrix} \begin{pmatrix} \varepsilon_x \\ \varepsilon_y \\ \gamma_{xy} \end{pmatrix}. \tag{8-12}$$

利用式（8-5）及式（8-6），可简写为

$$\boldsymbol{\sigma} = \boldsymbol{D}\boldsymbol{\varepsilon}, \tag{8-13}$$

其中 $\boldsymbol{D}$ 称为**弹性矩阵**，即

$$\boldsymbol{D} = \dfrac{E}{1-\mu^2} \begin{pmatrix} 1 & \mu & 0 \\ \mu & 1 & 1 \\ 0 & 0 & \dfrac{1-\mu}{2} \end{pmatrix}. \tag{8-14}$$

式（8-14）是平面应力问题的弹性矩阵，对于平面应变问题，只需将其中的弹性常数作如下的变换：$E \to \dfrac{E}{1-\mu^2}$，$\mu \to \dfrac{\mu}{1-\mu}$．

**虚功方程**——虚功方程表示，外力在虚位移上的虚功等于应力在虚应变上的虚功．

现在来考虑一个切开的单元：设作用于单元上的外荷载，已经移置到结点，

变换为结点荷载. 因此, 单元上已经没有外荷载了. 将单元与各结点切开, 则结点作用于单元的结点力, 便是作用于单元的外力. 此外, 在单元内部有内力（应力）的作用.

假设在单元中发生了一组结点的虚位移, 表示为

$$(\boldsymbol{\delta}^*)^e = \begin{pmatrix} \boldsymbol{\delta}_i^* & \boldsymbol{\delta}_j^* & \boldsymbol{\delta}_m^* \end{pmatrix}^T = \begin{pmatrix} u_i^* & v_i^* & u_j^* & v_j^* & u_m^* & v_m^* \end{pmatrix}^T. \tag{8-15}$$

则单元中相应的虚位移（函数）和虚应变, 可以通过位移模式和几何方程得出, 即

$$\boldsymbol{d}^* = \begin{bmatrix} u^*(x,y) & v^*(x,y) \end{bmatrix}^T, \tag{8-16}$$

$$\boldsymbol{\varepsilon}^* = \begin{pmatrix} \varepsilon_x^* & \varepsilon_y^* & \gamma_{xy}^* \end{pmatrix}^T. \tag{8-17}$$

因此, 虚功方程可以表示为结点力（结点对单元的作用力, 对于单元来讲是外力）在结点虚位移上的虚功, 等于应力在虚应变上的虚功, 即

$$\left[ (\boldsymbol{\delta}^{*e}) \right]^T \boldsymbol{F}^e = \int_A \left( \boldsymbol{\varepsilon}^* \right)^T \boldsymbol{\sigma} \mathrm{d}x \mathrm{d}y t, \tag{8-18}$$

其中 $A$ 是三角形单元的面积; $t$ 是薄板单元的厚度.

## 8.3 单元的位移模式

现在, 对离散化结构应用结构力学的方法来导出有限单元法的基本方程. 首先, 由单元的结点位移来求出单元内的位移函数.

采用三结点三角形平面单元, 取结点位移为基本未知变量, 如图 8-2 所示, 它们表示为

$$\boldsymbol{\delta}^e = \begin{pmatrix} \boldsymbol{\delta}_i & \boldsymbol{\delta}_j & \boldsymbol{\delta}_m \end{pmatrix}^T = \begin{pmatrix} u_i & v_i & u_j & v_j & u_m & v_m \end{pmatrix}^T. \tag{8-8}$$

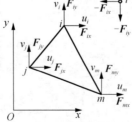

图 8-2 结点位移和结点力

对于弹性力学问题, 虽然已经将整个连续体变换为离散化结构, 如图 8-1（c）所示, 但对于每一个三角形单元, 仍然是一个连续体. 因此, 在每个单元内部, 必须应用弹性力学公式, 来导出连续体单元内部的结点位移、位移函数、形变分

量、应力分量等之间的关系. 为此,首先必须从单元的结点位移值,来求出单元的位移分布函数.

在有限单元法中,**采用插值函数的方法,将单元中的位移函数用单元的结点位移来表示**. 对于三结点三角形平面单元,假定单元内部的位移分布按下列**插值公式来表示**,即

$$u = \alpha_1 + \alpha_2 x + \alpha_3 y, \quad v = \alpha_4 + \alpha_5 x + \alpha_6 y. \tag{8-19}$$

在 $i$、$j$、$m$ 三个结点(图8-3),位移函数应当等于该结点的位移值,即

$$\begin{cases} \alpha_1 + \alpha_2 x_i + \alpha_3 y_i = u_i, & \alpha_4 + \alpha_5 x_i + \alpha_6 y_i = v_i, \\ \alpha_1 + \alpha_2 x_j + \alpha_3 y_j = u_j, & \alpha_4 + \alpha_5 x_j + \alpha_6 y_j = v_j, \\ \alpha_1 + \alpha_2 x_m + \alpha_3 y_m = u_m, & \alpha_4 + \alpha_5 x_m + \alpha_6 y_m = v_m. \end{cases} \tag{8-20}$$

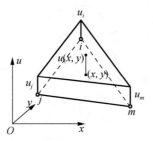

图8-3 位移模式

由式(8-20)左边的三个方程求解出系数 $\alpha_1$、$\alpha_2$、$\alpha_3$,由右边的三个方程求解出系数 $\alpha_4$、$\alpha_5$、$\alpha_6$,再代回式(8-19),整理以后可以写成

$$\begin{cases} u = N_i u_i + N_j u_j + N_m u_m, \\ v = N_i v_i + N_j v_j + N_m v_m. \end{cases} \tag{8-21}$$

令

$$\boldsymbol{N} = \begin{bmatrix} N_i & 0 & N_j & 0 & N_m & 0 \\ 0 & N_i & 0 & N_j & 0 & N_m \end{bmatrix}, \tag{8-22}$$

引用上述记号,单元的**位移模式**可以表示为

$$\boldsymbol{d} = \boldsymbol{N}\boldsymbol{\delta}^e. \tag{8-23}$$

$\boldsymbol{N}$ 称为**形态函数矩阵**或**形函数矩阵**,其中的元素是

$$N_i = \frac{a_i + b_i x + c_i y}{2A} \quad (i, j, m), \tag{8-24}$$

$(i, j, m)$ 表示将下标 $i, j, m$ 进行轮换,可以得出三个表达式;其中的系数 $a_i$、$b_i$、$c_i$ 是

$$\begin{cases} a_i = \begin{bmatrix} x_j & y_j \\ x_m & y_m \end{bmatrix}, \\ b_i = -\begin{bmatrix} 1 & y_j \\ 1 & y_m \end{bmatrix}, \\ c_i = \begin{bmatrix} 1 & x_j \\ 1 & x_m \end{bmatrix}. \\ (i,j,m) \end{cases} \qquad (8\text{-}25)$$

而其中 $A$ 就等于三角形单元的面积，即

$$A = \frac{1}{2}\begin{vmatrix} 1 & x_i & y_i \\ 1 & x_j & y_j \\ 1 & x_m & y_m \end{vmatrix}. \qquad (8\text{-}26)$$

为了使得出的面积 $A$ 不致成为负值，在图 8-3 的逆时针转向坐标系中，结点的次序 $i$、$j$、$m$ 必须是逆时针转向的．

上述对于位移函数的插值公式，表示了单元内位移分布的形式，称为**位移模式**．由此可见，**位移模式**解决了这样的问题：由单元的结点位移，就可求出单元内的位移函数．这是用有限单元法解决连续体问题分析的关键步骤．位移模式的建立，使得在连续体单元内部，可以直接地应用弹性力学公式，求出单元内的形变分量、应力分量、结点力等．因此，**位移模式是有限单元法分析的基础**．为了使有限单元法的解答，能够收敛于精确解，位移模式应当满足下列条件．

（1）位移模式必须能反映单元的刚体位移．因为将位移按泰勒级数展开时，位移中的刚体位移部分是最主要和最基本的量．

（2）位移模式必须能反映单元的常量应变．因为形变分量中的常量应变，是形变分量中的最主要和最基本的量．

（3）位移模式应当尽可能地反映位移的连续性．当连续体变换为离散化结构之后，在各个结点，各单元保持着连接，即有共同的结点位移值；在单元的内部，位移模式是用连续函数表示的，就自然地保持了单元内位移的连续性．此外，还应尽可能地使单元之间的边界上保持一定程度的位移连续性．对于三结点三角形单元，在 $ij$ 的边界上，$i$、$j$ 两点，两边的单元有共同的结点位移；又按照上述的线性位移模式，两边的单元在 $ij$ 之间的边界上，位移都是直线分布的，因此，两边的单元在边界 $ij$ 上，仍然保持了位移的连续性，但两者位移的导数（斜率）并不连续．从位移模式（8-19）可见，上述三结点三角形单元的位移模式，已经满足了收敛性的要求．

## 8.4 单元的应变列阵和应力列阵

有限单元法的位移模式,解决了由单元的结点位移来求出单元中的位移函数. 将位移函数代入几何方程,便可得出用结点位移表示的**单元中的应变列阵**,即

$$\varepsilon = \begin{pmatrix} \dfrac{\partial u}{\partial x} \\ \dfrac{\partial v}{\partial y} \\ \dfrac{\partial v}{\partial x} + \dfrac{\partial u}{\partial y} \end{pmatrix} = \dfrac{1}{2A} \begin{bmatrix} b_i & 0 & b_j & 0 & b_m & 0 \\ 0 & c_i & 0 & c_j & 0 & c_m \\ c_i & b_i & c_j & b_j & c_m & b_m \end{bmatrix} \begin{pmatrix} u_i \\ v_i \\ u_j \\ v_j \\ u_m \\ v_m \end{pmatrix}, \quad (8\text{-}27)$$

式(8-27)可以简写为

$$\varepsilon = B\delta^e . \quad (8\text{-}28)$$

其中矩阵 $B$ 可写成分块形式,

$$B = \begin{pmatrix} B_i & B_j & B_m \end{pmatrix}, \quad (8\text{-}29)$$

而其子矩阵为

$$B_i = \dfrac{1}{2A} \begin{bmatrix} b_i & 0 \\ 0 & c_i \\ c_i & b_i \end{bmatrix} \quad (i, j, m). \quad (8\text{-}30)$$

由于矩阵的元素都是常量,可见单元中的应变分量也都是常量

再将应变表达式代入物理方程,就得到用结点位移表示的**单元中的应力列阵**为

$$\sigma = D\varepsilon = DB\delta^e , \quad (8\text{-}31)$$

令

$$S = DB , \quad (8\text{-}32)$$

则应力列阵可简写为

$$\sigma = S\delta^e , \quad (8\text{-}33)$$

将 $B$ 和弹性矩阵 $D$ [式(8-14)] 代入,即得平面应力问题的**应力转换矩阵** $S$,写成分块形式,即

$$S = \begin{pmatrix} S_i & S_j & S_m \end{pmatrix}, \quad (8\text{-}34)$$

其中的子矩阵为

$$S_i = \dfrac{E}{2(1-\mu^2)A} \begin{bmatrix} b_i & \mu c_i \\ \mu b_i & c_i \\ \dfrac{1-\mu}{2} c_i & \dfrac{1-\mu}{2} b_i \end{bmatrix} \quad (i,j,m). \quad (8\text{-}35)$$

对于平面应变问题，必须把弹性常数进行以下的变换：$E \to \dfrac{E}{1-\mu^2}, \mu \to \dfrac{\mu}{1-\mu}$.

在三结点三角形单元中，当位移函数取为线性位移模式时，得出的应变和应力都是常量，称为常应力单元．如果将位移函数在单元中用泰勒级数展开，略去其中的二次以上的项，就得出线性的位移模式．由此可见，线性位移模式的误差量级是 $\Delta x^2$ 和 $\Delta y^2$ 的二阶小量，而应变和应力是从位移的导数得出的，其误差量级是 $\Delta x$ 或者 $\Delta y$ 的一阶小量，因此，应力的精度低于位移的精度．这点在划分单元和整理成果时应该加以注意．为了提高有限单元法的分析精度，一般可以采用两种方法：一是将单元的尺寸减小，以便较好地反映应力和位移的变化情况；二是在单元中采用包含更高次幂的位移模式，使每个单元内的位移和应力的精度提高．

## 8.5　应用结构力学方法导出有限单元法的基本方程 ——单元的结点力列阵

将连续体变换为离散化结构之后，现在来分析每一个三角形单元的受力状态．首先，每个单元上的外荷载，按照静力等效的原则，移置到结点上，化为结点荷载．因此，每个单元上已经没有也不再考虑任何的外荷载了．其次，对于每个三角形单元，它与周围单元的联系都已经简化到结点上；在单元之间的边界上，没有任何的联系．

现在来考虑，假想将每个单元与周围的结点切开，则单元和结点之间有相互的作用力和反作用力，如图 8-4 所示．

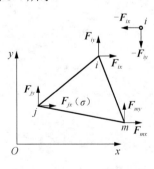

图 8-4　结点力

对于 $i$ 结点，设结点对单元的作用力，是结点力 $F_i = \begin{pmatrix} F_{ix} & F_{iy} \end{pmatrix}$，作用于单元上，以沿正标向为正．对单元来讲，这是作用于单元上的外力．

单元对结点的作用力，是 $-\boldsymbol{F}_i = -\begin{pmatrix} F_{ix} & F_{iy} \end{pmatrix}$，作用于结点上，其数值与 $\boldsymbol{F}_i = \begin{pmatrix} F_{ix} & F_{iy} \end{pmatrix}$ 相同，而方向相反．

现在来考察已经与结点切开的**单元 ijm**，如图 8-4 所示．由于单元上的外荷载已经移置到结点上，单元上已经没有任何的外荷载．因此，单元上只作用有外力——**结点力**，这是结点对单元的作用力，而单元内部作用有应力．按照虚功原理，对单元 ijm 来讲，外力（结点力）在结点虚位移上的虚功应等于应力在相应的虚应变上所做的虚功．

现在来建立**单元 ijm 的虚功方程**．作用于单元上的结点力表示为

$$\boldsymbol{F}^e = \begin{pmatrix} \boldsymbol{F}_i & \boldsymbol{F}_j & \boldsymbol{F}_m \end{pmatrix}^{\mathrm{T}} = \begin{pmatrix} F_{ix} & F_{iy} & F_{jx} & F_{jy} & F_{mx} & F_{my} \end{pmatrix}^{\mathrm{T}}. \quad (8\text{-}9)$$

假设在结点 $i$、$j$、$m$ 发生了一组结点虚位移，

$$(\boldsymbol{\delta}^*)^e = \begin{pmatrix} \boldsymbol{\delta}_i^* & \boldsymbol{\delta}_j^* & \boldsymbol{\delta}_m^* \end{pmatrix}^{\mathrm{T}} = \begin{pmatrix} u_i^* & v_i^* & u_j^* & v_j^* & u_m^* & v_m^* \end{pmatrix}^{\mathrm{T}}, \quad (8\text{-}15)$$

再由应变表达式（8-28），得出单元内相应的虚应变，即

$$\boldsymbol{\varepsilon}^* = \begin{pmatrix} \varepsilon_x^* & \varepsilon_y^* & \gamma_{xy}^* \end{pmatrix}^{\mathrm{T}} = \boldsymbol{B}(\boldsymbol{\delta}^*)^e. \quad (8\text{-}36)$$

对于**单元 ijm**，将应力式（8-31）和虚应变式（8-36）等，代入虚功方程（8-18），即

$$\left[(\boldsymbol{\delta}^*)^e\right]^{\mathrm{T}} \boldsymbol{F}^e = \int_{A_e} (\boldsymbol{\varepsilon}^*)^{\mathrm{T}} \boldsymbol{\sigma} \mathrm{d}x \mathrm{d}yt, \quad (8\text{-}37)$$

其中 $A_e$ 是单元 ijm 的面积．并注意由矩阵运算公式，

$$(\boldsymbol{\varepsilon}^*)^{\mathrm{T}} = [\boldsymbol{B}(\boldsymbol{\delta}^*)^e]^{\mathrm{T}} = [(\boldsymbol{\delta}^*)^e]^{\mathrm{T}} \boldsymbol{B}^{\mathrm{T}}, \quad (8\text{-}38)$$

从而得

$$\left[(\boldsymbol{\delta}^*)^e\right]^{\mathrm{T}} \boldsymbol{F}^e = \int_{A_e} [(\boldsymbol{\delta}^*)^e]^{\mathrm{T}} \boldsymbol{B}^{\mathrm{T}} \boldsymbol{D} \boldsymbol{B} \boldsymbol{\delta}^e \mathrm{d}x \mathrm{d}yt$$

$$= \left[(\boldsymbol{\delta}^*)^e\right]^{\mathrm{T}} \int_{A_e} \left[\boldsymbol{B}^{\mathrm{T}} \boldsymbol{D} \boldsymbol{B} \mathrm{d}x \mathrm{d}yt\right] \boldsymbol{\delta}^e. \quad (8\text{-}39)$$

在式（8-39）中，由于 $(\boldsymbol{\delta}^*)^e$、$\boldsymbol{\delta}^e$ 中的元素，都是与积分无关的常量，因此，可将它们提出到积分号外．又由于 $(\boldsymbol{\delta}^*)^e$ 是任意的虚位移，虚功方程对于任意的虚位移都必须满足，其余的部分必须相等，从而得出

$$\boldsymbol{F}^e = \left[\int_{A_e} \boldsymbol{B}^{\mathrm{T}} \boldsymbol{D} \boldsymbol{B} \mathrm{d}x \mathrm{d}yt\right] \boldsymbol{\delta}^e. \quad (8\text{-}40)$$

令

$$\boldsymbol{k} = \left[\int_{A_e} \boldsymbol{B}^{\mathrm{T}} \boldsymbol{D} \boldsymbol{B} \mathrm{d}x \mathrm{d}yt\right], \quad (8\text{-}41)$$

则式（8-40）可以简写为

$$F^e = k\delta^e. \tag{8-42}$$

这就建立了该单元上，结点力与结点位移之间的关系．对于三结点三角形单元，$B$ 中的元素都是常量，而 $\left[\int_{A_e} dxdyt\right] = A$，因此式（8-41）可简写为

$$k = B^T D B t A. \tag{8-43}$$

将三结点三角形单元的 $B$［式（8-29）］和 $D$［式（8-14）］代入，即得**平面应力问题中三结点三角形单元的劲度矩阵**，写成分块形式为

$$k = \begin{bmatrix} k_{ii} & k_{ij} & k_{im} \\ k_{ji} & k_{jj} & k_{jm} \\ k_{mi} & k_{mj} & k_{mm} \end{bmatrix}, \tag{8-44}$$

其中

$$k_{rs} = \frac{Et}{4(1-\mu^2)A} \begin{bmatrix} b_r b_s + \frac{1-\mu}{2} c_r c_s & \mu b_r c_s + \frac{1-\mu}{2} c_r b_s \\ \mu c_r b_s + \frac{1-\mu}{2} b_r c_s & c_r c_s + \frac{1-\mu}{2} b_r b_s \end{bmatrix} (r=i, j, m; s=i, j, m). \tag{8-45}$$

由反力互等定理，得出 $k_{rs} = k_{sr}$，可见 $k$ 是对称矩阵．对于平面应变问题，必须将式（8-45）中的弹性常数进行变换，即 $E \to \dfrac{E}{1-\mu^2}$，$\mu \to \dfrac{\mu}{1-\mu}$．矩阵 $k$ 称为**单元劲度矩阵**．由式（8-42）可见，$k_{rs}$ 的元素表示：$s$ 结点沿坐标（$x, y$）方向发生单位位移（$u_s = 1, v_s = 1$）时，在 $r$ 结点所引起的结点力 $(F_{rx}, F_{ry})$．单元劲度矩 $k$ 取决于该单元的形状、方位和弹性常数，而与单元的位置无关，即不随单元位置的平行移动而改变．由式（8-45）还可见，单元劲度矩 $k$ 与单元的大小无关，即放大或缩小单元的尺寸，其值不变．

## 8.6 应用结构力学方法导出有限单元法的基本方程——单元的结点荷载列阵

现在来考虑，将单元上的荷载向结点移置，化为结点荷载．

### 1. 移置的原则

荷载的移置，应按照静力等效的原则进行．静力等效原则有以下两种．

（1）刚体静力等效原则．原荷载与移置荷载的主矢量相同，对同一点的主矩也相同．

（2）变形体的静力等效原则．在任意的虚位移上，使原荷载与已知荷载的虚功相同．

刚体静力等效原则,只从运动效应来考虑,得出的移置荷载也不是唯一的解;而变形体的静力等效原则,考虑了变形效应,其结果是唯一的,并且还包含刚体静力等效原则的条件.因此,在有限单元法中,采用变形体的静力等效原则.

2. 集中力的移置公式

设单元 $ijm$ 中的任一点 $M(x,y)$,受有集中荷载,在 $z$ 向单位厚度上的值是

$$\boldsymbol{f}_p = \begin{pmatrix} f_{px} & f_{py} \end{pmatrix}^{\mathrm{T}}, \tag{8-46}$$

如图 8-5 所示.将此集中荷载,移置到三角形单元的三个结点上去,变换为结点荷载,即式(8-10),

$$\boldsymbol{F}_L^e = \begin{pmatrix} \boldsymbol{F}_{Li} & \boldsymbol{F}_{Lj} & \boldsymbol{F}_{Lm} \end{pmatrix}^{\mathrm{T}} = \begin{pmatrix} F_{Lix} & F_{Liy} & F_{Ljx} & F_{Ljy} & F_{Lmx} & F_{Lmy} \end{pmatrix}^{\mathrm{T}}. \tag{8-10}$$

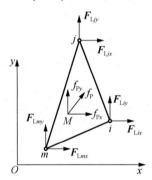

图 8-5 结点荷载

假想单元的各结点发生了一组结点虚位移,即式(8-15),

$$(\boldsymbol{\delta}^*)^e = \begin{pmatrix} \boldsymbol{\delta}_i^* & \boldsymbol{\delta}_j^* & \boldsymbol{\delta}_m^* \end{pmatrix}^{\mathrm{T}} = \begin{pmatrix} u_i^* & v_i^* & u_j^* & v_j^* & u_m^* & v_m^* \end{pmatrix}^{\mathrm{T}}. \tag{8-15}$$

由位移模式[式(8-23)],相应于集中力作用点 $M(x,y)$ 的虚位移是

$$\boldsymbol{d}^* = \begin{bmatrix} u^*(x,y) & v^*(x,y) \end{bmatrix}^{\mathrm{T}} = \boldsymbol{N}(\boldsymbol{\delta}^*)^e. \tag{8-47}$$

按照变形体的静力等效原则,移置的结点荷载在结点虚位移上的虚功,应当等于原荷载——集中力,在其作用点 $M(x,y)$ 的虚位移上的虚功,即

$$\begin{bmatrix} (\boldsymbol{\delta}^*)^e \end{bmatrix}^{\mathrm{T}} \boldsymbol{F}_L^e = (\boldsymbol{d}^*)^{\mathrm{T}} \boldsymbol{f}_p t. \tag{8-48}$$

将式(8-47)代入,得

$$\begin{bmatrix} (\boldsymbol{\delta}^*)^e \end{bmatrix}^{\mathrm{T}} \boldsymbol{F}_L^e = \begin{bmatrix} \boldsymbol{N}(\boldsymbol{\delta}^*)^e \end{bmatrix}^{\mathrm{T}} \boldsymbol{f}_p t = \begin{bmatrix} (\boldsymbol{\delta}^*)^e \end{bmatrix}^{\mathrm{T}} \boldsymbol{N}^{\mathrm{T}} \boldsymbol{f}_p t. \tag{8-49}$$

由于虚位移 $(\boldsymbol{\delta}^*)^e$ 是任意的,为了满足上述方程,等式两边与它相乘的矩阵应当相等,得到**集中力的移置公式**,即

$$\boldsymbol{F}_L^e = \boldsymbol{N}^{\mathrm{T}} \boldsymbol{f}_p t. \tag{8-50}$$

将形函数矩阵（8-22）代入，可将它们写成分量的形式，即

$$\boldsymbol{F}_L^e = \begin{pmatrix} F_{Lix} & F_{Liy} & F_{Ljx} & F_{Ljy} & F_{Lmx} & F_{Lmy} \end{pmatrix}^{\mathrm{T}}$$
$$= t \begin{pmatrix} N_i f_{px} & N_i f_{py} & N_j f_{px} & N_j f_{py} & N_m f_{px} & N_m f_{py} \end{pmatrix}^{\mathrm{T}}. \tag{8-51}$$

其中 $N_i$、$N_j$、$N_m$ 的值，应当是它们在 $M(x,y)$ 点的函数值。

### 3. 体力的移置公式

设单元受有分布体力，

$$\boldsymbol{f} = \begin{pmatrix} f_x & f_y \end{pmatrix}^{\mathrm{T}}, \tag{8-52}$$

则可将微分体积 $\mathrm{d}x\mathrm{d}yt$ 上的体力 $\boldsymbol{f}\mathrm{d}x\mathrm{d}yt$ 当作集中力，利用集中力的公式进行积分，就可得到**体力的移置公式**，

$$\boldsymbol{F}_L^e = t \int_A \boldsymbol{N}^{\mathrm{T}} \boldsymbol{f} \mathrm{d}x\mathrm{d}y. \tag{8-53}$$

代入形函数矩阵式（8-22），可将它们写为分量的形式，即

$$\boldsymbol{F}_L^e = \begin{pmatrix} F_{Lix} & F_{Liy} & F_{Ljx} & F_{Ljy} & F_{Lmx} & F_{Lmy} \end{pmatrix}^{\mathrm{T}}$$
$$= t \int_A \begin{pmatrix} N_i f_x & N_i f_y & N_j f_x & N_j f_y & N_m f_x & N_m f_y \end{pmatrix}^{\mathrm{T}} \mathrm{d}x\mathrm{d}y. \tag{8-54}$$

### 4. 面力的移置公式

设单元的某一边上受有分布面力，即

$$\overline{\boldsymbol{f}} = \begin{pmatrix} \overline{f}_x & \overline{f}_y \end{pmatrix}^{\mathrm{T}}. \tag{8-55}$$

则可将微分面积 $\mathrm{d}St$（$t$ 为薄板的厚度）上的面力 $\overline{\boldsymbol{f}}\mathrm{d}St$ 当作集中力，利用集中力的公式进行积分，得出**面力的移置公式**，即

$$\boldsymbol{F}_L^e = t \int_{S_\sigma} \boldsymbol{N}^{\mathrm{T}} \overline{\boldsymbol{f}} \mathrm{d}S. \tag{8-56}$$

代入形函数矩阵式（8-22），可将它们写为分量的形式，即

$$\boldsymbol{F}_L^e = \begin{pmatrix} F_{Lix} & F_{Liy} & F_{Ljx} & F_{Ljy} & F_{Lmx} & F_{Lmy} \end{pmatrix}^{\mathrm{T}}$$
$$= t \int_{S_\sigma} \begin{pmatrix} N_i \overline{f}_x & N_i \overline{f}_y & N_j \overline{f}_x & N_j \overline{f}_y & N_m \overline{f}_x & N_m \overline{f}_y \end{pmatrix}^{\mathrm{T}} \mathrm{d}S. \tag{8-57}$$

综合荷载的移置公式是

$$\boldsymbol{F}_L^e = \boldsymbol{N}^{\mathrm{T}} \boldsymbol{f}_p t + t \int_A \boldsymbol{N}^{\mathrm{T}} \boldsymbol{f} \mathrm{d}x\mathrm{d}y + t \int_{S_\sigma} \boldsymbol{N}^{\mathrm{T}} \overline{\boldsymbol{f}} \mathrm{d}S. \tag{8-58}$$

## 8.7 应用结构力学方法导出有限单元法的基本方程 ——结构的整体分析，结点平衡方程组

在有限单元法中，用结构力学方法对离散化结构的分析，与结构力学中对桁架的分析相似．一是将单元中的外荷载向结点移置，化为结点荷载；二是将单元中的内力（应力），向结点简化，求出结点力；三是考虑各结点的平衡条件，建立结点的平衡方程组．由上面的对于单元的分析，已经得出了各个单元的结点荷载和结点力．现在来考虑各结点的平衡条件，建立**整个结构的平衡方程组**．

根据上面的分析，三角形单元 $ijm$ 中的结点力，表示为式（8-42），即

$$\boldsymbol{F}^e = \begin{pmatrix} \boldsymbol{F}_i & \boldsymbol{F}_j & \boldsymbol{F}_m \end{pmatrix}^{\mathrm{T}} = \boldsymbol{k}\boldsymbol{\delta}^e . \tag{8-59}$$

由式（8-8）和式（8-44），对于 $i$ 结点的结点力是

$$\boldsymbol{F}_i = \sum_{n=i,j,m} \boldsymbol{k}_{in}\boldsymbol{\delta}_n , \tag{8-60}$$

这个结点力，是结点对单元的作用力；而单元对结点的作用力是

$$-\boldsymbol{F}_i = -\sum_{n=i,j,m} \boldsymbol{k}_{in}\boldsymbol{\delta}_n . \tag{8-61}$$

设想将结点 $i$ 与周围的单元都切开，如图 8-6 所示，则围绕 $i$ 结点的每一个单元，都对 $i$ 结点有结点力 $-\boldsymbol{F}_i$ 的贡献；同时每个单元都有荷载移置到结点上，成为结点荷载 $\boldsymbol{F}_{Li}$．于是，**$i$ 结点的平衡条件**是

$$\sum_e \left( \sum_{n=i,j,m} \boldsymbol{k}_{in}\boldsymbol{\delta}_n \right) = \sum_e \boldsymbol{F}_{Li} \qquad (i = 1, 2, \cdots, n), \tag{8-62}$$

或

$$\sum_e \boldsymbol{F}_i = \sum_e \boldsymbol{F}_{Li} \qquad (i = 1, 2, \cdots, n). \tag{8-63}$$

写成标量形式是

$$\begin{cases} \sum_e F_{ix} = \sum_e F_{Lix}, \\ \sum_e F_{iy} = \sum_e F_{Liy}, \end{cases} (i = 1, 2, \cdots, n). \tag{8-64}$$

其中 $e$ 表示对围绕 $i$ 结点的单元求和．

对于整个结构，将所有的结点进行编码，$i=1, 2, \cdots, n$，然后将所有的结点平衡方程［式（8-63）］按整体结点编码排列起来，就得到整个结构的**结点平衡方程组**，即

$$\boldsymbol{K}\boldsymbol{\delta} = \boldsymbol{F}_L , \tag{8-65}$$

其中

$$\boldsymbol{\delta} = (\boldsymbol{\delta}_1 \ \boldsymbol{\delta}_2 \ \cdots \ \boldsymbol{\delta}_n)^{\mathrm{T}}, \tag{8-66}$$

是整体结点位移列阵；

$$\boldsymbol{F}_L = (\boldsymbol{F}_{L1} \ \boldsymbol{F}_{L2} \ \cdots \ \boldsymbol{F}_{Ln})^{\mathrm{T}}, \tag{8-67}$$

是整体结点荷载列阵；$\boldsymbol{K}$ 是整体劲度矩阵，其元素是

$$\boldsymbol{K}_{rs} = \sum_e \boldsymbol{k}_{rs}, \tag{8-68}$$

整体劲度矩阵的元素，就是按整体结点编码、同下标的单元劲度矩阵的元素叠加得到的．由图 8-6 可见，整体劲度矩阵的元素，就是单元劲度矩阵元素之和．

主系数 $\boldsymbol{K}_{ii}$，是围绕 $i$ 结点的每一个单元的系数 $\boldsymbol{k}_{ii}$ 之和；

副系数 $\boldsymbol{K}_{ij}$，只有与 $ij$ 两结点有关的两个单元的系数 $\boldsymbol{k}_{ij}$ 之和．

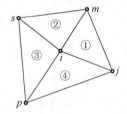

图 8-6  $i$ 结点的平衡方程

由于整体劲度矩阵 $\boldsymbol{K}$ 的元素，是由单元劲度矩阵的元素集合而成，$\boldsymbol{K}$ 同样具有对称性，即 $\boldsymbol{K}_{rs} = \boldsymbol{K}_{sr}$．又由于在建立每一个结点的方程时，只涉及该点周围的一些单元，$\boldsymbol{K}$ 矩阵具有高度的稀疏性．

以上的**结点平衡方程组**，式（8-65），就是**有限单元法的基本方程**．其左边包含有各未知的结点位移值，通过求解此方程可以求出各结点位移值，进而由单元的应力列阵求出单元的应力．

下面来说明有限单元法的计算步骤。

（1）建立有限单元法的计算模型——将连续体变换为离散化结构．

（2）对离散化结构进行分析：

① 建立结构的**整体结点荷载列阵**．

② 建立结构的**整体结点位移列阵**．

③ 求出各单元的劲度矩阵．

④ 求出**整体劲度矩阵**．

⑤ 建立结点平衡方程组．

⑥ 求出结点位移，并由结点位移求出各单元的应力；进行成果的整理分析．

## 8.8  应用变分法导出有限单元法的基本方程

上面是应用结构力学方法导出的有限单元法．这可以看成是结构力学的位移

法，在离散化结构中的推广应用；最后得出的求解结点位移的基本方程，是由结点平衡条件导出的．这种导出方法的特点是：物理概念明确，步骤清楚，容易被工程技术人员所熟悉和理解．

1. 按结构力学方法导出有限单元法

按结构力学方法导出有限单元法，可以归结为：首先**将连续体变换为离散化结构，再用结构力学方法求解，具体的步骤如下**．

（1）取结点位移 $\delta_i$ 为基本未知数．

（2）建立单元的位移模式，由单元的结点位移求出单元中的位移函数，即
$$d = N\delta^e .$$

（3）根据几何方程，由单元的位移函数求出单元的应变，即
$$\varepsilon = B\delta^e .$$

（4）根据物理方程，由单元的应变求出单元的应力，即
$$\sigma = S\delta^e .$$

（5）根据虚功方程，由单元中的应力求出单元的结点力，即
$$F^e = k\delta^e .$$

（6）根据虚功方程，由单元中的外荷载求出单元的结点荷载，即
$$F_L^e = N^T f_p t + t\int_A N^T f \mathrm{d}x\mathrm{d}y + t\int_{S_\sigma} N^T \bar{f} \mathrm{d}S .$$

（7）根据各结点的平衡条件，建立结点的平衡方程组，并求解出结点位移等．
$$K\delta = F_L .$$

2. 应用变分法导出有限单元法

在有限单元法中，多数的导出方法是应用变分原理来导出有限单元法的公式．这种方法的具体步骤是：首先也**将连续体变换为离散化结构**；然后，**再将连续体中的变分原理，应用到离散化结构**．

下面先介绍平面问题中的极小势能原理，然后将它应用到由三角形单元组成的离散化结构．

1）平面问题中的极小势能原理

平面弹性体中的形变势能（内力势能），可以用矩阵表示为
$$U = \frac{1}{2}\int_A \varepsilon^T \sigma \mathrm{d}x\mathrm{d}y t . \tag{8-69}$$

外力势能可以表示为
$$V = -\left(d^T f_p t + \int_A d^T f \mathrm{d}x\mathrm{d}y t + \int_{S_\sigma} d^T \bar{f} \mathrm{d}S t\right) . \tag{8-70}$$

其中，应变列阵 $\varepsilon$ 和应力列阵 $\sigma$ 表示为式（8-28）和式（8-31）；$f$ 是体力；$\bar{f}$ 是

面力；$f_p$ 是单位厚度上集中荷载，作用于 $(x, y)$ 点；$A$ 是平面弹性体的面积；$S_\sigma$ 是受面力作用的边界．

弹性体的总势能是

$$\pi_p = U + V . \tag{8-71}$$

极小势能原理可以表示为

$$\pi_p = \min ,$$

或

$$\delta \pi_p = 0 , \text{ 即 } \frac{\partial \pi_p}{\partial \boldsymbol{d}} = 0 ;$$

$$\delta^2 \pi_p \geqslant 0 . \tag{8-72}$$

其中，总势能的自变量是位移函数 $\boldsymbol{d}$．

2) 应用极小势能原理导出有限单元法的基本方程

将连续体变换为离散化结构之后，便可将极小势能原理应用于离散化结构，导出有限单元法的基本方程．

首先，对照用结构力学方法导出的有限单元法，保留其中的（1）~（4）的步骤不变，即

（1）取结点位移 $\boldsymbol{\delta}_i$ 为基本未知数．

（2）建立单元的位移模式，$\boldsymbol{d} = \boldsymbol{N}\boldsymbol{\delta}^e$．

（3）由几何方程求出单元的应变，$\boldsymbol{\varepsilon} = \boldsymbol{B}\boldsymbol{\delta}^e$．

（4）由物理方程求出单元的应力，$\boldsymbol{\sigma} = \boldsymbol{S}\boldsymbol{\delta}^e$．

然后，再应用极小势能原理来导出有限单元法的基本方程，即求解各未知结点位移的基本方程：

由于连续体已经变换为离散化结构，它的势能应当是各单元势能的总和．因此，离散化结构的形变势能是

$$U = \sum_e U^e = \sum_e \frac{1}{2} \int_{A_e} \boldsymbol{\varepsilon}^{\mathrm{T}} \boldsymbol{\sigma} \mathrm{d}x\mathrm{d}yt$$

$$= \sum_e \frac{1}{2} \int_{A_e} (\boldsymbol{B}\boldsymbol{\delta}^e)^{\mathrm{T}} \boldsymbol{D}\boldsymbol{B}\boldsymbol{\delta}^e \mathrm{d}x\mathrm{d}yt$$

$$= \sum_e \frac{1}{2} (\boldsymbol{\delta}^e)^{\mathrm{T}} \left( \iint_{A_e} \boldsymbol{B}^{\mathrm{T}} \boldsymbol{D}\boldsymbol{B} \mathrm{d}x\mathrm{d}yt \right) \boldsymbol{\delta}^e , \tag{8-73}$$

其中 $A_e$ 是三角形单元的面积．引用单元劲度矩阵 $\boldsymbol{k}$［式（8-41）］的记号，可以表示为

$$U = \sum_e \frac{1}{2} (\boldsymbol{\delta}^e)^{\mathrm{T}} \boldsymbol{k} \boldsymbol{\delta}^e . \tag{8-74}$$

同样，外力势能是各单元的外力势能之和，即

$$V = -\sum_e V^e = -\sum_e \left( \boldsymbol{d}^{\mathrm{T}} \boldsymbol{f}_p t + \int_{A_e} \boldsymbol{d}^{\mathrm{T}} \boldsymbol{f} \mathrm{d}x \mathrm{d}y t + \int_{s_\sigma} \boldsymbol{d}^{\mathrm{T}} \bar{\boldsymbol{f}} \mathrm{d}S t \right)$$

$$= -\sum_e \left(\boldsymbol{\delta}^e\right)^{\mathrm{T}} \left( \boldsymbol{N}^{\mathrm{T}} \boldsymbol{f}_p t + \int_{A_e} \boldsymbol{N}^{\mathrm{T}} \boldsymbol{f} \mathrm{d}x \mathrm{d}y t + \int_{s_\sigma} \boldsymbol{N}^{\mathrm{T}} \bar{\boldsymbol{f}} \mathrm{d}S t \right), \quad (8\text{-}75)$$

其中 $S_\sigma$ 是三角形单元受面力的边界．引用式（8-58）的记号，式（8-75）可用单元的结点荷载列阵 $\boldsymbol{F}_L^e$ 表示为

$$V = -\sum_e \left(\boldsymbol{\delta}^e\right)^{\mathrm{T}} \boldsymbol{F}_L^e . \quad (8\text{-}76)$$

将 $U$、$V$ 代入总势能，得到

$$\pi_p = U + V = \sum_e \left[ \frac{1}{2} \left(\boldsymbol{\delta}^e\right)^{\mathrm{T}} \boldsymbol{k} \boldsymbol{\delta}^e - \left(\boldsymbol{\delta}^e\right)^{\mathrm{T}} \boldsymbol{F}_L^e \right]. \quad (8\text{-}77)$$

对于离散化结构，总势能的自变量，已经从位移函数 $\boldsymbol{d}$ 变换为结点位移 $\boldsymbol{\delta}_i$；对位移函数的极值条件，也应变换为对各结点位移 $\boldsymbol{\delta}_i$ 的极值条件．因此，极小势能原理的极值条件，$\dfrac{\partial \pi_p}{\partial \boldsymbol{d}} = 0$，相应地变换为

$$\frac{\partial \pi_p}{\partial \boldsymbol{\delta}_i} = 0 \qquad (i = 1, 2, \cdots, n). \quad (8\text{-}78)$$

总势能 $\pi_p$ 可以看成是 $\boldsymbol{\delta}^e$ 函数，而 $\boldsymbol{\delta}^e = \begin{pmatrix} \boldsymbol{\delta}_i & \boldsymbol{\delta}_j & \boldsymbol{\delta}_m \end{pmatrix}^{\mathrm{T}}$．因此，极值条件（8-78）可以写为

$$\left( \frac{\partial \pi_p}{\partial \boldsymbol{\delta}^e} \right)^{\mathrm{T}} \frac{\partial \boldsymbol{\delta}^e}{\partial \boldsymbol{\delta}_i} = 0 \qquad (i = 1, 2, \cdots, n), \quad (8\text{-}79)$$

引用矩阵的运算公式，设 $\boldsymbol{a}$、$\boldsymbol{c}$ 为列矩阵，$\boldsymbol{b}$ 为实对称矩阵，则

$$\frac{\partial}{\partial \boldsymbol{a}} \left( \boldsymbol{a}^{\mathrm{T}} \boldsymbol{b} \boldsymbol{a} \right) = 2 \boldsymbol{b} \boldsymbol{a} ,$$

$$\frac{\partial}{\partial \boldsymbol{a}} \left( \boldsymbol{a}^{\mathrm{T}} \boldsymbol{c} \right) = \boldsymbol{c} . \quad (8\text{-}80)$$

应用式（8-80），将式（8-79）中的总势能对 $\boldsymbol{\delta}^e$ 求导，得出

$$\frac{\partial \pi_p}{\partial \boldsymbol{\delta}^e} = \sum_e \left( \boldsymbol{k} \boldsymbol{\delta}^e - \boldsymbol{F}_L^e \right) = \sum_e \left[ \begin{pmatrix} \boldsymbol{F}_i \\ \boldsymbol{F}_j \\ \boldsymbol{F}_m \end{pmatrix} - \begin{pmatrix} \boldsymbol{F}_{Li} \\ \boldsymbol{F}_{Lj} \\ \boldsymbol{F}_{Lm} \end{pmatrix} \right], \quad (8\text{-}81)$$

再将 $\boldsymbol{\delta}^e = \begin{pmatrix} \boldsymbol{\delta}_i & \boldsymbol{\delta}_j & \boldsymbol{\delta}_m \end{pmatrix}^{\mathrm{T}}$ 对 $\boldsymbol{\delta}_i$ 求导，得

$$\frac{\partial \boldsymbol{\delta}^e}{\partial \boldsymbol{\delta}_i} = \begin{pmatrix} 1 \\ 0 \\ 0 \end{pmatrix}. \quad (8\text{-}82)$$

将式（8-81）转置，并与式（8-82）代入式（8-79），便得到

$$\sum_e (\boldsymbol{F}_i - \boldsymbol{F}_{Li}) = 0 \qquad (i = 1,\ 2,\ \cdots,\ n),\tag{8-83}$$

或者

$$\sum_e \boldsymbol{F}_i = \sum_e \boldsymbol{F}_{Li} \qquad (i = 1,\ 2,\ \cdots,\ n).\tag{8-84}$$

这就得出用**变分法导出的有限单元法的基本方程式**（8-84）. 它与用结构力学方法导出的有限单元法基本方程（8-63）完全一致. 从上面的推导可见，原来连续体的总势能极值条件已经代替为总势能在离散化结构的各结点处的极值条件.

多数的有限单元法，是应用变分法来导出的. 极小势能原理、极小余能原理和各种广义变分原理，都可用于导出有限单元法的公式. 因此，变分法为有限单元法提供了有力的理论基础，变分法的发展促进了有限单元法的发展.

# 主要参考文献

艾利斯哥尔兹，1958. 变分法[M]. 李世晋，译. 北京：人民教育出版社.
丁学成，1986. 弹性力学中的变分方法[M]. 北京：高等教育出版社.
付宝连，2004. 弹性力学中的能量原理及其应用[M]. 北京：科学出版社.
付宝连，2010. 弹性力学混合变量的变分原理及其应用[M]. 北京：国防工业出版社.
胡海昌，1954. 论弹性体与受范性体力学中的一般变分原理[J]. 物理学报，10（3）：259-290.
胡海昌，1981. 弹性力学的变分原理及其应用[M]. 北京：科学出版社.
钱伟长，林鸿荪，胡海昌，等，1956. 弹性柱体扭转理论[M]. 北京：科学出版社.
钱伟长，叶开沅，1956. 弹性力学[M]. 北京：科学出版社.
钱伟长，1979. 弹性理论中广义变分原理的研究及其在有限元计算中的应用[J]. 力学与实践（1）：16-24.
钱伟长，1980. 变分法和有限元（上册）[M]. 北京：科学出版社.
钱伟长，1983. 再论弹性力学中的广义变分原理——就等价问题和胡海昌先生商榷[J]. 力学学报（4）：325-340.
钱伟长，1983. 高阶拉氏乘子法和弹性理论中更一般的广义变分原理[J]. 应用数学与力学（2）：6-19.
钱伟长，1985. 广义变分原理[M]. 北京：知识出版社.
钱伟长，1987. 非线性弹性体的弹性力学变分原理[J]. 应用数学与力学，8（7）：567-577.
田宗漱，卞学璜，2011. 多变量变分原理与多变量有限元方法[M]. 北京：科学出版社.
王龙甫，1978. 弹性理论[M]. 北京：科学出版社.
王润富，陈国荣，2016. 弹性力学及有限单元法[M]. 2版. 北京：高等教育出版社.
吴家龙，2011. 弹性力学[M]. 2版. 北京：高等教育出版社.
徐芝纶，2006. 弹性力学（上，下册）[M]. 4版. 北京：高等教育出版社.
徐芝纶，2013. 弹性力学简明教程[M]. 4版. 北京：高等教育出版社.
杨桂通，1998. 弹性力学[M]. 2版. 北京：高等教育出版社.
卓家寿，1989. 弹性力学中的广义变分原理[M]，北京：水利电力出版社.
Dym C L, Shames I H, 1984. 固体力学变分法[M]. 袁祖贻，等译. 北京：中国铁道出版社.
J H 阿吉里斯，1978. 能量原理与结构分析[M]. 邵成勋，译. 北京：科学出版社.
Love A E H, 1927. A Treatise on the Mathematical Theory of Elasticity[M]. 4th Edition. Cambridge: Cambridge University Press.
S P 铁摩辛柯，J N 古地尔，1990. 弹性理论[M]. 3版. 徐芝纶，译. 北京：高等教育出版社.
Washizu K, 1975. Variational Methods in Elasticity and Plasticity[M]. Second Edition, London: Pergamon Press.
B Γ 列卡奇，1988. 弹性力学概要与经典题解[M]. 姜弘道，王润富，王林生，译. 北京：高等教育出版社.
Л С 列宾逊，1965. 弹性力学问题的变分解法[M]. 叶开沅，卢文达，译. 北京：科学出版社.